普通高等教育"十一五"国家级规划教材
PUTONG GAODENG JIAOYU SHIYIWU GUOJIAJI GUIHUA JIAOCAI

DIANCICHANG DAOLUN

电磁场导论

主　编　孟昭敦
副主编　梁振光　仲　慧
主　审　王泽忠　谭震宇

中国电力出版社
CHINA ELECTRIC POWER PRESS

内 容 提 要

本书为普通高等教育“十一五”国家级规划教材。

全书共分八章，主要内容包括电磁场的物理基础、静电场、恒定电场、恒定磁场、时变电磁场、准静态电磁场、平面电磁波、均匀传输线等。本书符合高等学校电磁场课程教学基本要求，每章附有按知识点分类的习题，例题和插图较多。

本书主要作为普通高等学校电气信息类及其他相关专业的本科教材，也可作为高职高专及函授教材和有关工程技术人员的参考用书。

图书在版编目（CIP）数据

电磁场导论/孟昭敦主编．—北京：中国电力出版社，2008.1（2019.8重印）

普通高等教育“十一五”国家级规划教材

ISBN 978-7-5083-6342-4

Ⅰ．电…　Ⅱ．孟…　Ⅲ．电磁场－高等学校－教材 Ⅳ．O441.4

中国版本图书馆CIP数据核字（2007）第192405号

中国电力出版社出版、发行
（北京市东城区北京站西街19号　100005　http://jc.cepp.com.cn）
三河市百盛印装有限公司
各地新华书店经售

*

2008年1月第一版　2019年8月北京第九次印刷
787毫米×1092毫米　16开本　11印张　262千字
定价28.00元

前　言

电磁场理论是高等学校工科相关专业的一门重要技术基础课，也是一些交叉学科的生长点和新型边缘学科的发展基础。本课程的主要任务是在学过《大学物理》电磁学的基础上，以《工程数学》的矢量分析和场论为工具，进一步研究电磁场的基本规律，培养学生的逻辑推理和科学思维能力，使学生能用"场"的观点定性分析判断电磁现象，掌握计算简单电磁场问题的基本方法，为进一步学习后续课程奠定坚实、宽厚的基础。

为了适应21世纪高等教育教学改革，进一步拓宽专业、加强基础、缩减学时、提高综合素质和能力培养的要求，笔者总结多年来在电磁场理论教学的实践经验和教学改革的研究成果，编写了本书。

本书共分八章，在编写体系上的特点是，首先在第一章简要回顾在《大学物理》中已学过的电磁场基本物理量的定义和电磁场基本实验定律（库仑定律、安培力定律和法拉第电磁感应定律），以及麦克斯韦关于位移电流的假设，及其总结归纳的电磁场普遍规律——麦克斯韦方程组的积分形式，以便省略不讲或用较少学时复习；重点内容为第二～八章，分别讨论静电场、恒定电场、恒定磁场、时变电磁场、准静态场、平面电磁波和均匀传输线。这样既保持电磁场理论的系统性和完整性，又避免内容重复、浪费学时。

本教材在教学内容和方法上的特点是，当首次引入"散度"和"旋度"概念时，不是直接套用"矢量分析和场论"中的数学定理，而是采用静电场的基本方程积分形式取极限的方法，较为形象地推导出散度方程和旋度方程，并根据其物理意义进一步反推出高斯散度定理和斯托克斯定理。这样在后续几章应用这两个定理推导恒定电场、恒定磁场和时变电磁场的散度方程和旋度方程时，就不再抽象、难懂，而变得容易理解了。对于边值问题的求解，重点介绍通过不定积分求解简单的一维泊松方程、拉普拉斯方程问题和基于"唯一性定理"的电轴法、镜像法。对于根据电荷或电流分布求电场和磁场的积分公式，只是简要提及以避免分散学生注意力，影响学习掌握新概念和新方法。对于传统的分离变量法和现代的数值计算法将另行开设选修课。

本教材内容精炼，重视培养学生理论联系实际的学风，有紧扣课堂教学内容的例题70多道，每章后附有一定数量的习题，并按知识点分类以便师生选用。本书正文、例题和习题共有插图200多幅，有利于学生理解抽象的电磁场问题。

本书由山东大学电气工程学院孟昭敦主编，第一、二、七、八章由孟昭敦执笔，第五、六章由梁振光执笔，第三、四章由仲慧执笔。本书承蒙华北电力大学王泽忠教授审阅，得到山东大学出版基金委员会的资助，在编写过程中得到山东大学电工基础教研室老师们的大力支持，参考了许多国内外相关教材和资料，在此一并表示衷心的感谢。限于编者的水平，本书定有不妥和错误之处，欢迎使用本书的师生和其他读者批评指正。

编　者

2007年12月于济南

目　录

第一章 电磁场的物理基础

本章在大学物理电磁学的基础上，从电荷密度和电流密度定义，以及电荷守恒和电流连续性入手，回顾电磁场的基本物理量$\boldsymbol{E}$、$\boldsymbol{D}$和$\boldsymbol{B}$、$\boldsymbol{H}$，及其在真空中的特性；复习法拉第电磁感应定律及全电流定律；概括归纳出电磁场的普遍规律——麦克斯韦方程组积分形式。

1-1 电荷密度与电流密度

1-1-1 电荷密度

根据物质结构理论，电荷是以电子电荷（$e=-1.602\times10^{-19}$C）为基本单位的。任何带电体的电荷量都是以电子电荷量e的正或负整数倍的数值量出现的。从微观上看，大量电荷聚集时具有"颗粒性"。从宏观上看，我们可以把大量电荷聚集所产生的电荷分布，看成是位置的连续分布函数。电荷所在位置称为"源点"，用带撇的坐标（x'、y'、z'）表示。

1. ［体］电荷密度ρ

在聚集电荷的体积V'中位于（x'，y'，z'）的源点，取一"准无限小"体积元$\Delta V'$（如图1-1所示），若其中的电荷量为Δq，则该处的单位体积电荷量，即［体］电荷密度（简称电荷密度）为

$$\rho(x',y',z',t)=\lim_{\Delta V'\to 0}\frac{\Delta q}{\Delta V'}=\frac{\mathrm{d}q}{\mathrm{d}V'} \tag{1-1}$$

单位是C/m³。注意这里的"准无限小"并非理论上的一个点，只是相对于宏观体积来说它的体积很小，但仍然能够容纳许多基本电荷。

2. 面电荷密度σ

当电荷分布在一层很薄的区域时（如图1-2所示），如果其厚度可忽略不计，就可抽象为电荷分布在"面"上（一维奇异），则面电荷密度为

$$\sigma(x',y',z',t)=\lim_{\Delta S'\to 0}\frac{\Delta q}{\Delta S'}=\frac{\mathrm{d}q}{\mathrm{d}S'} \tag{1-2}$$

单位为C/m²。

3. 线电荷密度τ

当电荷分布在一个细长的区域时（如图1-3所示），如果它的截面可忽略不计，就可抽象为"细电荷丝"（二维奇异），则线电荷密度为

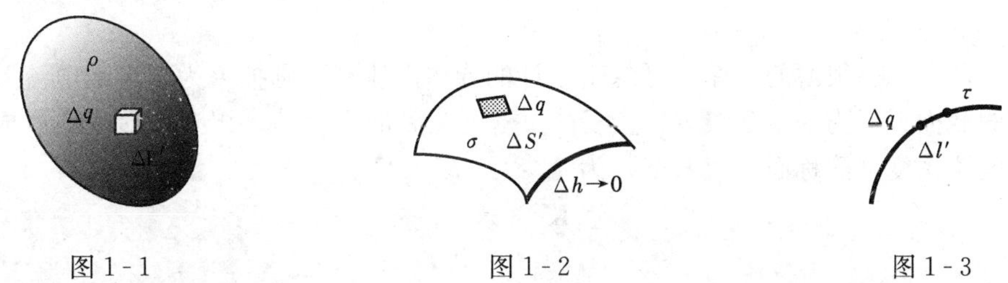

图1-1　图1-2　图1-3

$$\tau(x',y',z',t)=\lim_{\Delta l'\to 0}\frac{\Delta q}{\Delta l'}=\frac{\mathrm{d}q}{\mathrm{d}l'} \tag{1-3}$$

单位是 C/m。

4. 点电荷

当电荷分布在一个很小的区域，它的外面没有电荷，如果它占有的体积可以忽略不计，电荷密度 $\rho\to\infty$，净电荷为有限值，则可看为点电荷。其定义式为

$$q(x',y',z',t)=\lim_{\substack{V'\to 0\\ \rho\to\infty}}\int_{V'}\rho\mathrm{d}V \tag{1-4}$$

1-1-2 电流密度

电荷有规则地运动形成电流。单位时间内通过某截面的电荷量为电流强度，简称电流。其定义式为

$$i=\lim_{\Delta t\to 0}\frac{\Delta q}{\Delta t}=\frac{\mathrm{d}q}{\mathrm{d}t} \tag{1-5}$$

电路理论中，电流沿导线流动，不考虑横截面上各点的电荷运动情况，用电流强度这个物理量就足以说明其特性。但在电磁场理论中，我们更关心在不同场点的面积元上，单位时间内通过的电荷量及其方向。为了描述电荷在各处流动的状态，引入电流密度的概念。

1. ［体］电流密度 $\boldsymbol{J}$

电荷在体积中运动形成体积电流。它可看为密度为 ρ 的体电荷，以速度 v 运动而形成的。因此，［体］电流密度（简称电流密度）为

$$\boldsymbol{J}=\rho v \tag{1-6}$$

单位是 $\mathrm{A/m^2}$。

设体电荷密度为 ρ，以速度 v 垂直通过面积元 dS，则电流密度为

$$J=\rho v=\rho\frac{\mathrm{d}l}{\mathrm{d}t}=\rho\frac{\mathrm{d}l}{\mathrm{d}t}\frac{\mathrm{d}S}{\mathrm{d}S}=\rho\frac{\mathrm{d}V}{\mathrm{d}t\,\mathrm{d}S}=\frac{\mathrm{d}q/\mathrm{d}t}{\mathrm{d}S}=\frac{\mathrm{d}i}{\mathrm{d}S}$$

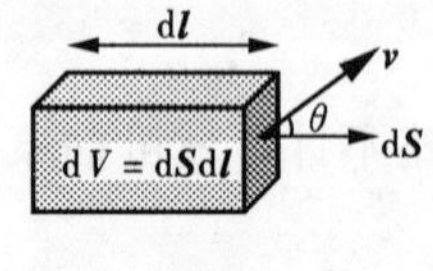

图 1-4

可见，体电流密度在数值上为垂直于电荷运动方向的单位面积上通过的电流。电流密度 $\boldsymbol{J}$ 的方向为该点正电荷运动的方向。

如果面积元 $\mathrm{d}\boldsymbol{S}$ 的法线方向与电流密度 $\boldsymbol{J}$ 的夹角为 θ（如图 1-4 所示），则通过该面积元的电流元为

$$\mathrm{d}i=J\mathrm{d}S\cos\theta=\boldsymbol{J}\cdot\mathrm{d}\boldsymbol{S}$$

通过载流体中任一截面 S 的电流为其积分量，即

$$i=\int_S\boldsymbol{J}\cdot\mathrm{d}\boldsymbol{S} \tag{1-7}$$

注意：有的书上称体电流密度为“电流面密度”，请读者注意不要与“面电流密度”相混淆。

2. 面电流密度 $\boldsymbol{K}$

如果电荷在一层很薄的、厚度可忽略不计的导体上流动，则抽象为“表面电流”。此时，电流通过的截面近似为一条截线 $\boldsymbol{b}$。它可看为密度为 σ 的面电荷，以速度 v 运动形成的。因此，表面电流密度（简称面电流密度）为

$$\boldsymbol{K}=\sigma v \tag{1-8}$$

单位是 A/m。

设面电荷密度为 σ，以速度 v 垂直通过线元 $\mathrm{d}\boldsymbol{b}$，则面电流密度为

$$K=\sigma v=\sigma\frac{\mathrm{d}l}{\mathrm{d}t}=\sigma\frac{\mathrm{d}l\mathrm{d}b}{\mathrm{d}t\,\mathrm{d}b}=\sigma\frac{\mathrm{d}S}{\mathrm{d}t\,\mathrm{d}b}=\frac{\mathrm{d}q/\mathrm{d}t}{\mathrm{d}b}=\frac{\mathrm{d}i}{\mathrm{d}b}$$

可见，面电流密度在数值上为垂直于电荷运动方向的单位截线上穿过的电流。面电流密度 $\boldsymbol{K}$ 的方向受限在厚度忽略不计的曲面上。

如果线元 $\mathrm{d}\boldsymbol{b}$ 的横向单位矢量 $\boldsymbol{n}$ 与面电流密度 $\boldsymbol{K}$ 的夹角为 θ（如图 1-5 所示），则通过该线元的电流为

$$\mathrm{d}i=K\mathrm{d}b\cos\theta=\boldsymbol{K}\cdot\mathrm{d}\boldsymbol{b}$$

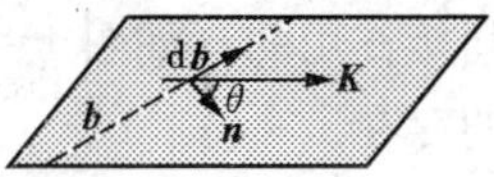

图 1-5

通过载流面上任一截线 $\boldsymbol{b}$ 的电流为其积分量

$$i=\int_b\boldsymbol{K}\cdot\mathrm{d}\boldsymbol{b}\tag{1-9}$$

注意，有的书上称面电流密度为“电流线密度”，请读者不要将其与通常所说的“线电流”相混淆；而且不要误以为空间中有体电流时，该空间的表面上便有面电流。因为面电流是一种抽象而来的，在厚度为零的表面上流动的电流，其所占体积为零，否则将会得到电流密度为无穷大的结果。

3. 线电流

如果电荷在横截面可忽略不计的导线上流动，就是常说的“线电流”。它可看为密度为 τ 的线电荷，以速度 v 沿导线运动形成的。因此，线电流为

$$i=\tau v=\tau\frac{\mathrm{d}l}{\mathrm{d}t}=\frac{\mathrm{d}q}{\mathrm{d}t}\tag{1-10}$$

由于电荷只能顺或逆导线运动，因此线电流不是矢量，而是标量，单位是 A。

1-1-3 电荷守恒和电流连续性原理

众所周知，电荷是守恒的，既不能产生也不能消灭。若在存在体积电流的空间任取一闭合面 S（如图 1-6 所示），那么，单位时间内从 S 面流出去的电流，必然等于 S 面所包围的体积 V 中单位时间总电荷的减少量，即

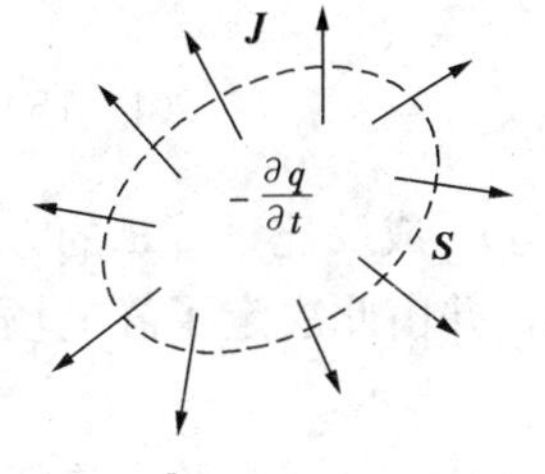

图 1-6

$$\oint_S\boldsymbol{J}\cdot\mathrm{d}\boldsymbol{S}=-\frac{\partial q}{\partial t}=-\int_V\frac{\partial\rho}{\partial t}\mathrm{d}V\tag{1-11}$$

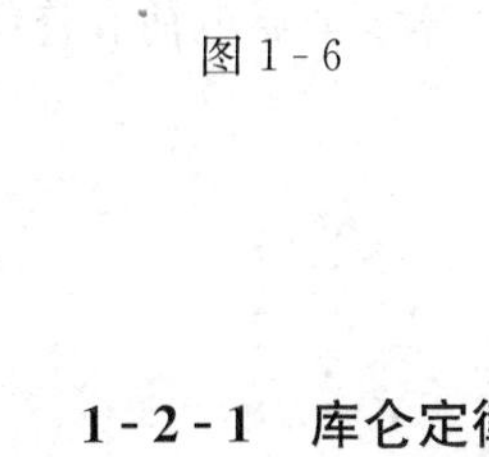

式（1-11）为电流连续性方程，它是电荷守恒原理的必然结果。

对于恒定电流来说，电荷运动速度不随时间而变，电荷在空间的分布也不随时间而变，此时电流连续性方程为

$$\oint_S\boldsymbol{J}\cdot\mathrm{d}\boldsymbol{S}=0\tag{1-12}$$

1-2 电场强度与电位移矢量

1-2-1 库仑定律

库仑定律是静电场的基本实验定律，也是整个电磁场理论的基础。在图 1-7 所示无限大真空中，点电荷 q_2 受到点电荷 q_1 的作用力为

$$\boldsymbol{F}_{21}(x,y,z,t)=\frac{q_1q_2}{4\pi\varepsilon_0r_{12}^2}\boldsymbol{e}_r\tag{1-13}$$

式中，ε_0 为真空的介电常数（又称电容率），$\varepsilon_0=10^{-9}/36\pi\mathrm{F/m}$；o 点为坐标原点；$\boldsymbol{r}_1$ 为点电荷 q_1 的位置矢量；$\boldsymbol{r}_2$ 为点电荷 q_2 的位置矢量；$\boldsymbol{r}_{12}=\boldsymbol{r}_2-\boldsymbol{r}_1=r_{12}\boldsymbol{e}_r$ 为两电荷之间的距离矢量；$\boldsymbol{e}_r=\boldsymbol{r}_{12}/r_{12}$ 为由 q_1 指向 q_2 的单位矢量。

可以证明，$\boldsymbol{F}_{12}=-\boldsymbol{F}_{21}$。

过去曾认为电荷之间的作用力是“超距作用”。现代观点认为，电荷之间是通过“电场”间接作用的，如图 1-8 所示。电场看不到，摸不着，我们可以通过测试电荷受力来感知它的存在。

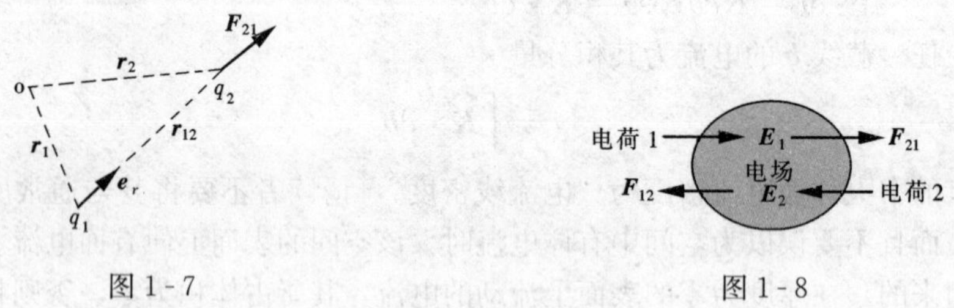

图 1-7　　　　图 1-8

1-2-2　电场强度

把一个体积很小、电量很少的测试电荷 q 静止地（$v=0$）放在电场中某场点（x，y，z），如果它在某一时刻 t 所受的力 $\boldsymbol{F}(x,y,z,t)$，可定义该场点的电场强度

$$\boldsymbol{E}(x,y,z,t)=\lim_{q\to 0}\frac{\boldsymbol{F}(x,y,z,t)}{q} \tag{1-14}$$

在力学上其单位为 N/C，在电磁学中其单位为 V/m。电场强度是矢量，具有明确的物理意义：其大小为单位正电荷在该点所受的电场力，其方向为正电荷在该点受力的方向。

根据电场强度的定义式可将库仑定律改写为

$$\boldsymbol{F}_{21}=q_2\boldsymbol{E}_1=q_2\left(\frac{q_1}{4\pi\varepsilon_0 r^2}\boldsymbol{e}_r\right)$$

式中，$\boldsymbol{E}_1$ 为源电荷 q_1 产生的电场。不难得出，点电荷 q 产生的电场为

$$\boldsymbol{E}=\frac{q}{4\pi\varepsilon_0 r^2}\boldsymbol{e}_r \tag{1-15}$$

点电荷的电场有三个特点：①$\boldsymbol{E}$ 的大小与电量 q 成正比；②$\boldsymbol{E}$ 的分布与 r^2 成反比；③$\boldsymbol{E}$ 的方向为 $\boldsymbol{e}_r$，具有球对称辐射性。这三个特点与库仑定律的三个特点有关，并由此决定了静电场的基本特性。

由于点电荷电场 $\boldsymbol{E}$ 与 q 成正比的线性关系，因此可以用叠加原理计算多个点电荷和连续分布电荷产生的电场。计算步骤如下：

(1) 在有电荷区域取电荷元 $\mathrm{d}q=\rho\mathrm{d}V$、$\sigma\mathrm{d}S$ 或 $\tau\mathrm{d}l$，可看为点电荷；

(2) 由点电荷场强公式，求元场强 $\mathrm{d}\boldsymbol{E}=\dfrac{\mathrm{d}q}{4\pi\varepsilon_0 r^2}\boldsymbol{e}_r$；

(3) 对有电荷区域积分，即由叠加原理求得总场强为

$$\boldsymbol{E}=\frac{1}{4\pi\varepsilon_0}\int_{V'}\frac{\rho\mathrm{d}V}{r^2}\boldsymbol{e}_r+\frac{1}{4\pi\varepsilon_0}\int_{S'}\frac{\rho\mathrm{d}S}{r^2}\boldsymbol{e}_r+\frac{1}{4\pi\varepsilon_0}\int_{l'}\frac{\tau\mathrm{d}l}{r^2}\boldsymbol{e}_r+\frac{1}{4\pi\varepsilon_0}\sum_{k=1}^{n}\frac{q_\mathrm{k}}{r^2}\boldsymbol{e}_r \tag{1-16}$$

由于电场强度 $\boldsymbol{E}$ 是矢量，用电荷积分式（1-16）求电场强度时，需分别计算 $\boldsymbol{E}$ 的各方向分量，计算量很大，而且多数实际工程问题并不知道电荷密度的分布函数，因此常用另外的途径求电场强度 $\boldsymbol{E}$。

【例 1-1】　已知图 1-9 所示在 $x=0$ 无限大平面均匀分布面电荷密度 σ，求其两侧真空中的电场强度。

解　套用（1-16）式，对 $x=0$ 无限大带电平面进行积分，即可求得两侧的电场强度。

借用无限长线电荷电场公式 $\boldsymbol{E}=\dfrac{\tau}{2\pi\varepsilon_0 r}\boldsymbol{e}_r$ 可使积分简化。

在带电平面上取宽度为 $\mathrm{d}z$ 的窄条，可看为无限长线电荷，其单位长度的电荷量 $\tau=\sigma\mathrm{d}z$，则

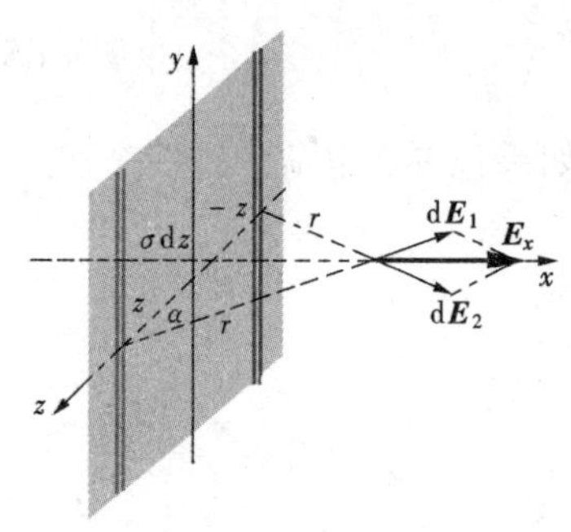

图 1-9

$$\mathrm{d}\boldsymbol{E}_1=\frac{\sigma\mathrm{d}z}{2\pi\varepsilon_0 r}\boldsymbol{e}_r$$

位于 $\pm z$ 对称位置的电荷产生的电场叠加后只有 E_x 分量

$$E_x=\int_{-\infty}^{+\infty}\frac{\sigma\mathrm{d}z}{2\pi\varepsilon_0 r}\sin\alpha=\int_{-\infty}^{+\infty}\frac{\sigma\mathrm{d}z}{2\pi\varepsilon_0}\frac{x}{r^2}=\int_{-\infty}^{+\infty}\frac{\sigma x}{2\pi\varepsilon_0}\frac{\mathrm{d}z}{(x^2+z^2)}=\frac{\sigma}{2\varepsilon_0}$$

故，无限大均匀带电平面 $x>0$ 侧和 $x<0$ 侧的电场强度分别为

$$\boldsymbol{E}=\frac{\sigma}{2\varepsilon_0}(\pm e_x)$$

1-2-3　真空中静电场特性

$\boldsymbol{E}$ 具有明确的物理意义，表示电场对单位电荷的作用力。因此 $\boldsymbol{E}\cdot\mathrm{d}\boldsymbol{l}$ 为电场力将单位电荷移动 $\mathrm{d}\boldsymbol{l}$ 距离做的功。在点电荷 q 的电场中任取一条曲线上 A、B 两点（如图 1-10 所示），则

$$\int_{\mathrm{A}}^{\mathrm{B}}\boldsymbol{E}\cdot\mathrm{d}\boldsymbol{l}=\int_{\mathrm{A}}^{\mathrm{B}}\frac{q\boldsymbol{e}_r\cdot\mathrm{d}\boldsymbol{l}}{4\pi\varepsilon_0\boldsymbol{r}^2}=\frac{q}{4\pi\varepsilon_0}\int_{r_{\mathrm{A}}}^{r_{\mathrm{B}}}\frac{\mathrm{d}r}{r^2}=\frac{q}{4\pi\varepsilon_0}\left(\frac{1}{r_{\mathrm{A}}}-\frac{1}{r_{\mathrm{B}}}\right)$$

式中，$\boldsymbol{e}_r\cdot\mathrm{d}\boldsymbol{l}=1\mathrm{d}l\cos\theta=\mathrm{d}r$。

上式的物理意义是电场力将单位电荷从 A 点移到 B 点所作的功。

当积分路径闭合，即 A、B 两点重合时，得到

$$\oint_l\boldsymbol{E}\cdot\mathrm{d}\boldsymbol{l}=0\tag{1-17}$$

这是电场力做功与路径无关的必然结果。因为如果从 A 点到 B 点电场力做正功，则从 B 点返回 A 点电场力做负功，往返路经的起点、终点相反，电场力做功正负抵消为零，表明静电场是“守恒场”。假设电力线能自行闭合，则沿闭合电力线积分，电场力做功始终为正，式（1-17）将不成立。因此式（1-17）说明静电场中的电力线不能自行闭合。定义电场中两点间的电压

$$U_{\mathrm{AB}}=\int_{\mathrm{A}}^{\mathrm{B}}\boldsymbol{E}\cdot\mathrm{d}\boldsymbol{l}\tag{1-18}$$

单位是 V。由式（1-17）可得

$$\oint\boldsymbol{E}\cdot\mathrm{d}\boldsymbol{l}=\int_{\mathrm{A}}^{\mathrm{B}}\boldsymbol{E}\cdot\mathrm{d}\boldsymbol{l}+\int_{\mathrm{B}}^{\mathrm{A}}\boldsymbol{E}\cdot\mathrm{d}\boldsymbol{l}=U_{\mathrm{AB}}-U'_{\mathrm{AB}}=0$$

可见，静电场中两点间的电压（或电场力作功）与积分路径无关。

电场的另一特性与库仑定律是反平方定律密切相关。若在无限大真空中有一点电荷 q，取该点电荷所在处为球心作一任意半径 r 的球面，则由该球面穿出的 $\boldsymbol{E}$ 通量为

$$\oint_S \boldsymbol{E} \cdot \mathrm{d}\boldsymbol{S} = \oint_S \frac{q}{4\pi\varepsilon_0 r^2}\boldsymbol{e}_r \cdot \mathrm{d}\boldsymbol{S} = \frac{q}{4\pi\varepsilon_0 r^2}\oint_S \mathrm{d}S = \frac{q}{\varepsilon_0}$$

如果包围点电荷的是一个任意形状的闭合面（如图 1 - 11 所示），上式仍然成立。因而

$$\oint_S \boldsymbol{E} \cdot \mathrm{d}\boldsymbol{S} = \frac{q}{\varepsilon_0} \tag{1 - 19}$$

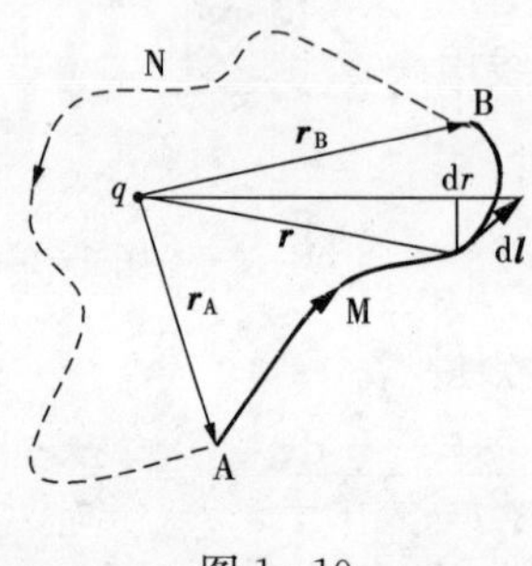

图 1 - 10

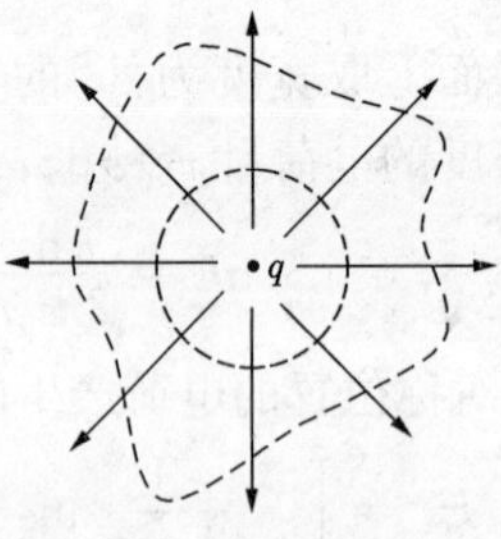

图 1 - 11

这就是“高斯通量定理”。它说明电力线由正电荷发出，在负电荷终止。

以上两个特性虽然都是从点电荷的电场中得到的结论，但由叠加原理很容易推广到任意电荷分布的电场。

1 - 2 - 4 介质的极化

微观上看，电介质内部的带电粒子都被束缚在原子或分子结构上，没有自由电荷。组成电介质的分子有两类：一类为无极分子，无外加电场时正负电荷作用中心重合，没有电偶极矩，即 $\boldsymbol{p}=q\boldsymbol{l}=0$；另一类为有极分子，无外加电场时正负电荷中心不重合，存在固有电偶极矩 $\boldsymbol{p}=q\boldsymbol{l}$，但由于分子的热运动，原有的电偶极矩摆列杂乱无章，总的电偶极矩 $\Sigma\boldsymbol{p}=0$。所以无论哪种电介质，在无外加电场时都保持电中性。

在外电场的作用下电介质会产生三种极化现象：

第一种是无极分子原子核外围的电子云在外电场作用下发生相对位移而出现电偶极矩 $\boldsymbol{p}=q\boldsymbol{l}$，称为电子极化。

第二种是无极分子的正负离子在外电场的作用下发生位移而出现电偶极矩 $\boldsymbol{p}=q\boldsymbol{l}$，称为离子极化。

第三种是有极分子的固有电偶极矩，在外电场的作用下顺电场方向转动，产生合成电偶极矩 $\Sigma\boldsymbol{p}\neq 0$，称为取向极化。

一般单原子的电介质只有电子极化，所有化合物都存在电子极化和离子极化，某些化合物分子同时具有三种极化。

电介质被极化的程度用“极化强度”表示。假设在电场的作用下，电介质体积元 ΔV 内的合成电偶极矩为 $\Sigma\boldsymbol{p}$，则该点的极化强度定义为

$$\boldsymbol{P} = \lim_{\Delta V \to 0}\frac{\Sigma\boldsymbol{p}}{\Delta V} = N\boldsymbol{p}_{\mathrm{av}} \tag{1 - 20}$$

单位是 C/m²。极化强度是一个矢量，其数值等于该点的分子平均电偶极矩 $\boldsymbol{p}_{av}$ 与分子密度数 N 的乘积，即单位体积中的电偶极矩；其方向由负束缚电荷指向正束缚电荷。

极化强度 $\boldsymbol{P}$ 与电场强度 $\boldsymbol{E}$ 的关系与电介质的物理性质有关，只能通过实验或物质结构理论来确定。实验指出，对于线性、各向同性电介质有

$$\boldsymbol{P}=\chi_e\varepsilon_0\boldsymbol{E} \tag{1-21}$$

式中，χ_e 称为电介质的极化率，它一般是与 $\boldsymbol{E}$ 无关又无量纲的物质常数。

一般来说 $\boldsymbol{P}$ 与 $\boldsymbol{E}$ 成正比例，且同方向。但也有少数例外（如铁电物质）。对于各向异性媒质（如晶体）$\boldsymbol{P}$ 和 $\boldsymbol{E}$ 的方向不同。

电介质极化的结果使电介质内部或其表面出现局部过剩的宏观附加电荷，称为极化电荷。可以证明，在任意闭合面 S 所包围的电介质体积中，极化电荷总量为

$$q_P=-\oint_S\boldsymbol{P}\cdot d\boldsymbol{S}=-\int_V\nabla\cdot\boldsymbol{P}dV \tag{1-22}$$

推导：在如图 1-12 所示的电介质中取闭合面 S，并在其上取一个面积元 $d\boldsymbol{S}$，电介质中的束缚电荷在外加电场 $\boldsymbol{E}$ 的作用下发生相对位移。假设负电荷固定不动，正电荷顺电场方向移动了 l，则穿出 $d\boldsymbol{S}$ 的正电荷为

$$dq=Nql\,dS\cos\theta=N\boldsymbol{p}\cdot d\boldsymbol{S}=\boldsymbol{P}\cdot d\boldsymbol{S}$$

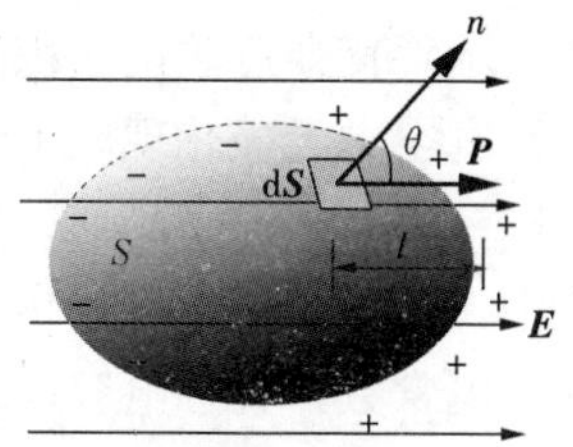

图 1-12

穿出闭合面 S 的正极化电荷总量为

$$q_P=\oint_S\boldsymbol{P}\cdot d\boldsymbol{S}$$

因此，留在闭合面 S 内的等量负极化电荷量为

$$q_P=-\oint_S\boldsymbol{P}\cdot d\boldsymbol{S}=-\int_V\nabla\cdot\boldsymbol{P}dV$$

在均匀电介质内部，由于各极化分子的极性相同，相邻两个分子的电荷极性相反，互相抵消，因此只会在电介质表面出现一层未被抵消的极化电荷，其面电荷密度为

$$\sigma_P=\boldsymbol{P}\cdot\boldsymbol{n} \tag{1-23}$$

对于不均匀电介质，其体积内部还将出现极化电荷，体电荷密度为

$$\rho_P=-\nabla\cdot\boldsymbol{P} \tag{1-24}$$

应当指出，任何电介质所能承受的电场强度是有限的。当其达到一定数值时，其中的束缚电荷会脱离它们的分子结构而自由移动，这时电介质就丧失了它的绝缘性能，在电工技术里就说它被击穿。电介质能安全地承受的最大电场强度，称为该材料的电介质强度，或称击穿场强。常用绝缘材料的击穿场强见表 1-1。

表 1-1　　常用绝缘材料的击穿场强　　单位：V/m

绝缘材料	空　气	氧化铝	玻　璃	瓷	变压器油	聚乙烯	尼　龙	橡　胶	云　母
击穿场强	3×10^6	6×10^6	9×10^6	10×10^6	12×10^6	18×10^6	19×10^6	40×10^6	100×10^6

1-2-5　电位移矢量

自由电荷是产生外加电场的“一次源”。当电场中有电介质时，电介质极化后产生的极化电荷是激发电场的“二次源”。因此，高斯通量定理用于电介质时，式（1-19）右边既要包含自由电荷 q，也要包含极化电荷 q_P（如图 1-13 所示），应写为

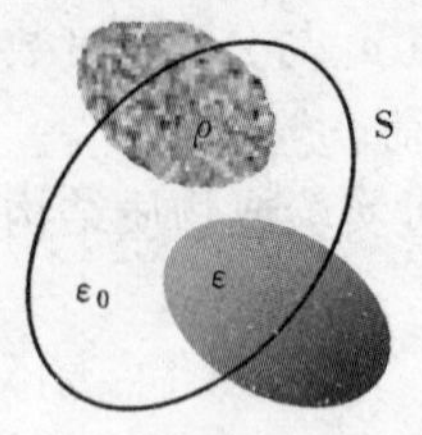

图 1-13

$$\oint_S \boldsymbol{E}\cdot d\boldsymbol{S}=\frac{q+q_p}{\varepsilon_0}=\frac{q-\oint_S \boldsymbol{P}\cdot d\boldsymbol{S}}{\varepsilon_0}$$

移项合并整理，得

$$\oint_S (\varepsilon_0\boldsymbol{E}+\boldsymbol{P})\cdot d\boldsymbol{S}=q$$

定义

$$\boldsymbol{D}=\varepsilon_0\boldsymbol{E}+\boldsymbol{P} \tag{1-25}$$

称为“电位移矢量”或“电感应强度”，单位是 C/m^2。因此，得到介质中的高斯通量定理为

$$\oint_S \boldsymbol{D}\cdot d\boldsymbol{S}=q \tag{1-26}$$

式（1-26）表明：$\boldsymbol{D}$ 的闭合面积分（即 $\boldsymbol{D}$ 的通量）只与闭合面 S 内包围的自由电荷有关，$\boldsymbol{D}$ 表示垂直穿过单位面积的电通量，故又称“电通量面密度”（简称“电通密度”）。

真空中无极化现象 $\boldsymbol{P}=0$，$\boldsymbol{D}=\varepsilon_0\boldsymbol{E}$。对于线性各向同性电介质，由于 $\boldsymbol{P}=\chi_e\varepsilon_0\boldsymbol{E}$，则

$$\boldsymbol{D}=\varepsilon_0\boldsymbol{E}+\boldsymbol{P}=\varepsilon_0\boldsymbol{E}+\chi_e\varepsilon_0\boldsymbol{E}=(1+\chi_e)\varepsilon_0\boldsymbol{E}=\varepsilon_r\varepsilon_0\boldsymbol{E}=\varepsilon\boldsymbol{E}$$

式中，$\varepsilon_r=1+\chi_e$，称为电介质的相对介电常数（无量纲的数），见表 1-2；$\varepsilon=\varepsilon_r\varepsilon_0$ 为电介质的介电常数，又称电容率。

因此，在线性、各向同性电介质中有

$$\boldsymbol{D}=\varepsilon\boldsymbol{E} \tag{1-27}$$

高斯通量定理可表示为

$$\oint_S \boldsymbol{E}\cdot d\boldsymbol{S}=\frac{q}{\varepsilon} \tag{1-28}$$

“线性”电介质指 ε 与 $\boldsymbol{E}$ 的大小无关。“各向同性”电介质指 ε 与 $\boldsymbol{E}$ 的方向无关；“各向异性”电介质的 ε 不是常数，而是张量，此时 $\boldsymbol{D}$ 与 $\boldsymbol{E}$ 方向不同。“均匀”电介质指 ε 与空间位置无关。

表 1-2　　部分常用材料的相对介电常数

绝缘材料	空气	有机玻璃	水	瓷	变压器油	聚乙烯	尼龙	橡胶	云母
相对介电常数	1.0005	3.1	79.63	6	2.28	2.6	5	2.5～3	6.2

【例 1-2】 同轴电缆内外导体半径分别为 R_1 和 R_2，长度为 l，中间为线性各向同性电介质，相对介电常数 $\varepsilon_r=2$，已知内外导体间的电压为 U，如图 1-14 所示。求：

（1）介质中的 $\boldsymbol{D}$、$\boldsymbol{E}$ 和 $\boldsymbol{P}$；

（2）内导体表面的自由电荷量 q；

（3）介质内表面的极化电荷量 q_p。

图 1-14

解　（1）设内导体表面带电量为 q，由 $\oint_S \boldsymbol{D}\cdot d\boldsymbol{S}=q$ 得

$$\boldsymbol{D}=\frac{q}{2\pi rl}\boldsymbol{e}_r,\qquad \boldsymbol{E}=\frac{\boldsymbol{D}}{\varepsilon}=\frac{q}{2\pi(2\varepsilon_0)rl}\boldsymbol{e}_r=\frac{q}{4\pi\varepsilon_0 rl}\boldsymbol{e}_r$$

由于

$$U=\int_{R_1}^{R_2}\boldsymbol{E}\cdot \mathrm{d}\boldsymbol{l}=\frac{q}{4\pi\varepsilon_0 l}\int_{R_1}^{R_2}\frac{\mathrm{d}r}{r}=\frac{q}{4\pi\varepsilon_0 l}\ln\frac{R_2}{R_1}$$

(2) 内导体的自由电荷量

$$q=\frac{4\pi\varepsilon_0 lU}{\ln\dfrac{R_2}{R_1}}$$

介质中的场强

$$\boldsymbol{E}=\frac{U}{r\ln\dfrac{R_2}{R_1}}\boldsymbol{e}_r,\qquad \boldsymbol{D}=\varepsilon\boldsymbol{E}=\frac{2\varepsilon_0 U}{r\ln\dfrac{R_2}{R_1}}\boldsymbol{e}_r$$

$$\boldsymbol{P}=\boldsymbol{D}-\varepsilon_0\boldsymbol{E}=\frac{2\varepsilon_0 U-\varepsilon_0 U}{r\ln\dfrac{R_2}{R_1}}\boldsymbol{e}_r=\frac{\varepsilon_0 U}{r\ln\dfrac{R_2}{R_1}}\boldsymbol{e}_r$$

(3) 介质内表面的极化电荷量

$$q_{\mathrm{p}}=-\oint_S\boldsymbol{P}\cdot \mathrm{d}\boldsymbol{S}=-\frac{\varepsilon_0 U}{R_1\ln\dfrac{R_2}{R_1}}\times 2\pi R_1 l=-\frac{2\pi\varepsilon_0 lU}{\ln\dfrac{R_2}{R_1}}$$

1-3　磁感应强度与磁场强度

1-3-1　安培力定律

安培力定律是恒定磁场的基本实验定律，也是研究电磁场的理论基础。如图 1-15 所示，真空中电流回路 l_2 受到电流回路 l_1 的作用力为

$$\boldsymbol{F}_{21}=\frac{\mu_0}{4\pi}\oint_{l_1}\oint_{l_2}\frac{I_2\mathrm{d}\boldsymbol{l}_2\times(I_1\mathrm{d}\boldsymbol{l}_1\times\boldsymbol{e}_r)}{r_{12}^2}\tag{1-29}$$

式中，真空的磁导率 $\mu_0=4\pi\times10^{-7}\,\mathrm{H/m}$；$r_{12}$ 为两个电流元之间的距离；$\boldsymbol{r}_{\mathrm{r}}=\boldsymbol{r}_{12}/r_{12}$ 为单位矢量，其方向由 $I_1\mathrm{d}\boldsymbol{l}_1$ 指向 $I_2\mathrm{d}\boldsymbol{l}_2$。

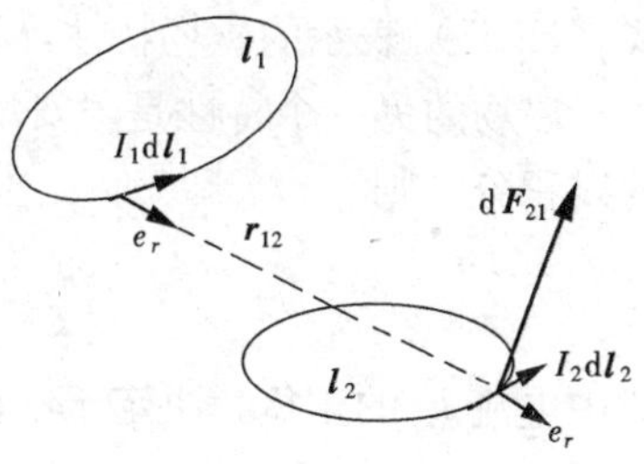

图 1-15

可以证明

$$\boldsymbol{F}_{12}=-\boldsymbol{F}_{21}$$

但两个电流回路之间作用力的特性不同于两个电荷之间的作用力。

1-3-2　磁感应强度

根据“场”的观点，两个电流回路之间的作用力实质上是通过“磁场”间接作用的力。磁感应强度 $\boldsymbol{B}$ 的定义式为

$$\boldsymbol{F}_{\mathrm{m}}=qv\times\boldsymbol{B}\tag{1-30}$$

或

$$\boldsymbol{F}_{\mathrm{m}}=\oint_l I\mathrm{d}\boldsymbol{l}\times\boldsymbol{B}\tag{1-31}$$

$\boldsymbol{B}$ 是磁场的基本物理量“磁感应强度”，单位为 T（特斯拉）。

必须指出，磁场力 $\boldsymbol{F}_{\mathrm{m}}$ 与 $\boldsymbol{B}$ 以及电荷运动方向 $q\boldsymbol{v}$ 三者相互垂直且符合右手定则（如图

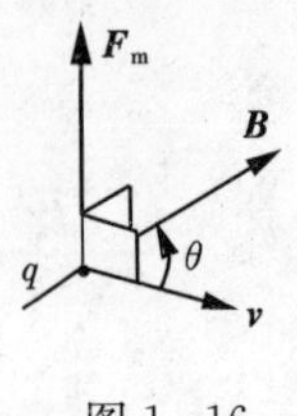

图 1-16

1-16所示)。因此,磁场力 $\boldsymbol{F}_m$ 只能改变电荷运动方向,而不能做功。

根据磁感应强度的定义式(1-31),安培力定律式(1-29)可改写为

$$\boldsymbol{F}_{21}=\oint_{l_2} I_2 \mathrm{d}\boldsymbol{l}_2 \times\left[\frac{\mu_0}{4\pi}\oint_{l_1}\frac{I_1 \mathrm{d}\boldsymbol{l}_1 \times \boldsymbol{e}_r}{r^2}\right]=\oint_{l_2} I_2 \mathrm{d}\boldsymbol{l}_2 \times \boldsymbol{B}_1$$

其中

$$\boldsymbol{B}_1=\frac{\mu_0}{4\pi}\oint_{l_1}\frac{I \mathrm{d}\boldsymbol{l}_1 \times \boldsymbol{e}_r}{r^2} \tag{1-32}$$

称为毕奥-萨伐尔定律(简称毕-萨定律)。当已知线电流分布时,可由式(1-32)求得磁场的分布。对于体电流、面电流和线电流共同产生的磁场,可由叠加原理计算,即

$$\boldsymbol{B}=\frac{\mu_0}{4\pi}\int_{V'}\frac{\boldsymbol{J}\times\boldsymbol{e}_r}{r^2}\mathrm{d}V'+\frac{\mu_0}{4\pi}\int_{S'}\frac{\boldsymbol{K}\times\boldsymbol{e}_r}{r^2}\mathrm{d}S'+\frac{\mu_0}{4\pi}\oint_{l'}\frac{I\mathrm{d}\boldsymbol{l}'\times\boldsymbol{e}_r}{r^2} \tag{1-33}$$

由于磁感应强度是矢量,当电流分布比较复杂时,用上述电流积分公式求磁感应强度 $\boldsymbol{B}$ 很困难,往往得不到解析解,而且许多实际工程问题并不知道电流分布的函数表达式,因此常用另外的方法求解。

1-3-3 真空中恒定磁场特性

在磁场中,穿过任意面积 S 的 $\boldsymbol{B}$ 通量,称为磁通

$$\Phi=\int_S \boldsymbol{B}\cdot\mathrm{d}\boldsymbol{S} \tag{1-34}$$

单位为 Wb。因此,磁感应强度 $\boldsymbol{B}$ 又称“磁通密度”,单位为 $\mathrm{Wb/m^2}$。

由于自然界中不存在独立的磁荷,磁感应线既无始端又无终端,穿过任何闭合面的净磁通为零,因此

$$\oint_S \boldsymbol{B}\cdot\mathrm{d}\boldsymbol{S}=0 \tag{1-35}$$

式(1-35)表示的磁场特性,称为“磁通连续性原理”。

磁场的另一个特性是“安培环路定理”:在真空的恒定磁场中,沿任意闭合回路 l 取 $\boldsymbol{B}$ 的线积分,则

$$\oint_l \boldsymbol{B}\cdot\mathrm{d}\boldsymbol{l}=\mu_0\sum_{k=1}^{n} I_k \tag{1-36}$$

式中电流 I_k 的正负,决定于电流的方向与积分回路的绕行方向。对于图 1-17 所示的电流 I_1 与回路 l 符合右手定则,应为正;电流 I_2 则为负。

对于体电流则为

$$\oint_l \boldsymbol{B}\cdot\mathrm{d}\boldsymbol{l}=\mu_0\int_S \boldsymbol{J}\cdot\mathrm{d}\boldsymbol{S} \tag{1-37}$$

【例 1-3】 已知真空中 $x=0$ 的无限大平面上通恒定面电流密度 $\boldsymbol{K}=K\boldsymbol{e}_z$。求两侧的磁感应强度。

解 由于位于 $\pm y$ 对称位置的电流产生的合成磁场只有 B_y 分量。而且,电流两侧位于 $\pm x$ 对称位置的磁场大小相等,方向相反。因此,取图 1-18 所示矩形回路 l,由 $\oint_l \boldsymbol{B}\cdot\mathrm{d}\boldsymbol{l}=\mu_0 I$,可得

$$B_1\Delta l+B_2\Delta l=\mu_0 K\Delta l$$

因此

$$\boldsymbol{B}=\frac{\mu_0 K}{2}(\pm\boldsymbol{e}_y)$$

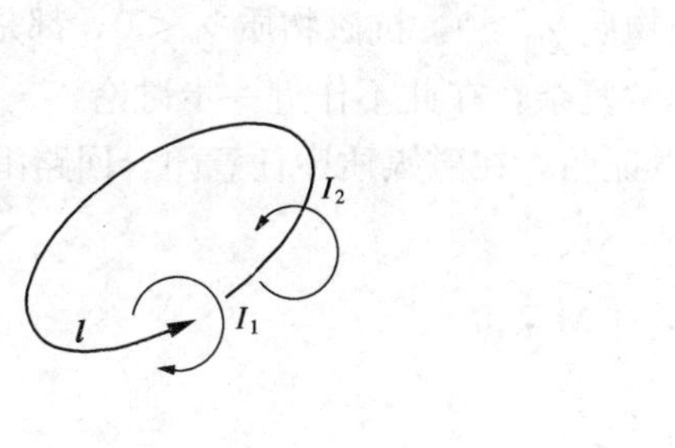

图 1-17

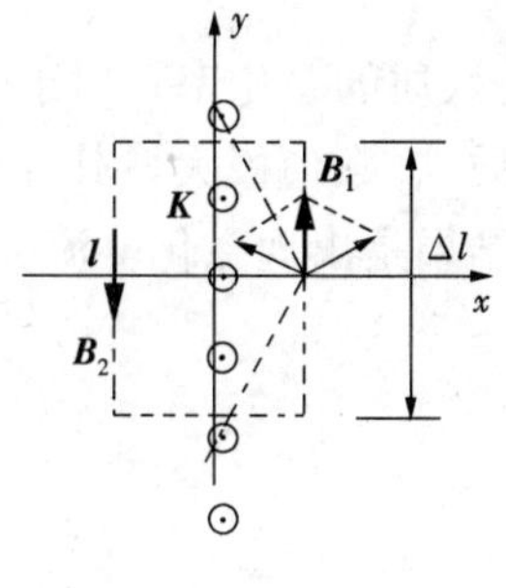

图 1-18

1-3-4　物质的磁化

物质结构理论表明，任何物质都是由分子、原子构成的。每个电子既有自旋，又围绕原子核不停地运动。电子的这两种运动都可以用内在的分子电流来等效。

从电磁场的角度来看，每个分子电流都可看为一个很小的环形电流，相当于一个磁偶极子。设分子电流为 i_0，其环绕的小环路所围成的面积为 $\mathrm{d}\boldsymbol{S}$，则磁矩 $\boldsymbol{m}=i_0\mathrm{d}\boldsymbol{S}$。

磁媒质可分为顺磁物质、抗磁物质和铁磁物质。

抗磁物质中，每个分子内部的电子都成对地沿相反方向运动。无外加磁场时，每个分子的净磁矩 $\boldsymbol{m}=0$，对外不显磁性。在外磁场作用下，部分电子的角速度发生变化，从而产生感应磁矩，使其 $\Sigma\boldsymbol{m}\neq0$，对外显示磁性。金、银、铜、锌、氩、氮及有机物等都是抗磁物质。

顺磁物质中，每个分子固有磁矩 $\boldsymbol{m}$。无外加磁场时，固有磁矩排列混乱，彼此抵消，使其 $\Sigma\boldsymbol{m}=0$。在外磁场作用下，各个分子磁矩在一定程度上沿磁场方向排列，从而使其 $\Sigma\boldsymbol{m}\neq0$，对外显示磁性。铝、钙、氧等都是顺磁物质。

铁磁物质与前两种磁媒质有很大差别。铁、钴、镍及其合金，以及锰和铬的某些合金等结晶物质，其内部存在很多天然的、具有很强磁性的小区域，称为磁畴。无外磁场时，磁畴方向杂乱无章，使其 $\Sigma\boldsymbol{m}=0$，对外不显磁性。在外磁场作用下，磁畴顺外磁场排列，使其 $\Sigma\boldsymbol{m}\neq0$，对外显示很强的磁性。铁磁物质是一种特殊的顺磁物质，其磁化强度远比一般磁介质要大几百万倍；而且在外磁场撤去之后，仍能保留相当的磁性（磁滞）。

磁媒质被磁化的程度用“磁化强度”表示。假设磁媒质体积元 ΔV 内的净磁矩为 $\Sigma\boldsymbol{m}$，则该点的磁化强度定义为

$$\boldsymbol{M}=\lim_{\Delta V\to0}\frac{\Sigma\boldsymbol{m}}{\Delta V}=N\boldsymbol{m}_{\mathrm{av}} \tag{1-38}$$

单位为 A/m。磁化强度是一个矢量，其数值等于该点的分子平均磁矩 $\boldsymbol{m}_{\mathrm{av}}$ 与分子密度 N 的乘积；其方向由分子电流的绕行方向按右手定则决定。因此，磁化强度 $\boldsymbol{M}$ 表示单位体积中的分子磁矩。

磁化强度 $\boldsymbol{M}$ 与磁场强度 $\boldsymbol{H}$ 的关系与磁介质的物理性质有关，而且相差极大。对于各向同性的磁媒质

$$\boldsymbol{M}=\boldsymbol{M}_0+\chi_{\mathrm{m}}\boldsymbol{H} \tag{1-39}$$

式中，$\boldsymbol{M}_0$ 代表物质的固有磁化强度。

对于铁磁物质，即使没有外磁场也有一定的固有磁化，$\boldsymbol{M}_0\neq0$。对于顺物磁质和抗磁物质，都没有固有磁化，$\boldsymbol{M}_0=0$，其磁化强度与磁场强度成正比，且同方向，即

$$\boldsymbol{M}=\chi_{\mathrm{m}}\boldsymbol{H} \tag{1-40}$$

式中的 χ_{m} 称为磁媒质的磁化率。对于顺磁物质 $\chi_{\mathrm{m}}>0$，抗磁物质 $\chi_{\mathrm{m}}<0$，都是接近于 0 的常数；对于铁磁物质 χ_{m} 数值极大，其性质非常复杂，在此不作进一步讨论。

物质磁化的结果是出现磁化电流。可以证明，在磁媒质中任意闭合回路围成的面积上穿过的磁化电流为

$$i_{\mathrm{m}}=\oint_{l}\boldsymbol{M}\cdot\mathrm{d}\boldsymbol{l} \tag{1-41}$$

推导：

在磁媒质内部取任一闭和回路 $\boldsymbol{l}$，它与许多分子电流 i_0 交链（如图 1-19 所示）。设单位体积中有 N 个分子电流 i_0，每个 i_0 环绕的面积为 $\mathrm{d}\boldsymbol{S}$，则体积元 $\mathrm{d}V=\mathrm{d}\boldsymbol{S}\cdot\mathrm{d}\boldsymbol{l}$ 中的磁化电流为

$$\begin{aligned}\mathrm{d}i_{\mathrm{m}}&=(Ni_0)\mathrm{d}V=(Ni_0)\cdot(\mathrm{d}\boldsymbol{S}\cdot\mathrm{d}\boldsymbol{l})=N(i_0\mathrm{d}\boldsymbol{S})\cdot\mathrm{d}\boldsymbol{l}\\&=N\boldsymbol{m}\cdot\mathrm{d}\boldsymbol{l}=\boldsymbol{M}\cdot\mathrm{d}\boldsymbol{l}\end{aligned}$$

因此，整个闭和回路 $\boldsymbol{l}$ 穿过的总磁化电流为

$$i_{\mathrm{m}}=\oint_{l}\mathrm{d}i_{\mathrm{m}}=\oint_{l}\boldsymbol{M}\cdot\mathrm{d}\boldsymbol{l}$$

在均匀磁媒质内部，由于各分子电流流向相同，相邻两个分子电流方向相反，互相抵消，只会在磁媒质表面出现一层未被抵消的磁化电流。因此微观上看磁化电流并不连续（如图 1-20 所示），但在宏观上看，可以认为磁化电流是连续的。磁化面电流密度为

$$\boldsymbol{K}_{\mathrm{m}}=\boldsymbol{M}\times\boldsymbol{e}_{\mathrm{n}} \tag{1-42}$$

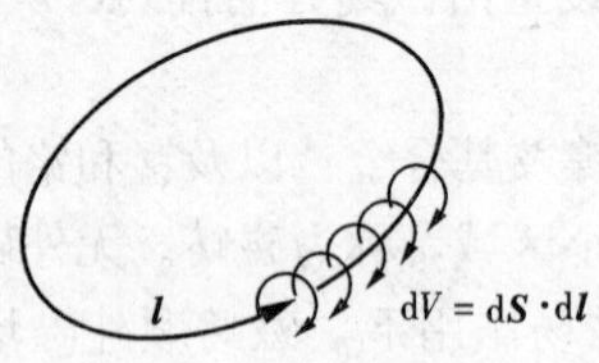

图 1-19

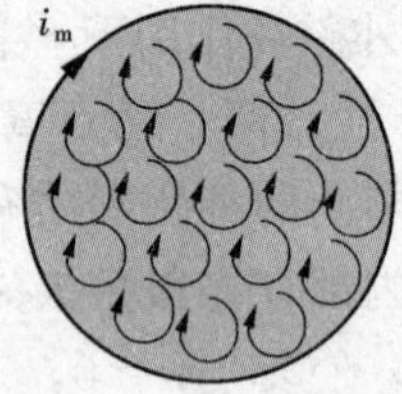

图 1-20

此外，不均匀磁媒质体积内部还会出现磁化体电流

$$\boldsymbol{J}_{\mathrm{m}}=\nabla\times\boldsymbol{M} \tag{1-43}$$

1-3-5 磁场强度

物质磁化后出现的磁化电流产生附加磁场（二次源），将会引起磁场的变化。因此，安培环路定理用于磁媒质时，既要包含自由电流，也要包含磁化电流，即

$$\oint_{l}\boldsymbol{B}\cdot\mathrm{d}\boldsymbol{l}=\mu_0(i+i_{\mathrm{m}})=\mu_0\left(i+\oint_{l}\boldsymbol{M}\cdot\mathrm{d}\boldsymbol{l}\right)$$

整理得

$$\oint_{l}\left(\frac{\boldsymbol{B}}{\mu_0}-\boldsymbol{M}\right)\cdot\mathrm{d}\boldsymbol{l}=i$$

定义

$$\boldsymbol{H}=\frac{\boldsymbol{B}}{\mu_0}-\boldsymbol{M} \tag{1-44}$$

称为磁场强度，单位为 A/m。因此，磁媒质中的安培环路定理为

$$\oint_l \boldsymbol{H} \cdot \mathrm{d}\boldsymbol{l} = \Sigma i \qquad (1-45)$$

式（1-44）表明：$\boldsymbol{H}$ 的闭合环路积分只与穿过闭合环路围成面积 S 的自由电流有关，磁化电流对磁场的附加激励作用，已包含在磁场强度 $\boldsymbol{H}$ 之内，不必另外考虑。

由于线性、各向同性磁媒质的 $\boldsymbol{M}=\chi_m\boldsymbol{H}$，则

$$\boldsymbol{B} = \mu_0(\boldsymbol{H}+\boldsymbol{M}) = \mu_0(1+\chi_m)\boldsymbol{H} = \mu_0\mu_r\boldsymbol{H}$$

式中，$\mu_r=\mu/\mu_0=1+\chi_m$ 是无量纲的数，称为磁媒质的相对磁导率，部分材料的相对磁导率见表 1-3；μ 为磁媒质的磁导率。

因此，对于线性、各向同性磁媒质有

$$\boldsymbol{B} = \mu\boldsymbol{H} \qquad (1-46)$$

铁磁物质 $\mu \gg \mu_0$，且为非线性；顺磁物质 $\mu>\mu_0$；抗磁物质 $\mu<\mu_0$；顺磁和抗磁物质 $\mu\approx\mu_0$。

表 1-3　部分材料的相对磁导率

导磁物质	硅　钢	导磁合金	铁 0.2 杂质	铁 0.05 杂质	空　气	铝	水	铜
相对磁导率	7000	1000000	5000	200000	1.0000004	1.00002	0.999991	0.999991

【例 1-4】　已知均匀、长直圆柱形永磁体的半径为 a，磁导率 $\mu\gg\mu_0$，磁化强度 $\boldsymbol{M}=M_0\boldsymbol{e}_z$，如图 1-21 所示。求：

（1）永磁体表面单位长度的磁化电流 I_m；

（2）永磁体内部的 $\boldsymbol{B}$ 和 $\boldsymbol{H}$。

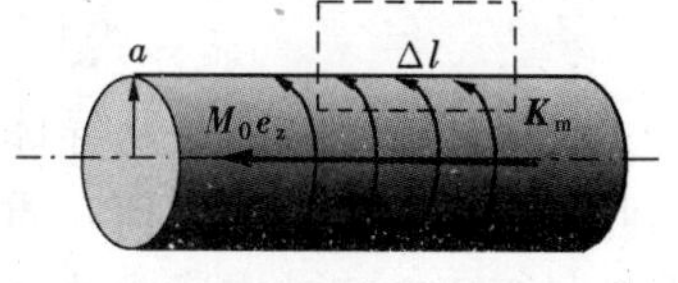

图 1-21

解　（1）圆柱形永磁体表面的磁化电流密度为

$$\boldsymbol{K}_m = \boldsymbol{M}\times\boldsymbol{e}_r = M_0\boldsymbol{e}_z\times\boldsymbol{e}_r = M_0\boldsymbol{e}_\alpha$$

通过纵向单位长度（法线方向为 $\boldsymbol{e}_\alpha$）的磁化电流为

$$I_m = \int_0^1 \boldsymbol{K}_m \cdot \boldsymbol{e}_\alpha \mathrm{d}l = (M_0\boldsymbol{e}_\alpha)\cdot(1\cdot\boldsymbol{e}_\alpha) = M_0$$

（2）由于长直永磁体表面有磁化电流，可看为一个无限长螺线管，其外部 $\boldsymbol{B}=0$，内部为均匀场。取图 1-21 所示矩形回路，由

$$\oint_l \boldsymbol{B}\cdot\mathrm{d}\boldsymbol{l} = \mu_0 I_m$$

得

$$B\cdot\Delta l = \mu_0 M_0 \Delta l$$

所以，永磁体内部磁感应强度和磁场强度分别为

$$\boldsymbol{B} = \mu_0 M_0 \boldsymbol{e}_z = \mu_0\boldsymbol{M}$$

$$\boldsymbol{H} = \frac{\boldsymbol{B}}{\mu_0} - \boldsymbol{M} = \frac{\mu_0\boldsymbol{M}}{\mu_0} - \boldsymbol{M} = 0$$

1-4　电磁场基本方程组

1-4-1　法拉第定律

法拉第通过大量实验，总结出电磁感应定律：当穿过导体回路围成面积的磁链 Ψ 随时间 t 变化时，导体回路中将产生感应电动势

$$e=-\frac{\mathrm{d}\Psi}{\mathrm{d}t}$$

式中，e 与 Ψ 的方向符合右手定则关系（如图 1-22 所示）；负号表示感应电动势企图阻止 Ψ 的变化。

由于

$$\frac{\mathrm{d}\Psi}{\mathrm{d}t}=\frac{\mathrm{d}}{\mathrm{d}t}\int_S \boldsymbol{B}\cdot\mathrm{d}\boldsymbol{S}=\int_S\frac{\mathrm{d}}{\mathrm{d}t}(\boldsymbol{B}\cdot\mathrm{d}\boldsymbol{S})=\int_S\frac{\partial\boldsymbol{B}}{\partial t}\cdot\mathrm{d}\boldsymbol{S}+\int_S\boldsymbol{B}\cdot\frac{\partial\mathrm{d}\boldsymbol{S}}{\partial t}$$

上式中第一项表示导线静止不动，磁场 $\boldsymbol{B}$ 随时间 t 变化所产生的感应电动势，通常称为“变压器电动势”；第二项表示磁场 $\boldsymbol{B}$ 不随时间 t 变化，导体以速度 v 作切割磁力线运动产生的感应电动势，通常称为“发电机电动势”（见图 1-23）。由于

$$\boldsymbol{B}\cdot\frac{\partial\mathrm{d}\boldsymbol{S}}{\partial t}=\boldsymbol{B}\cdot\frac{\mathrm{d}\boldsymbol{r}\times\mathrm{d}\boldsymbol{l}}{\partial t}=\boldsymbol{B}\cdot(v\times\mathrm{d}\boldsymbol{l})=-(v\times\boldsymbol{B})\cdot\mathrm{d}\boldsymbol{l}$$

而且，感应电动势 e 可以用感应场强 $\boldsymbol{E}_i$ 的闭合环路积分表示为

$$e=\oint_l\boldsymbol{E}_i\cdot\mathrm{d}\boldsymbol{l}$$

因此，法拉第定律又可写为

$$\oint_l\boldsymbol{E}_i\cdot\mathrm{d}\boldsymbol{l}=-\int_S\frac{\partial\boldsymbol{B}}{\partial t}\cdot\mathrm{d}\boldsymbol{S}+\oint_l(v\times\boldsymbol{B})\mathrm{d}\boldsymbol{l}\tag{1-47}$$

虽然法拉第定律是从导体回路的实验中得到的，但由于感应电动势与材料的特性无关，因此可以把它推广到任何介质和真空；导体切割磁力线的速度 v 也推广为媒质运动的速度。本教材不研究运动媒质中的电磁场，因而法拉第定律简化为

$$\oint_l\boldsymbol{E}_i\cdot\mathrm{d}\boldsymbol{l}=-\int_S\frac{\partial\boldsymbol{B}}{\partial t}\cdot\mathrm{d}\boldsymbol{S}\tag{1-48}$$

式（1-48）表明时变磁场可以产生感应电场，从一个方面揭示了电场和磁场相互联系、相互依存的客观事实。由式（1-48）可知，在时变情况下，电磁感应产生的 $\boldsymbol{E}$ 线围绕 $\boldsymbol{B}$ 线自行闭合，这一特性与静电场中电力线不能自行闭合有很大区别。

【例 1-5】 已知长直载流导线通缓变电流 $i(t)=I_\mathrm{m}\sin\omega t$，附近有一单匝矩形线框与其共面，如图 1-24 所示。求矩形线框中的感应电动势。

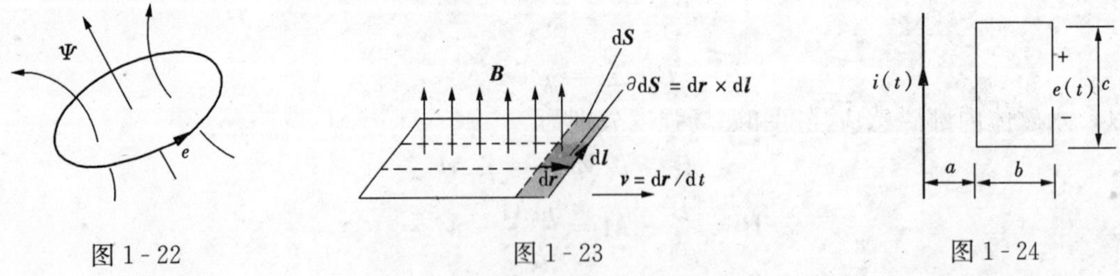

图 1-22　　图 1-23　　图 1-24

解 由于电流缓变，可仿照恒定磁场求磁感应强度为

$$\boldsymbol{B}(t)=\frac{\mu_0 i(t)}{2\pi r}\boldsymbol{e}_\alpha$$

则穿过单匝矩形线框的磁通

$$\Phi=\int_S\boldsymbol{B}\cdot\mathrm{d}\boldsymbol{S}=\int_a^{a+b}\frac{\mu_0 i(t)}{2\pi r}c\,\mathrm{d}r=\frac{\mu_0 I_\mathrm{m}c}{2\pi}\ln\frac{a+b}{a}\sin\omega t$$

因此，线框中的感应电动势为

$$e(t)=-\frac{\partial\Phi}{\partial t}=-\frac{\omega\mu_0 I_m c}{2\pi}\ln\frac{a+b}{a}\cdot\cos\omega t$$

1-4-2　全电流定律

安培环路定理$\oint_l \boldsymbol{H}\cdot d\boldsymbol{l}=\int_S \boldsymbol{J}_C\cdot d\boldsymbol{S}$中的闭合曲线$\boldsymbol{l}$假设是图1-25所示袋口的绳子，如果把绳子拉紧，在极限情况下使其收缩为零，则右边的开口面积分变为闭合面积分，则得到

$$\oint_S \boldsymbol{J}_C\cdot d\boldsymbol{S}=0$$

这是恒定情况下的电荷守恒和电流连续性方程，不适用于时变情况。

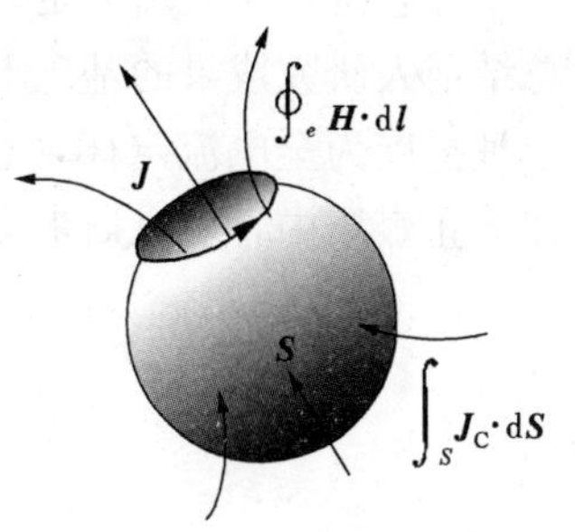

图1-25

麦克斯韦认为高斯通量定理$\oint_S \boldsymbol{D}\cdot d\boldsymbol{S}=\int_V \rho dV$在时变情况下仍然适用，将其代入时变情况下的电荷守恒和电流连续性方程，则

$$\oint_S \boldsymbol{J}_C\cdot d\boldsymbol{S}=-\frac{\partial}{\partial t}\int_V \rho dV=-\frac{\partial}{\partial t}\oint_S \boldsymbol{D}\cdot d\boldsymbol{S}$$

即

$$\oint_S\left(\boldsymbol{J}_C+\frac{\partial \boldsymbol{D}}{\partial t}\right)\cdot d\boldsymbol{S}=0$$

其中，$\partial\boldsymbol{D}/\partial t$具有电流密度的量纲，麦克斯韦将其称为“位移电流密度”，认为它存在于电场随时间变化的任何实体物质和真空之中。位移电流与传导电流、运流电流一样也能产生磁场，应该包含在安培环路定理之中，扩展为“全电流定律”

$$\oint_l \boldsymbol{H}\cdot d\boldsymbol{l}=\int_S\left(\boldsymbol{J}_C+\frac{\partial \boldsymbol{D}}{\partial t}+\rho v\right)\cdot d\boldsymbol{S} \tag{1-49}$$

它体现了时变情况下的电流连续性，表明传导电流能产生磁场，而且时变电场也能够激发磁场。它与法拉第定律分别从不同方面揭示了电场和磁场相互联系、相互依存、共同组成统一电磁场的客观真理。

【例1-6】　在无限大均匀媒质中放置一个初始值为q_0的点电荷$q(t)=q_0 e^{-t/\tau}$（式中$\tau=\varepsilon/\gamma$），随时间t按指数规律衰减，称为弛豫过程。求导电媒质中的全电流密度和磁场强度。

解　由于电荷随时间变化缓慢，因此可仿照静电场求电场强度为

$$\boldsymbol{E}(r,t)=\frac{q(t)}{4\pi\varepsilon r^2}\boldsymbol{e}_r=\frac{q_0 e^{-t/\tau}}{4\pi\varepsilon r^2}\boldsymbol{e}_r$$

因此，传导电流密度为

$$\boldsymbol{J}(r,t)=\gamma\boldsymbol{E}=\frac{\gamma q_0 e^{-t/\tau}}{4\pi\varepsilon r^2}\boldsymbol{e}_r$$

位移电流密度为

$$\frac{\partial\boldsymbol{D}}{\partial t}=\varepsilon\frac{\partial\boldsymbol{E}}{\partial t}=-\frac{\gamma}{\varepsilon}\varepsilon\frac{q_0 e^{-t/\tau}}{4\pi\varepsilon r^2}\boldsymbol{e}_r=-\frac{\gamma q_0 e^{-t/\tau}}{4\pi\varepsilon r^2}\boldsymbol{e}_r=-\boldsymbol{J}_C$$

可见位移电流与传导电流恰好相互抵消，而在媒质中不存在运流电流，因此全电流密度为

零，磁场强度也为零。

1-4-3 麦克斯韦方程组的积分形式

库仑定律、安培力定律和法拉第定律为电磁场理论提供了坚实的实验基础。麦克斯韦在总结前人研究成果的基础上，根据电荷守恒原理天才地提出了位移电流的假设，将安培环路定理扩展为全电流定律，总结出时变电磁场的基本方程组，通常称为“麦克斯韦方程组”。在静止媒质中，麦克斯韦方程组的积分形式为

$$\begin{cases}\oint_l \boldsymbol{H}\cdot \mathrm{d}\boldsymbol{l}=\int_S\left(\boldsymbol{J}_{\mathrm{C}}+\dfrac{\partial \boldsymbol{D}}{\partial t}+\rho v\right)\cdot \mathrm{d}\boldsymbol{S} & (1-50)\\ \oint_l \boldsymbol{E}\cdot \mathrm{d}\boldsymbol{l}=-\int_S\dfrac{\partial \boldsymbol{B}}{\partial t}\cdot \mathrm{d}\boldsymbol{S} & (1-51)\\ \oint_S \boldsymbol{B}\cdot \mathrm{d}\boldsymbol{S}=0 & (1-52)\\ \oint_S \boldsymbol{D}\cdot \mathrm{d}\boldsymbol{S}=\int_V \rho \mathrm{d}V & (1-53)\end{cases}$$

麦克斯韦的重要贡献是在安培环路定理中引入了位移电流，将其扩展为全电流定律，因此称“麦克斯韦第一方程”。此外，麦克斯韦还将法拉第电磁感应定律由导体回路推广到任何介质和真空，因此又称“麦克斯韦第二方程”。

麦克斯韦第一和第二方程是时变电磁场方程组的核心，说明变化的电场和磁场是相互联系、不可分割的，组成为统一的“电磁场”整体。麦克斯韦方程组揭示了电场和磁场的对立与统一，决定了由电荷和电流所激发的电磁场的运动规律，成为研究电磁场的重要理论基础。

但是这四个方程没有涉及电磁场在媒质中所呈现的性质，故称其为“非限定形式”。所谓“本构关系”，就是描述场矢量之间关系的结构方程。一般媒质的本构关系为

$$\boldsymbol{D}=\varepsilon_0\boldsymbol{E}+\boldsymbol{P},\boldsymbol{B}=\mu_0(\boldsymbol{H}+\boldsymbol{M})$$

对于线性、各向同性媒质为

$$\boldsymbol{D}=\varepsilon\boldsymbol{E},\boldsymbol{B}=\mu\boldsymbol{H},\boldsymbol{J}_{\mathrm{C}}=\gamma\boldsymbol{E}$$

式中，γ 为导电媒质的电导率，S/m。

把线性、各向同性媒质的本构关系代入非限定形式中，则得到用场强 $\boldsymbol{E}$ 和 $\boldsymbol{H}$ 表示的麦克斯韦方程组限定形式为

$$\begin{cases}\oint_l \boldsymbol{H}\cdot \mathrm{d}\boldsymbol{l}=\int_S\left(\gamma\boldsymbol{E}+\varepsilon\dfrac{\partial \boldsymbol{E}}{\partial t}+\rho v\right)\cdot \mathrm{d}\boldsymbol{S} & (1-54)\\ \oint_l \boldsymbol{E}\cdot \mathrm{d}\boldsymbol{l}=-\mu\int_S\dfrac{\partial \boldsymbol{H}}{\partial t}\cdot \mathrm{d}\boldsymbol{S} & (1-55)\\ \oint_S \boldsymbol{H}\cdot \mathrm{d}\boldsymbol{S}=0 & (1-56)\\ \oint_S \boldsymbol{E}\cdot \mathrm{d}\boldsymbol{S}=\dfrac{1}{\varepsilon}\int_V \rho \mathrm{d}V & (1-57)\end{cases}$$

【例 1-7】 细长螺线管线圈的半径远远小于螺线管的长度（$a\ll l$），单位长度为 N 匝。已知螺线管内磁场均匀分布 $\boldsymbol{H}_1(t)=NI_{\mathrm{m}}\sin 314t\boldsymbol{e}_z$。试由麦克斯韦方程求螺线管内外的电场强度 $\boldsymbol{E}(t)$。

解 在螺线管内取闭合回路 l_1（见图 1-26），由于穿过相应圆面积的磁通为

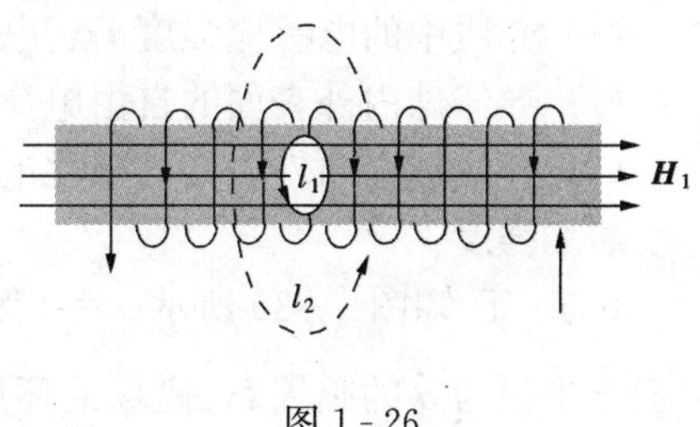

图 1-26

$$\Phi_1 = \int_S \mu \boldsymbol{H}_1 \cdot \mathrm{d}\boldsymbol{S} = \mu(\pi r^2) N I_\mathrm{m} \sin 314t$$

由麦克斯韦第二方程

$$\oint_l \boldsymbol{E} \cdot \mathrm{d}\boldsymbol{l} = -\int_S \mu \frac{\partial \boldsymbol{H}}{\partial t} \cdot \mathrm{d}\boldsymbol{S}$$

可得管内的电场强度为

$$\boldsymbol{E}_1(t) = 314 \frac{\mu r}{2} N I_\mathrm{m} \cos 314t(-\boldsymbol{e}_\alpha)$$

在螺线管外取闭合回路 l_2（见图 1-26），由于穿过相应圆面积的磁通为

$$\Phi_2 = \int_S \mu \boldsymbol{H}_1 \cdot \mathrm{d}\boldsymbol{S} = \mu(\pi a^2) N I_\mathrm{m} \sin 314t$$

同理可得管外的电场强度为

$$\boldsymbol{E}_2(t) = 314\mu \frac{a^2}{2r} N I_\mathrm{m} \cos 314t(-\boldsymbol{e}_\alpha)$$

习 题 一

电场强度：

1-1 已知半径为 R 的半圆柱面均匀分布面电荷密度为 σ，如图 1-27 所示。试依据无限长线电荷场强公式

$$\boldsymbol{E} = \frac{\tau}{2\pi\varepsilon r}\boldsymbol{e}_r$$

和叠加原理，求半圆柱轴线上的电场强度 $\boldsymbol{E}$。

1-2 半径为 R 的圆柱体内有一个半径为 a 的圆柱形空腔，两者的轴间距离为 d，两个圆柱面间均匀分布体电荷密度为 ρ，如图 1-28 所示。试用叠加原理求空腔中任一点的电场强度。

1-3 双线传输线导线半径都是 R=10mm，几何轴间距离 d=1m，导线间的电压 U=100kV，如图 1-29 所示。假设电荷的作用中心在导线几何轴上。求：

(1) 导线表面的最大电场强度 $E_{\max}$；

(2) 判断导线表面的空气能否击穿。

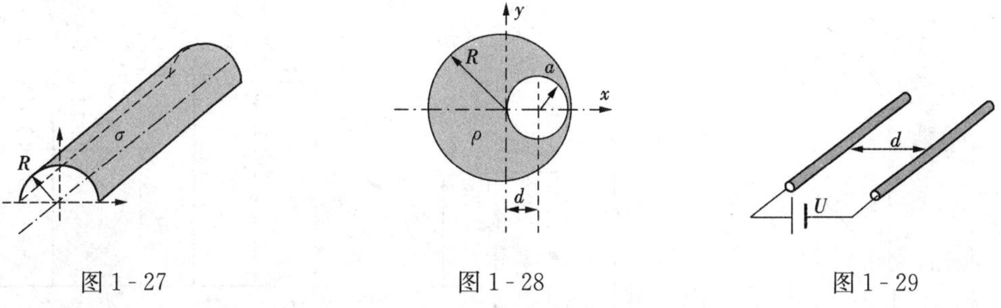

图 1-27　　图 1-28　　图 1-29

1-4 两同心金属球半径分别为 a 和 b，中间为理想电介质 $\varepsilon=3\varepsilon_0$，内、外球面之间的电压为 U。求：

(1) 介质中的电感应强度 $\boldsymbol{D}$、电场强度 $\boldsymbol{E}$ 和极化强度 $\boldsymbol{P}$；

(2) 导体球内外表面的自由电荷量 q_1 和 q_2；

(3) 介质球壳内外表面的极化电荷量 q_{P1} 和 q_{P2}。

磁场强度：

1-5 已知图 1-30 所示 $x=0$ 无限大平面上分布面电流，密度 $\boldsymbol{K}=K_0\boldsymbol{e}_z$。求对于 $z=0$ 平面上半径为 a 的圆周 $\boldsymbol{l}$，磁场的环量 $\oint_l \boldsymbol{H}\cdot \mathrm{d}\boldsymbol{l}$。

1-6 半径为 a 的长直圆柱导线通恒定电流 I，外面包一层半径为 b 的绝缘材料，磁导率 $\mu\neq\mu_0$，如图 1-31 所示。求：

(1) 绝缘层中的磁感应强度 $\boldsymbol{B}$ 和磁场强度 $\boldsymbol{H}$；

(2) 绝缘层中的磁化强度 $\boldsymbol{M}$ 和内外表面的磁化电流 I_m。

图 1-30　　图 1-31

1-7 真空中，厚度为 d 的无限大平板中分布恒定电流，密度 $\boldsymbol{J}=J_0\boldsymbol{e}_z$，其中心位置有一半径为 a 的无限长圆柱形空洞（如图 1-32 所示）。利用叠加原理求空洞中的磁场强度。

法拉第定律：

1-8 双线传输线导线半径均为 $a=10\text{mm}$，线间距离 $d=1\text{m}$，假设通恒定电流 $I=100\text{A}$。求：

(1) 两线外侧与两线共面的空气中的磁感应强度 $\boldsymbol{B}$；

(2) 两线之间纵向单位长度中穿过的磁通 Φ。

1-9 长直载流导线附近有一单匝矩形线框与其共面，如图 1-33 所示。求以下各种情况下回路中的感应电动势：

(1) 设电流 $i(t)=I_0$，线框以速度 v_0 向右平移；

(2) 设电流 $i(t)=I_m\sin\omega t$，且线框以速度 v_0 向右平移。

1-10 三相电力线附近有一双线通信线，设电力线 B 相通有短路电流 $i(t)=I_m\sin\omega t$，如图 1-34 所示。求双线通信线单位长度的感应电动势 e。

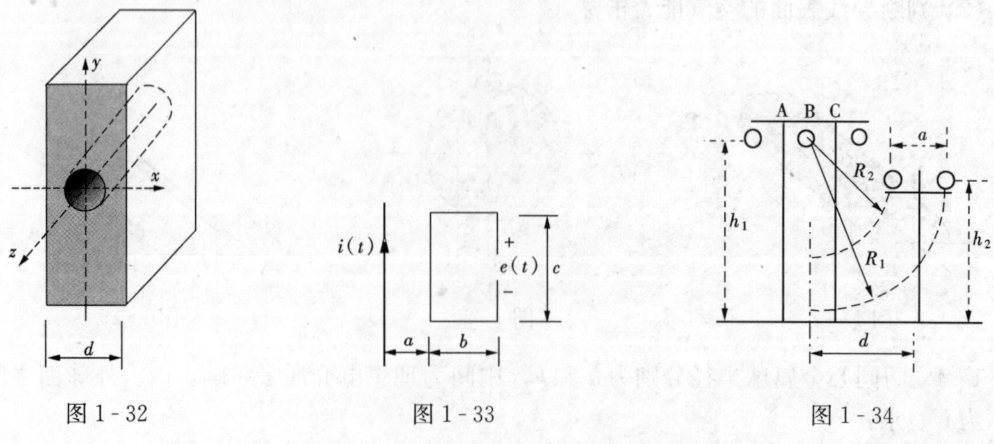

图 1-32　　图 1-33　　图 1-34

位移电流：

1-11　已知平行板电容器极板面积为 S，极间距离为 d，中间为理想介质，电容率为 ε。若忽略边缘效应，且不考虑变化磁场对电场的影响，试证明外加电压 $u(t)=U_m\sin\omega t$ 时，电容器内外电流的连续性。

1-12　已知电场强度 $E(t)=E_m\sin\omega t$（单位：V/m），其中 $\omega=10^3\,\mathrm{rad/s}$。求下列各种媒质中的传导电流密度和位移电流密度的幅值之比：

（1）铜 $\gamma=5.8\times10^7\,\mathrm{S/m}$，$\varepsilon_r=1$；

（2）蒸馏水 $\gamma=2\times10^{-4}\,\mathrm{S/m}$，$\varepsilon_r=80$；

（3）聚苯乙烯 $\gamma=10^{-16}\,\mathrm{S/m}$，$\varepsilon_r=2.53$。

第二章 静电场

本章首先在麦克斯韦方程组积分形式的基础上，导出静电场基本方程的微分形式$\nabla\cdot\boldsymbol{D}=\rho$和$\nabla\times\boldsymbol{E}=0$；然后定义静电场的位函数——电位$\varphi$及其与电场强度$\boldsymbol{E}$的关系，并进一步导出电位的泊松方程和拉普拉斯方程，介绍静电场边值问题的求解方法和基于"解的唯一性定理"的电轴法和镜像法，引入多导体系统的部分电容的概念；最后研究静电场能量和电场力的计算问题。

2-1 基本方程及其微分形式

当电荷与观察者相对静止、电量不随时间变化时，产生的电场强度$\boldsymbol{E}$和电通密度$\boldsymbol{D}$也不随时间变化（$\partial\boldsymbol{D}/\partial t=0$），若不考虑电磁感应（即$\partial\boldsymbol{B}/\partial t=0$），则麦克斯韦方程组分为两组各自独立的方程

$$\begin{cases}\oint_S\boldsymbol{D}\cdot\mathrm{d}\boldsymbol{S}=\int_V\rho\,\mathrm{d}V & (2-1)\\ \oint_l\boldsymbol{E}\cdot\mathrm{d}\boldsymbol{l}=-\int_S\dfrac{\partial\boldsymbol{B}}{\partial t}\cdot\mathrm{d}\boldsymbol{S}=0 & (2-2)\end{cases}$$

$$\begin{cases}\oint_l\boldsymbol{H}\cdot\mathrm{d}\boldsymbol{l}=\int_S\boldsymbol{J}_\mathrm{C}\cdot\mathrm{d}\boldsymbol{S}\\ \oint_S\boldsymbol{B}\cdot\mathrm{d}\boldsymbol{S}=0\end{cases}$$

式（2-1）和式（2-2）为静电场基本方程的积分形式。该方程组表述了静电场在闭合面和闭合回路上场量的整体特性。电磁场理论要进一步研究静电场在每个场点及其附近小的区域内的特性，更精细地了解从一点到另一点场量的变化。以下推导其微分形式。

2-1-1 高斯通量定理的微分形式

高斯通量定理积分形式为

$$\oint_S\boldsymbol{D}\cdot\mathrm{d}\boldsymbol{S}=\int_V\rho\,\mathrm{d}V$$

若将其中的闭合面S缩小，使其包围的体积$\Delta V\to 0$，它将仍然成立，即

$$\lim_{\Delta V\to 0}\frac{\oint_S\boldsymbol{D}\cdot\mathrm{d}\boldsymbol{S}}{\Delta V}=\lim_{\Delta V\to 0}\frac{\int_{\Delta V}\rho\,\mathrm{d}V}{\Delta V}$$

上式的左边根据数学上的定义为$\boldsymbol{D}$的散度$\mathrm{div}\boldsymbol{D}$，右边就是从物理上定义的电荷密度$\rho$，从而得

$$\mathrm{div}\boldsymbol{D}=\rho$$

用哈密顿算子∇表示，则为

$$\nabla\cdot\boldsymbol{D}=\rho \qquad (2-3)$$

这个散度方程就是高斯通量定理的微分形式，表明静电场是有散场。从物理意义上看，

$\nabla\cdot\boldsymbol{D}$相当于包围场点的小闭合面对应的单位体积散发的电通量，即电通量体密度（注意，电通密度 $\boldsymbol{D}$ 是指电通量面密度，两者不要混淆）；其量值等于该点的自由电荷体密度 ρ。

由于$\int_V\nabla\cdot\boldsymbol{D}\mathrm{d}V$ 表示总体积 V 中散发出的电通量，它与穿出包围 V 的闭合面 S 的电通量$\oint_S\boldsymbol{D}\cdot\mathrm{d}\boldsymbol{S}$ 是同一个量，所以

$$\int_V\nabla\cdot\boldsymbol{D}\mathrm{d}V=\oint_S\boldsymbol{D}\cdot\mathrm{d}\boldsymbol{S}\tag{2-4}$$

这就是数学上的“高斯散度定理”。在直角坐标系中有

$$\nabla=\frac{\partial}{\partial x}\boldsymbol{e}_x+\frac{\partial}{\partial y}\boldsymbol{e}_y+\frac{\partial}{\partial z}\boldsymbol{e}_z$$

$$\begin{aligned}\nabla\cdot\boldsymbol{D}&=\left(\frac{\partial}{\partial x}\boldsymbol{e}_x+\frac{\partial}{\partial y}\boldsymbol{e}_y+\frac{\partial}{\partial z}\boldsymbol{e}_z\right)\cdot(D_x\boldsymbol{e}_x+D_y\boldsymbol{e}_y+D_z\boldsymbol{e}_z)\\&=\frac{\partial D_x}{\partial x}+\frac{\partial D_y}{\partial y}+\frac{\partial D_z}{\partial z}\end{aligned}$$

圆柱坐标系和球坐标系中$\nabla\cdot\boldsymbol{D}$ 的展开式见附录 B。

一般来说，单独应用散度方程$\nabla\cdot\boldsymbol{D}=\rho$ 不能求得电场分布。只有当电荷分布具有某种对称性，电场分布也具有对称性，$\boldsymbol{D}$ 只有一个坐标分量，且只与一个坐标变量有关的特殊情况下，才可能通过$\nabla\cdot\boldsymbol{D}=\rho$ 求解。

高斯通量定理的微分形式$\nabla\cdot\boldsymbol{D}=\rho$ 还具有“验源”作用。也就是说，当已知电场中 $\boldsymbol{D}$ 的分布函数时，求其散度$\nabla\cdot\boldsymbol{D}$ 便可得知场中体电荷 ρ 的分布情况。若$\nabla\cdot\boldsymbol{D}>0$，表示该点有 $\boldsymbol{D}$ 线发出，该点有正电荷 $\rho>0$；若$\nabla\cdot\boldsymbol{D}<0$，表示 $\boldsymbol{D}$ 线在该点终止，该点有负电荷 $\rho<0$；若$\nabla\cdot\boldsymbol{D}=0$，表示 $\boldsymbol{D}$ 线仅在该点穿过（或 $\boldsymbol{D}=0$），该点没有电荷 $\rho=0$。

【例 2-1】 已知半径为 R 的无限长圆柱体内均匀分布体电荷 ρ，介电常数为 ε，如图 2-1 所示。试由$\nabla\cdot\boldsymbol{D}=\rho$ 求柱内外的 $\boldsymbol{E}$。

解 由于 ρ 的分布具有轴对称性，$\boldsymbol{D}$ 的分布也具有轴对称性，$\boldsymbol{D}$ 只有 $\boldsymbol{D}_r$ 分量，且只与 r 有关。

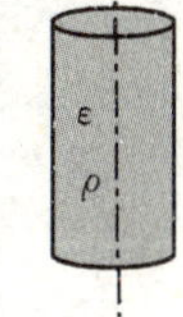

图 2-1

(1) 在柱内（$r<R$ 时），满足$\nabla\cdot\boldsymbol{D}=\rho$，在柱坐标系下展开简化为

$$\frac{1}{r}\frac{\partial}{\partial r}(rD_r)+0+0=\rho$$

由不定积分求解

$$\frac{\partial}{\partial r}(rD_r)=\rho r$$

得通解

$$D_{r1}=\frac{1}{2}\rho r+\frac{C_1}{r}\qquad(r<R)$$

其中 C_1 为积分常数，因 $r=0$ 处 $D=0$，故 $C_1=0$。因此

$$\boldsymbol{D}_1=\frac{1}{2}\rho r\boldsymbol{e}_r,\qquad\boldsymbol{E}_1=\frac{\boldsymbol{D}_1}{\varepsilon}=\frac{\rho r}{2\varepsilon}\boldsymbol{e}_r$$

(2) 在柱外（$r<R$），无体电荷 $\rho=0$，满足$\nabla\cdot\boldsymbol{D}=0$，在柱坐标系下展开简化为

$$\frac{1}{r}\frac{\partial}{\partial r}(rD_r)+0+0=0$$

由不定积分得通解

$$D_{r2}=\frac{C_2}{r}\quad (R<r)$$

其中，积分常数 C_2 由边界条件确定：因为 $r=R$ 处无面电荷，由式（2-9）得 $D_{1n}=D_{2n}$，即

$$\frac{C_2}{R}=\frac{1}{2}\rho R,\qquad C_2=\frac{1}{2}\rho R^2$$

因此

$$\boldsymbol{D}_2=\frac{\rho R^2}{2r}\boldsymbol{e}_r,\qquad \boldsymbol{E}_2=\frac{\boldsymbol{D}_2}{\varepsilon}=\frac{\rho R^2}{2\varepsilon r}\boldsymbol{e}_r$$

【例 2-2】 已知圆柱坐标系中 $r\leqslant 2$ 时 $\boldsymbol{D}_1=\frac{5}{4}r^2\boldsymbol{e}_r$；$r>2$ 时 $\boldsymbol{D}_2=\frac{20}{r}\boldsymbol{e}_r$，求电场中的体电荷分布。

解 $r\leqslant 2$ 时，有

$$\rho_1=\nabla\cdot\boldsymbol{D}_1=\frac{1}{r}\frac{\partial}{\partial r}\left(r\times\frac{5}{4}r^2\right)=\frac{1}{r}\times\frac{5}{4}\times 3r^2=\frac{15r}{4}\quad (\mathrm{C/m^3})$$

$r>2$ 时，有

$$\rho_2=\nabla\cdot\boldsymbol{D}_2=\frac{1}{r}\frac{\partial}{\partial r}\left(r\times\frac{20}{r}\right)=0$$

可见，电场中的体电荷只分布在 $r\leqslant 2$ 的圆柱形体积中，圆柱外无体电荷分布。注意：$\nabla\cdot\boldsymbol{D}=\rho$ 的“验源”作用只限于体电荷，无法直接确定面电荷、线电荷和点电荷。

2-1-2 环路定理的微分形式

当环路定理

$$\oint_l \boldsymbol{E}\cdot\mathrm{d}\boldsymbol{l}=0$$

的闭合环路 l 缩小，其围成的面积 $\Delta S\to 0$ 时，它仍然成立，即

$$\lim_{\Delta S\to 0}\frac{\oint_l \boldsymbol{E}\cdot\mathrm{d}\boldsymbol{l}}{\Delta S}=0$$

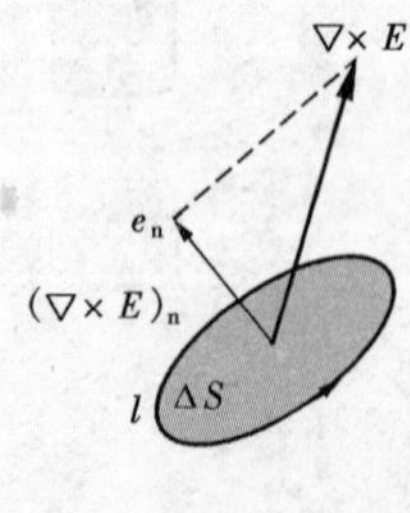

图 2-2

上式左边在数学上定义为 $\boldsymbol{E}$ 的旋度 $\mathrm{rot}\boldsymbol{E}$ 在 ΔS 面的正法线方向 $\boldsymbol{e}_n$ 上的投影分量 $(\mathrm{rot}\boldsymbol{E})_n$，如图 2-2 所示。当 $\mathrm{rot}\boldsymbol{E}$ 与 $\boldsymbol{e}_n$ 的方向相同时，$(\mathrm{rot}\boldsymbol{E})_n$ 达到最大值。

由于 $\oint_l \boldsymbol{E}\cdot\mathrm{d}\boldsymbol{l}=0$ 和 $(\mathrm{rot}\boldsymbol{E})_n=0$ 无论在 $\boldsymbol{l}$ 为任何方位时均成立，也就是说 $\mathrm{rot}\boldsymbol{E}$ 在任何方向上都没有它的投影分量，则意味着在静电场中 $\boldsymbol{E}$ 的旋度本身为零。所以有

$$\mathrm{rot}\boldsymbol{E}=0$$

用哈密顿算子 ∇ 表示，则为

$$\nabla\times\boldsymbol{E}=0 \tag{2-5}$$

上式即环路定理的微分形式，它表明静电场是无旋场。从物理意义上看：$\nabla\times\boldsymbol{E}$ 相当于围绕场点的小闭合回路所对应的单位面积上的 $\boldsymbol{E}$ 环量，即 $\boldsymbol{E}$ 环量面密度。

由于$\int_S (\nabla \times \boldsymbol{E}) \cdot \mathrm{d}\boldsymbol{S}$表示围成面积$S$上对应的$\boldsymbol{E}$环量，它与沿闭合回路$\boldsymbol{l}$的环量$\oint_l \boldsymbol{E} \cdot \mathrm{d}\boldsymbol{l}$是同一个量，所以

$$\int_S (\nabla \times \boldsymbol{E}) \cdot \mathrm{d}\boldsymbol{S} = \oint_l \boldsymbol{E} \cdot \mathrm{d}\boldsymbol{l} \tag{2-6}$$

这就是数学上的“斯托克斯定理”。

在直角坐标系中，$\nabla \times \boldsymbol{E}$的展开式可以用行列式表示为

$$\nabla \times \boldsymbol{E} = \begin{vmatrix} \boldsymbol{e}_x & \boldsymbol{e}_y & \boldsymbol{e}_z \\ \dfrac{\partial}{\partial x} & \dfrac{\partial}{\partial y} & \dfrac{\partial}{\partial z} \\ E_x & E_y & E_z \end{vmatrix}$$

在圆柱坐标系和球坐标系中$\nabla \times \boldsymbol{E}$的展开式见附录B。

【例2-3】 试判断真空中的表达式$\boldsymbol{E}_1 = 3x\boldsymbol{e}_x - 2y\boldsymbol{e}_y, \boldsymbol{E}_2 = -2y\boldsymbol{e}_x + 3x\boldsymbol{e}_y$是否可能是静电场。若可能，求相应的电荷密度$\rho$。

解 （1）

$$\nabla \times \boldsymbol{E}_1 = \begin{vmatrix} \boldsymbol{e}_x & \boldsymbol{e}_y & \boldsymbol{e}_z \\ \dfrac{\partial}{\partial x} & \dfrac{\partial}{\partial y} & \dfrac{\partial}{\partial z} \\ 3x & -2y & 0 \end{vmatrix} = \frac{\partial}{\partial x}(-2y)\boldsymbol{e}_z - \frac{\partial}{\partial y}(3x)\boldsymbol{e}_z = 0$$

表达式$\boldsymbol{E}_1$可能是静电场，其体电荷密度为

$$\rho_1 = \nabla \cdot \boldsymbol{D} = \nabla \cdot (\varepsilon_0 \boldsymbol{E}) = \left[\frac{\partial(3x)}{\partial x} + \frac{\partial(-2y)}{\partial y} + \frac{\partial(0)}{\partial z}\right]\varepsilon_0 = (3-2)\varepsilon_0 = \varepsilon_0 \quad (\mathrm{C/m^3})$$

（2）

$$\nabla \times \boldsymbol{E}_2 = \begin{vmatrix} \boldsymbol{e}_x & \boldsymbol{e}_y & \boldsymbol{e}_z \\ \dfrac{\partial}{\partial x} & \dfrac{\partial}{\partial y} & \dfrac{\partial}{\partial z} \\ -2y & 3x & 0 \end{vmatrix} = \frac{\partial}{\partial x}(3x)\boldsymbol{e}_z - \frac{\partial}{\partial y}(-2y)\boldsymbol{e}_z = 5\boldsymbol{e}_z \neq 0$$

表达式$\boldsymbol{E}_2$决不可能是静电场。

2-1-3 电场量$\boldsymbol{E}$和$\boldsymbol{D}$的衔接条件

静电场中可能分布两种或多种媒介质，其分界面两侧的场量之间存在着一定关系，称为不同媒介质分界面上的衔接条件或边界条件。它反映了电场从一种媒质过渡到另一种媒质时分界面上的变化规律。下面我们运用静电场基本方程的积分形式来研究分界面两侧场量的变化规律。

取两种电介质分界面上的P点为观察点，围绕P点作一个很小的矩形回路，它与分界面垂直的边长$\Delta h \to 0$，与分界面平行的上下两个边Δl分别在分界面两侧，如图2-3所示。

将$\oint_l \boldsymbol{E} \cdot \mathrm{d}\boldsymbol{l} = 0$应用于此闭合回路，由于

$$E_{1t}\Delta l - E_{2t}\Delta l = 0$$

得

$$E_{1t} = E_{2t} \tag{2-7}$$

可见，分界面两侧的电场强度$\boldsymbol{E}$的切线分量连续。

包围P点作一个很小的平扁闭合圆柱面，它的高度$\Delta h \to 0$，与分界面平行的上下两个端

面 ΔS，分别在分界面的两侧，如图 2-4 所示。将$\oint_S \boldsymbol{D}\cdot d\boldsymbol{S}=\int \rho dV$应用于此闭合面，则有

$$-D_{1n}\Delta S+D_{2n}\Delta S=\sigma\Delta S$$

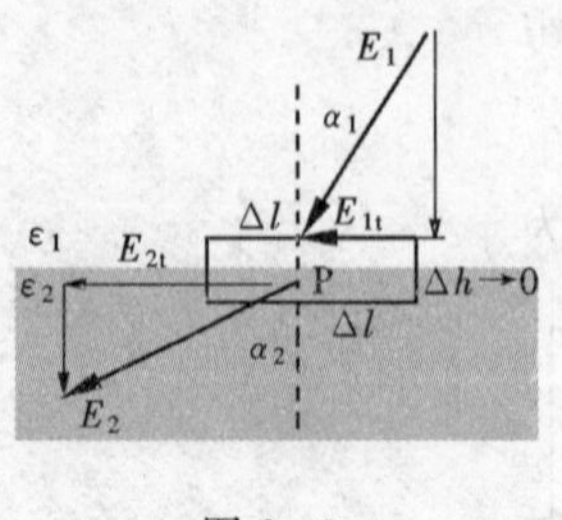

图 2-3

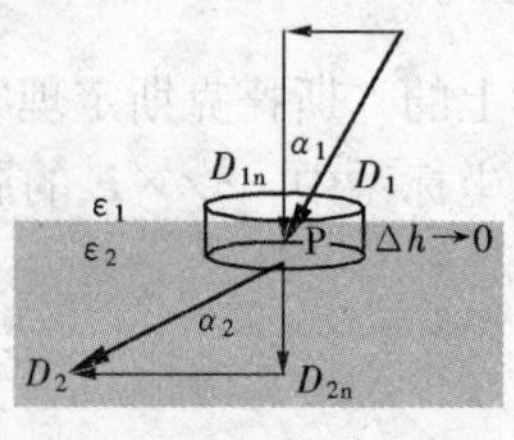

图 2-4

即

$$D_{2n}-D_{1n}=\sigma \tag{2-8}$$

式（2-8）说明，分界面两侧的电通密度 $\boldsymbol{D}$ 的法线分量不连续，其差值等于分界面上的自由电荷面密度 σ。当分界面上没有自由电荷 $\sigma=0$ 时，则电通密度的法线分量连续

$$D_{1n}=D_{2n} \tag{2-9}$$

由于线性各向同性电介质 $\boldsymbol{D}=\varepsilon\boldsymbol{E}$，由上述衔接条件可知

$$\frac{E_{1t}}{D_{1n}}=\frac{E_{2t}}{D_{2n}}$$

即

$$\frac{E_1\sin\alpha_1}{\varepsilon_1 E_1\cos\alpha_1}=\frac{E_2\sin\alpha_2}{\varepsilon_2 E_2\cos\alpha_2}$$

因而可得电场的折射定律为

$$\frac{\tan\alpha_1}{\tan\alpha_2}=\frac{\varepsilon_1}{\varepsilon_2} \tag{2-10}$$

对于导体与电介质的分界面，由于静电场中的导体内电场为零，由式（2-7）可知导体外表面的电场强度没有切线分量。也就是说，介质中紧靠导体表面处的电场强度 E_2 垂直于导体表面。由式（2-8）知，导体的面电荷密度 $\sigma=D_{2n}=\varepsilon_2 E_{2n}$。

2-2 电位与电位梯度

静电场的基本方程之一$\oint_l \boldsymbol{E}\cdot d\boldsymbol{l}=0$（或 $\nabla\times\boldsymbol{E}=0$）表明静电场是无旋场。因此，可以用标量位函数——电位 φ 来描述静电场。

2-2-1 电位的定义

在图 2-5 所示静电场中，场点 P 与参考点 Q 之间的电压，称为 P 点的电位，即

$$\varphi=\int_P^Q \boldsymbol{E}\cdot d\boldsymbol{l} \tag{2-11}$$

电位的单位是 V。由于 $\boldsymbol{E}$ 的物理意义为作用于单位正电荷的电场力。因此电位 φ 的物理意义是将单位正电荷由 P 点移到参考点 Q 过程中电场所做的功。

电位 φ 的参考点，原则上可以任意选择，但应使其表达式简单且有意义。实际工程中，

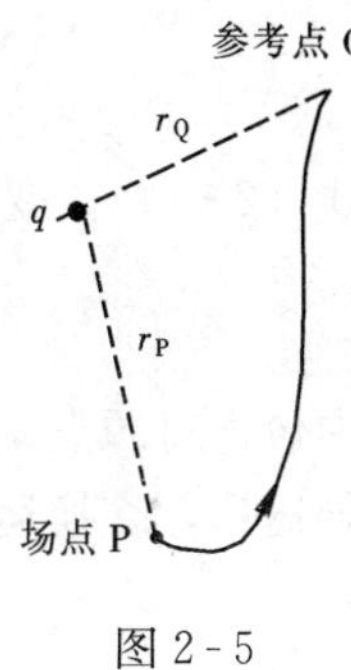

图 2-5

常选大地或机壳为电位参考点。理论计算时，如果电荷分布在有限范围内，常选无限远处为电位参考点；如果电荷分布在无限长或无穷大区域时，则不能选无限远处为电位参考点。

点电荷电场中任一场点 P 的电位为

$$\varphi=\int_{P}^{Q}\boldsymbol{E}\cdot d\boldsymbol{l}=\int_{P}^{Q}\frac{q}{4\pi\varepsilon_0 r^2}\boldsymbol{e}_r\cdot d\boldsymbol{l}=\frac{q}{4\pi\varepsilon_0}\left(\frac{1}{r_P}-\frac{1}{r_Q}\right)$$

其中，r_P 和 r_Q 分别为点电荷到 P 点和参考点 Q 的距离。参考点的选择不同，各点的电位值相差一个常数。当参考点 Q 选在无限远处时，电位 φ 与 q 成正比，点电荷的电位表达式最简单为

$$\varphi=\frac{q}{4\pi\varepsilon_0 r} \tag{2-12}$$

两点间的电压

$$U_{AB}=\int_{A}^{B}\boldsymbol{E}\cdot d\boldsymbol{l}=\int_{A}^{Q}\boldsymbol{E}\cdot d\boldsymbol{l}+\int_{Q}^{B}\boldsymbol{E}\cdot d\boldsymbol{l}=\varphi_A-\varphi_B$$

等于两点间的电位差，不随电位参考点的选择不同而改变。

当电荷分布在有限范围，且选无限远处为电位参考点时，连续分布电荷产生的电位，可由点电荷电位式和叠加原理得到

$$\varphi=\frac{1}{4\pi\varepsilon_0}\int_{V'}\frac{\rho\, dV}{r}+\frac{1}{4\pi\varepsilon_0}\int_{S'}\frac{\sigma\, dS}{r}+\frac{1}{4\pi\varepsilon_0}\int_{l'}\frac{\tau\, dl}{r}+\frac{1}{4\pi\varepsilon_0}\sum_{k=1}^{n}\frac{q_k}{r_k} \tag{2-13}$$

2-2-2 电位梯度

用标量电位 φ 描述静电场，不仅在于了解场域中的电位分布情况，更重要的是希望知道电位 φ 与场强 E 的相互关系。下面先来推导一个常用的梯度运算公式。

我们把静电场中待研究的点称为场点，而有电荷的点称为源点。在直角坐标系中，场点坐标用不带撇的（x，y，z）表示，源点坐标用带撇的（x'，y'，z'）表示，以示区别。对于哈密顿算符，用不带撇的算符 ∇ 表示对场点坐标（x，y，z）求偏导，用带撇的算符 ∇' 表示对源点坐标（x'，y'，z'）求偏导，即

$$\nabla=\frac{\partial}{\partial x}\boldsymbol{e}_x+\frac{\partial}{\partial y}\boldsymbol{e}_y+\frac{\partial}{\partial z}\boldsymbol{e}_z$$

$$\nabla'=\frac{\partial}{\partial x'}\boldsymbol{e}_x+\frac{\partial}{\partial y'}\boldsymbol{e}_y+\frac{\partial}{\partial z'}\boldsymbol{e}_z$$

由于

$$r=[(x-x')^2+(y-y')^2+(z-z')^2]^{1/2}$$

则

$$\nabla\frac{1}{r}=-\frac{1}{2}\times\frac{2(x-x')\boldsymbol{e}_x+2(y-y')\boldsymbol{e}_y+2(z-z')\boldsymbol{e}_z}{[(x-x')^2+(y-y')^2+(z-z')^2]^{3/2}}=\frac{-\boldsymbol{r}}{r^3}=-\frac{\boldsymbol{e}_r}{r^2}$$

$$\nabla'\frac{1}{r}=-\frac{1}{2}\times\frac{-2(x-x')\boldsymbol{e}_x-2(y-y')\boldsymbol{e}_y-2(z-z')\boldsymbol{e}_z}{[(x-x')^2+(y-y')^2+(z-z')^2]^{3/2}}=\frac{\boldsymbol{r}}{r^3}=\frac{\boldsymbol{e}_r}{r^2}$$

比较以上两式可见

$$\nabla\frac{1}{r}=-\nabla'\frac{1}{r}=-\frac{\boldsymbol{e}_r}{r^2} \tag{2-14}$$

下面我们根据电场强度的电荷积分公式，来推导电位 φ 与电场强度 $\boldsymbol{E}$ 的关系。有

$$\boldsymbol{E}=\frac{1}{4\pi\varepsilon_0}\int_{V'}\frac{\rho\mathrm{d}V}{r^2}\boldsymbol{e}_r$$

利用式（2-14），变换为

$$\boldsymbol{E}=\frac{1}{4\pi\varepsilon_0}\int_{V'}\rho\left(-\nabla\frac{1}{r}\right)\mathrm{d}V$$

上式中包含对源点坐标（x'，y'，z'）进行体积分运算，也包含对场点（x，y，z）进行的求偏导运算，交换运算顺序不会影响结果，因而得到

$$\boldsymbol{E}=-\nabla\left[\frac{1}{4\pi\varepsilon_0}\int_{V'}\frac{\rho\mathrm{d}V}{r}\right]$$

注意到上式方括号中的函数式就是求电位的电荷积分公式（2-13）

$$\varphi=\frac{1}{4\pi\varepsilon_0}\int_{V'}\frac{\rho\mathrm{d}V}{r}$$

从而得到

$$\boldsymbol{E}=-\nabla\varphi \tag{2-15}$$

上式表明，$\boldsymbol{E}$ 的大小等于电位 φ 的空间最大变化率；其方向为电位 φ 减小最快的方向，即最大方向导数的反方向。在直角坐标系中 $\nabla\varphi$ 的展开式为

$$\nabla\varphi=\frac{\partial\varphi}{\partial x}\boldsymbol{e}_x+\frac{\partial\varphi}{\partial y}\boldsymbol{e}_y+\frac{\partial\varphi}{\partial z}\boldsymbol{e}_z$$

在圆柱坐标系和球坐标系中 $\nabla\varphi$ 的展开式见附录。

由于电位 φ 是个标量，其积分和求导运算都比矢量简单方便。因此，当已知电荷分布时，可先通过电荷积分公式（2-13）求得电位 φ，然后再通过式（2-15）求得 $\boldsymbol{E}$ 矢量。这样比直接由电荷积分公式求 $\boldsymbol{E}$ 要容易得多。电位参考点的选择不同，不会影响场强的大小和方向。

2-2-3 电力线方程与等位面方程

在研究场的问题时，为了使其形象化，通常绘制场的分布图形。静电场中最常见的是电力线图和等位面图。电力线就是 $\boldsymbol{E}$ 线。$\boldsymbol{E}$ 线上每一点的切线方向与该点的电场强度方向一致。若图 2-6 所示 $\mathrm{d}\boldsymbol{l}$ 是电力线上的长度元，则该处的 $\boldsymbol{E}$ 将与 $\mathrm{d}\boldsymbol{l}$ 的方向一致，故

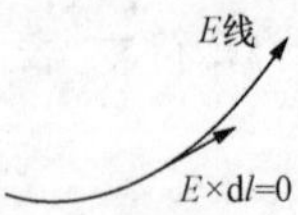

图 2-6

$$\boldsymbol{E}\times\mathrm{d}\boldsymbol{l}=0 \tag{2-16}$$

上式就是电力线的微分方程。在直角坐标系中，设

$$\boldsymbol{E}=E_x\boldsymbol{e}_x+E_y\boldsymbol{e}_y+E_z\boldsymbol{e}_z,\qquad \mathrm{d}\boldsymbol{l}=\mathrm{d}x\boldsymbol{e}_x+\mathrm{d}y\boldsymbol{e}_y+\mathrm{d}z\boldsymbol{e}_z$$

则

$$\begin{aligned}\boldsymbol{E}\times\mathrm{d}\boldsymbol{l}&=(E_x\boldsymbol{e}_x+E_y\boldsymbol{e}_y+E_z\boldsymbol{e}_z)\times(\mathrm{d}x\boldsymbol{e}_x+\mathrm{d}y\boldsymbol{e}_y+\mathrm{d}z\boldsymbol{e}_z)\\&=(E_y\mathrm{d}z-E_z\mathrm{d}y)\boldsymbol{e}_x+(E_z\mathrm{d}x-E_x\mathrm{d}z)\boldsymbol{e}_y+(E_x\mathrm{d}y-E_y\mathrm{d}x)\boldsymbol{e}_z=0\end{aligned}$$

从而得到

$$\frac{E_x}{\mathrm{d}x}=\frac{E_y}{\mathrm{d}y}=\frac{E_z}{\mathrm{d}z}$$

积分求解上述电力线微分方程，便得到电力线方程（$\boldsymbol{E}$ 线方程）。

静电场中电位数值相同的点构成的曲面，称为等位面。等位面方程为

$$\varphi(x,y,z)=k \tag{2-17}$$

式中的 k 取不同数值可得到一族等位面。由 $\boldsymbol{E}=-\nabla\varphi$ 可知，等位面与电力线处处正交（垂直）。在场图中，相邻两等位面之间的电位差相等，等位面越密处，电场强度越大，这样能表示出电场的强弱。

运用科学与工程计算工具软件 **MATLAB**，可以很简单、方便地绘出直观、形象的等位面和电力线分布图形。

【例 2-4】 电偶极子是一对相距很近的等量异号电荷组成的整体，其电荷量分别为 $\pm q$，负电荷到正电荷的距离矢量为 $\boldsymbol{l}$，则可以用电偶极距 $\boldsymbol{p}=q\boldsymbol{l}$ 表示电偶极子的特性。求电偶极子产生的电位 φ 和电场强度 $\boldsymbol{E}$。

解 设电偶极子位于球坐标系原点，电位参考点在无限远处，如图 2-7 所示。

(1) 由叠加原理可求得电偶极子产生的电位

$$\varphi=\varphi_{+}+\varphi_{-}=\frac{q}{4\pi\varepsilon_0}\left(\frac{1}{r_1}-\frac{1}{r_2}\right)=\frac{q(r_2-r_1)}{4\pi\varepsilon_0 r_1 r_2}$$

由于 $\pm q$ 相距很近，可近似认为 $r_1 r_2\approx r^2$，由于场点 P 离它很远，$r_1-r_2\approx l\cdot\cos\theta$，因而简化为

$$\varphi=\frac{ql\cos\theta}{4\pi\varepsilon_0 r^2}=\frac{\boldsymbol{p}}{4\pi\varepsilon_0 r^2}\boldsymbol{e}_r$$

(2) 由电位梯度运算，可得

$$\begin{aligned}\boldsymbol{E}&=-\nabla\varphi=-\left(\frac{\partial\varphi}{\partial r}\boldsymbol{e}_r+\frac{1}{r}\frac{\partial\varphi}{\partial\theta}\boldsymbol{e}_\theta+\frac{1}{r\sin\theta}\frac{\partial\varphi}{\partial\alpha}\boldsymbol{e}_\alpha\right)\\&=-\frac{ql}{4\pi\varepsilon_0}\left[\frac{\partial}{\partial r}\frac{\cos\theta}{r^2}\boldsymbol{e}_r+\frac{1}{r}\frac{\partial}{\partial\theta}\left(\frac{\cos\theta}{r^2}\right)\boldsymbol{e}_\theta+0\right]\\\boldsymbol{E}&=\frac{\boldsymbol{p}}{4\pi\varepsilon_0 r^3}(2\cos\theta\boldsymbol{e}_r+\sin\theta\boldsymbol{e}_\theta)\end{aligned}$$

(3) 球坐标系中，电偶极子的等位面方程为

$$\varphi=\frac{ql\cos\theta}{4\pi\varepsilon_0 r^2}=K$$

即

$$r=k\sqrt{\cos\theta}$$

取不同的 K 值，对应不同的电位 φ，可画出 r 对 θ 的曲线（如图 2-8 中的虚线所示）。

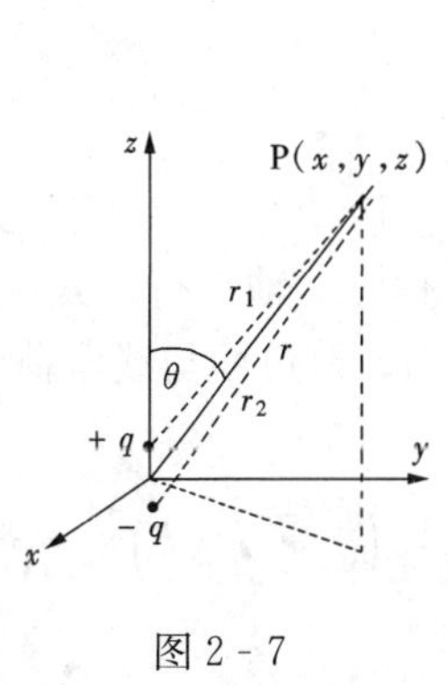

图 2-7

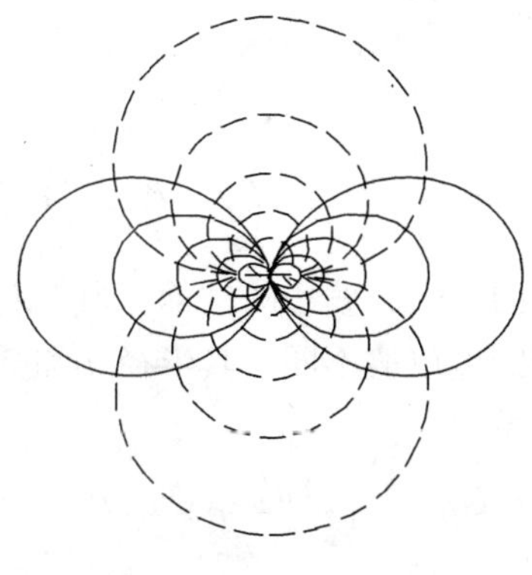
图 2-8

(4) 球坐标系中，电力线的微分方程为

$$\frac{\mathrm{d}r}{E_r}=\frac{r\,\mathrm{d}\theta}{E_\theta}=\frac{r\sin\theta\,\mathrm{d}\alpha}{E_\alpha}$$

由于电偶极子电场没有 E_α 分量，故

$$\frac{\mathrm{d}r}{2\cos\theta}=\frac{r\,\mathrm{d}\theta}{\sin\theta}$$

即
$$\frac{\mathrm{d}r}{r}=2\mathrm{ctg}\theta\,\mathrm{d}\theta$$

积分得

$$\ln r=2\ln\sin\theta+c$$

其中积分常数可改写为 $c=\ln C$，因而电力线方程为

$$r=C\cdot\sin^2\theta$$

C 取不同数值，可画出相应的电力线（如图 2-8 中实线所示）。

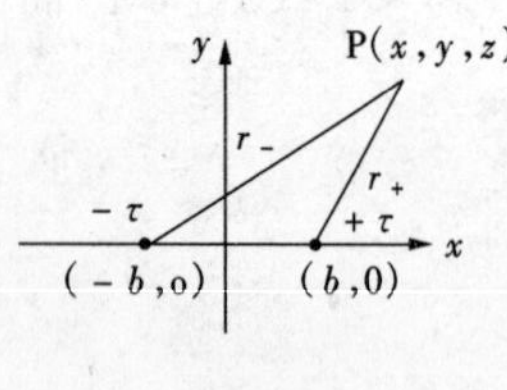

图 2-9

【例 2-5】 双线传输线分别带有等量异号线电荷密度 $\pm\tau$，其横截面忽略不计，两几何轴相距为 $2b$，如图 2-9 所示。求双线传输线电场中的电位 φ 和场强 $\boldsymbol{E}$。

解 (1) 单根线电荷产生的电位为

$$\varphi_+=\int_{\mathrm{P}}^{\mathrm{Q}}\boldsymbol{E}_+\cdot\mathrm{d}\boldsymbol{l}=\frac{\tau}{2\pi\varepsilon_0}\int_{r_+}^{r_{0+}}\frac{\mathrm{d}r}{r}=\frac{\tau}{2\pi\varepsilon_0}\ln\frac{r_{0+}}{r_+}$$

$$\varphi_-=\int_{\mathrm{P}}^{\mathrm{Q}}\boldsymbol{E}_-\cdot\mathrm{d}\boldsymbol{l}=\frac{-\tau}{2\pi\varepsilon_0}\int_{r_-}^{r_{0-}}\frac{\mathrm{d}r}{r}=\frac{-\tau}{2\pi\varepsilon_0}\ln\frac{r_{0-}}{r_-}$$

式中，r_+ 和 r_- 分别为场点 P 到正、负线电荷的距离；r_{0+} 和 r_{0-} 分别为参考点到正、负线电荷的距离。

由叠加原理，可求得双线传输线周围任意场点的电位

$$\varphi=\varphi_++\varphi_-=\frac{\tau}{2\pi\varepsilon_0}\left(\ln\frac{r_{0+}}{r_+}-\ln\frac{r_{0-}}{r_-}\right)=\frac{\tau}{2\pi\varepsilon_0}\left(\ln\frac{r_-}{r_+}+\ln\frac{r_{0+}}{r_{0-}}\right)$$

若参考点选在 y 轴上 $r_{0+}=r_{0-}$，则简化为

$$\varphi=\frac{\tau}{2\pi\varepsilon_0}\ln\frac{r_-}{r_+}$$

等位线方程用直角坐标系表示为

$$\frac{r_-^2}{r_+^2}=\frac{(x+b)^2+y^2}{(x-b)^2+y^2}=k^2$$

整理可得

$$\left(x-\frac{k^2+1}{k^2-1}b\right)^2+(y-0)^2=\left(\frac{2bk}{k^2-1}\right)^2$$

可见：等位面为一族偏心圆柱面，其几何轴线在 $y=0$ 平面上与 z 轴平行。式中的 k 不同，等位圆柱面的电位值不同，其半径 a 和圆心位置 h 也随之不同。等位面与线电荷的相对位置具有如下关系

$$a^2+b^2=\left(\frac{2bk}{k^2-1}b\right)^2+b^2=\frac{4b^2k^2+b^2(k^2-1)^2}{(k^2-1)^2}=\left(\frac{k^2+1}{k^2-1}\cdot b\right)^2=h^2$$

即

$$a^2 + b^2 = h^2 \tag{2-18}$$

（2）由电位梯度运算或叠加原理，可求得电场强度为

$$\boldsymbol{E} = -\nabla\varphi = \frac{\tau}{2\pi\varepsilon_0} \times \frac{-2b(y^2 + b^2 - x^2)\boldsymbol{e}_x + 4bxy\boldsymbol{e}_y}{[(x-b)^2 + y^2][(x+b)^2 + y^2]}$$

$\boldsymbol{E}$ 线的微分方程为

$$\frac{\mathrm{d}y}{\mathrm{d}x} = \frac{E_y}{E_x} = \frac{4bxy}{-2b(y^2 + b^2 - x^2)}$$

为积分求解需要，改写为

$$\frac{\mathrm{d}(x^2 + y^2)}{(x^2 + y^2) - b^2} - \mathrm{d}(\ln y) = 0$$

积分求解得电力线方程为

$$x^2 + \left(y - \frac{c}{2}\right)^2 = b^2 + \left(\frac{c}{2}\right)^2$$

可见：线电荷$\pm\tau$的电力线是一族圆；圆周与 $z=0$ 平面平行，过$\pm\tau$电轴，并被分为上下两段，均由$+\tau$发出，在$-\tau$终止，与等位面正交；圆心在 $x=0$ 平面上，与 z 轴距离为 $y=c/2$，式中 c 是积分常数。若令 $c=2b\cot C$，则圆的方程可写为

$$x^2 + (y - b\cot C)^2 = b^2\csc^2 C$$

式中，C 是常数。

对应不同的 C 值，可以画出相应的电力线圆周，如图 2-10 所示。

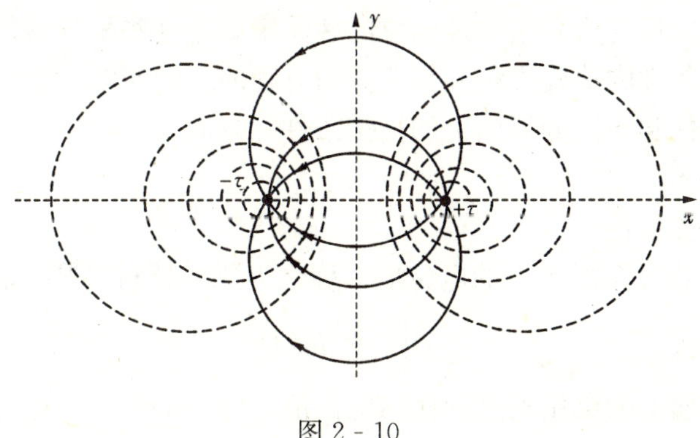

图 2-10

2-3 静电场的边值问题

实际工程中遇到的静电场问题，通常不知道电荷的分布函数，只可能知道场域边界（一般为导体）上的电位值，或其法向导数（电荷面密度），这类问题用前面介绍的分析方法已无能为力。本节介绍通过偏微分方程求解电位的一般方法，称之为静电场的边值问题。

2-3-1 泊松方程与拉普拉斯方程

在静电场基本方程$\nabla\cdot\boldsymbol{D}=\rho$中，代入介质的本构关系$\boldsymbol{D}=\varepsilon\boldsymbol{E}$和$\boldsymbol{E}=-\nabla\varphi$，可得

$$\nabla\cdot\boldsymbol{D} = \nabla\cdot(\varepsilon\boldsymbol{E}) = \nabla\varepsilon\cdot\boldsymbol{E} + \varepsilon\nabla\cdot\boldsymbol{E} = \nabla\varepsilon\cdot\boldsymbol{E} + \varepsilon\nabla\cdot(-\nabla\varphi) = \rho$$

对于均匀介质$\nabla\varepsilon=0$，并将$\nabla\cdot\nabla=\nabla^2$称为拉普拉斯算子，因此得

$$\nabla^2\varphi = -\frac{\rho}{\varepsilon} \tag{2-19}$$

这就是电位 φ 的泊松方程。

在没有自由体电荷分布（即 $\rho=0$）的场域中，电位微分方程变为齐次二阶偏微分方程，即

$$\nabla^2\varphi = 0 \tag{2-20}$$

这就是电位 φ 的拉普拉斯方程。在直角坐标系中 $\nabla^2\varphi$ 的运算展开式为

$$\nabla^2\varphi = \frac{\partial^2\varphi}{\partial x^2} + \frac{\partial^2\varphi}{\partial y^2} + \frac{\partial^2\varphi}{\partial z^2}$$

在圆柱坐标系中和球坐标系中 $\nabla^2\varphi$ 的展开式见附录 B。

泊松方程和拉普拉斯方程是由静电场矢量 $\boldsymbol{E}$ 和 $\boldsymbol{D}$ 表示的两个基本方程和介质本构方程推导出来的，因此电位 φ 的二阶偏微分方程与它们是等价的。泊松方程和拉普拉斯方程全面描述了静电场中各点电位的空间变化与该点自由电荷体密度之间的普遍关系。

当场域中的电介质不是完全均匀的，但能分成几个均匀的电介质子区域时，可按各个均匀的子区域分别写出泊松方程或拉普拉斯方程并求解；然后利用不同介质分界面上的衔接条件，来确定相应的积分常数。

2-3-2　边值问题的定解条件

运用电位的泊松方程和拉普拉斯方程求解静电场问题时，通过不定积分得到的通解中会出现一些待定的积分常数。也就是说，只由泊松方程或拉普拉斯方程还不能唯一地确定静电场的解，必须利用静电场的边界条件及电位的性质来确定这些积分常数。因此静电场问题变为求解满足给定边界条件的泊松方程和拉普拉斯方程的解的问题。定解条件包括满足场域边界条件、自然边界条件和介质分界面上的衔接条件等方面。

1. 场域边界条件

通常有以下三种类型：

第一类：已知场域边界面 S 上的电位值，称之为狄里赫利问题。表述为

$$\varphi\Big|_S = f_1(s)$$

一般来说，场域边界面上的电位就是导体的电位值，即 $f_1(s)=\varphi_0(s)$。

第二类：已知场域边界面 S 上的电位法向导数值，称之为聂以曼问题。表述为

$$\frac{\partial\varphi}{\partial n}\Big|_S = f_2(s)$$

一般来说，场域边界面上的电位法向导数与导体表面电荷密度有关，即 $f_2(s)=\sigma/\varepsilon$。

第三类：已知部分场域边界 s_1 上的电位值和另一部分边界 s_2 上的电位法向导数值，称之为混合问题。表述为

$$\varphi\Big|_{s_1} = f_1(s_1) \text{ 和 } \frac{\partial\varphi}{\partial n}\Big|_{s_2} = f_2(s_2)$$

2. 自然边界条件

当选取无限远处为电位参考点时，点电荷在无限远处的电位为

$$\varphi = \frac{q}{4\pi\varepsilon_0 r}\Big|_{r\to\infty} = 0$$

由叠加原理可知，在电荷分布在有限区域的情况下，无限远处的电位为

$$\varphi\Big|_{\infty} = 0$$

因此，无限远处可看为场域的自然边界。

3. 介质分界面上的衔接条件

在图 2 - 11 所示分界面两侧各取一点 A 和 B，设其间距离为 Δh，电位分别为 φ_1 和 φ_2，则两侧的电位差为

$$\varphi_2 - \varphi_1 = \int_{A}^{B} \boldsymbol{E} \cdot \mathrm{d}\boldsymbol{l} = E_{\mathrm{n}} \Delta h$$

若分界面上的 E_{n} 不是无穷大，则当 $\Delta h \to 0$ 时有

$$\varphi_1 = \varphi_2 \tag{2 - 21}$$

即分界面两侧的电位是连续的，这与 $E_{1t}=E_{2t}$是等效的。

由于 $D_{\mathrm{n}}=\varepsilon E_{\mathrm{n}}=-\varepsilon\dfrac{\partial\varphi}{\partial n}$，由 $D_{2\mathrm{n}}-D_{1\mathrm{n}}=\sigma$，可得

$$\varepsilon_1 \frac{\partial \varphi_1}{\partial n} - \varepsilon_2 \frac{\partial \varphi_2}{\partial n} = \sigma \tag{2 - 22}$$

4. 导体表面上的衔接条件

若设 φ_1 为导体的电位，φ_2 为电介质 ε 的电位，σ 为导体表面的面电荷密度（如图 2 - 12 所示），则

$$\varphi_1 = \varphi_2 \tag{2 - 23}$$

$$\sigma = -\varepsilon \frac{\partial \varphi_2}{\partial n} \tag{2 - 24}$$

图 2 - 11　　图 2 - 12

注意，导体外表面的法线方向 $\boldsymbol{n}$ 由导体指向电介质。

2-3-3 边值问题的直接积分法

各类边值问题的分析方法可分理论计算和实验研究两大类。常用的理论计算方法有：直接求解法（直接积分法、分离变量法等），间接求解法（电轴法、镜像法、复位函数法和保角变换法等）和数值计算法（有限差分法、有限元法、矩量法和模拟电荷法等）等。本教材只介绍直接积分法、镜像法和电轴法。其他计算方法和实验研究方法将另开专门的选修课介绍。

直接积分法适用于一维问题。当电位只是一个坐标变量的函数时，泊松方程或拉普拉斯方程简化为一个二阶常微分方程，直接进行不定积分就可得到通解；然后根据给定的场域边界条件和分界面衔接条件，确定通解中的积分常数，就可得到满足给定边值的电位和场强分布函数表达式。

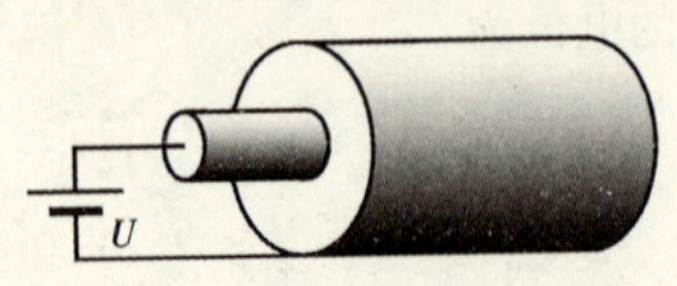

图 2-13

虽然直接积分法只能求解一些简单的静电场问题，但是由于这种解法的思路与以前讲过的“电荷积分法”有根本性的区别，对于进一步掌握边值问题的其他求解方法是十分必要的基础，因此应该熟练掌握。

【例 2-6】 同轴电缆内外导体半径分别为 R_1 和 R_2，电压为 U，如图 2-13 所示。试由拉普拉斯方程 $\nabla^2\varphi=0$，求介质中的 $\boldsymbol{E}$ 分布。

解 因同轴电缆内外导体电荷分布具有轴对称性，其等位面为同轴圆柱面，φ 只与 r 有关，与 α 无关；且同轴电缆可看为无限长，φ 与 z 无关。介质中无电荷分布，满足 $\nabla^2\varphi=0$，在圆柱坐标系下展开简化为

$$\frac{1}{r}\frac{\partial}{\partial r}\left(r\frac{\partial\varphi}{\partial r}\right)+0+0=0$$

通过不定积分得

$$\frac{\partial\varphi}{\partial r}=\frac{C_1}{r}$$

通解为

$$\varphi=C_1\ln r+C_2$$

本题可由场域边界（内外导体）上的电位值确定积分常数 C_1 和 C_2，因此属于第一类边值问题。

设外导体 $r=R_2$ 处为电位参考点，则

$$\varphi(R_2)=C_1\ln R_2+C_2=0$$

内导体 $r=R_1$ 处电位为 U，则

$$\varphi(R_1)=C_1\ln R_1+C_2=U$$

联立求解得

$$C_1=\frac{-U}{\ln\dfrac{R_2}{R_1}},\quad C_2=\frac{U}{\ln\dfrac{R_2}{R_1}}\ln R_2$$

因而

$$\varphi=\frac{-U}{\ln\dfrac{R_2}{R_1}}\ln r+\frac{U}{\ln\dfrac{R_2}{R_1}}\ln R_2=\frac{U}{\ln\dfrac{R_2}{R_1}}\ln\frac{R_2}{r}$$

$$\boldsymbol{E}=-\nabla\varphi=-\frac{\partial\varphi}{\partial r}\boldsymbol{e}_r=\frac{U}{r\ln\dfrac{R_2}{R_1}}\boldsymbol{e}_r$$

【例 2-7】 已知在自由空间中，体电荷密度为 $\rho(x)=\rho_0\mathrm{e}^{-\frac{|x|}{a}}$（直角坐标系 $-\infty<x<\infty$），如图 2-14 所示。试由泊松方程，求电位 φ 及场强 $\boldsymbol{E}$。

解 由于已知空间的电荷分布以 $x=0$ 平面左右对称，而与 y、z 无关，因此，φ 和 $\boldsymbol{E}$ 的分布也具有对称性，且只与 x 有关。在直角坐标系下展开，并分左右两个区域分别求解。

（1）当 $x>0$ 时，有

$$\frac{\partial^2\varphi_1}{\partial x^2}=-\frac{\rho_0}{\varepsilon_0}\mathrm{e}^{-\frac{x}{a}}$$

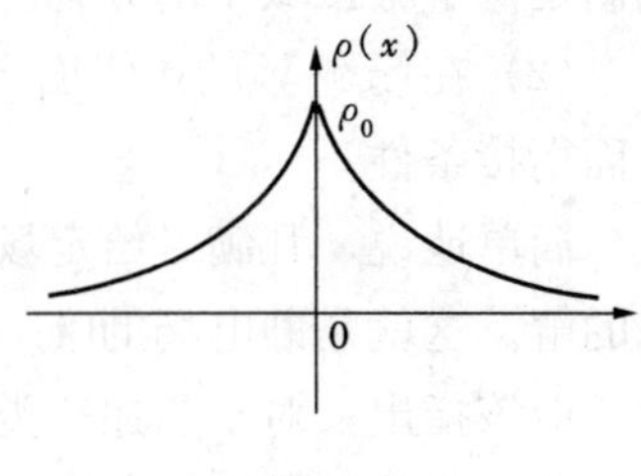

图 2-14

通过一次不定积分，得

$$\frac{\partial \varphi_1}{\partial x}=-\frac{\rho_0}{\varepsilon_0}(-a)\mathrm{e}^{-\frac{x}{a}}+C_1$$

再次不定积分，得通解

$$\varphi_1=-\frac{\rho_0 a^2}{\varepsilon_0}\mathrm{e}^{-\frac{x}{a}}+C_1 x+C_2$$

设分界面 $x=0$ 处为电位参考点（由于电荷分布在无限大空间，不能选无限远处为参考点），得

$$C_2=\frac{\rho_0 a^2}{\varepsilon_0}$$

由于分界面 $x=0$ 上没有面电荷，即 $\varepsilon_0\frac{\partial \varphi_1}{\partial x}=0$，得

$$C_1=-\frac{\rho_0 a}{\varepsilon_0}$$

因而，得 $x>0$ 区域的电位和场强分别为

$$\varphi_1=-\frac{\rho_0 a^2}{\varepsilon_0}\mathrm{e}^{-\frac{x}{a}}-\frac{\rho_0 a}{\varepsilon_0}x+\frac{\rho_0 a^2}{\varepsilon_0}\quad (x>0)$$

$$\boldsymbol{E}_1=-\nabla\varphi_1=-\frac{\partial \varphi_1}{\partial x}\boldsymbol{e}_x=-\left(\frac{\rho_0 a}{\varepsilon_0}\mathrm{e}^{-\frac{x}{a}}-\frac{\rho_0 a}{\varepsilon_0}\right)\boldsymbol{e}_x=\frac{\rho_0 a}{\varepsilon_0}(1-\mathrm{e}^{-\frac{x}{a}})\boldsymbol{e}_x$$

(2) 当 $x<0$ 时，由于 $x=0$ 平面左右两侧的电荷分布对称，且选分界面 $x=0$ 处为电位参考点，故由对称性可得

$$\varphi_2=-\frac{\rho_0 a^2}{\varepsilon_0}\mathrm{e}^{\frac{x}{a}}+\frac{\rho_0 a}{\varepsilon_0}x+\frac{\rho_0 a^2}{\varepsilon_0}\quad (x<0)$$

$$\boldsymbol{E}_2=-\nabla\varphi_2=-\frac{\partial \varphi_2}{\partial x}\boldsymbol{e}_x=-\left(-\frac{\rho_0 a}{\varepsilon_0}\mathrm{e}^{\frac{x}{a}}+\frac{\rho_0 a}{\varepsilon_0}\right)\boldsymbol{e}_x=\frac{\rho_0 a}{\varepsilon_0}(1+\mathrm{e}^{\frac{x}{a}})\boldsymbol{e}_x$$

两个区域的解可合并为

$$\varphi=-\frac{\rho_0 a^2}{\varepsilon_0}\left(1-\frac{|x|}{a}-\mathrm{e}^{-\frac{|x|}{a}}\right)$$

$$\boldsymbol{E}=\frac{\rho_0 a}{\varepsilon_0}(1-\mathrm{e}^{-\frac{|x|}{a}})(\pm\boldsymbol{e}_x)$$

2-3-4 静电场的唯一性定理

一般来说，静电场问题常难以通过直接积分求得泊松方程或拉普拉斯方程的解答。因此，对于某些问题，人们就寻求间接的方法。这就产生一个问题，用这种或那种方法得到的解答是不是正确的？

实践证明，在静电场问题中，如果某一区域内带电体的几何形状、尺寸和位置都已固定，且所有边界上的电位值（或导体电荷）也一定，则该区域中的电位和场强分布也就确定了。

可以证明，凡同时满足以下两方面条件的电位函数 φ 是给定问题的唯一正确解：

(1) 在给定场域 V 中满足电位微分方程 $\nabla^2\varphi=-\rho/\varepsilon$（或 $\nabla^2\varphi=0$）；当分区均匀时应分

别满足每个分区域中的方程。

(2) 在场域 V 的边界面 S 上，满足给定的边界条件；在不同区域的分界面上，满足分界面衔接条件。

简单地说，凡满足给定场域电位微分方程和给定边界条件的解是该静电场问题的独一无二的解。这就是静电场的唯一性定理。

应该指出，对于前述三类边值问题，静电场的电场强度 $\boldsymbol{E}$ 解答总是唯一的。在第一类边界条件或第三类边界条件下，电位 φ 的解答是唯一的；在第二类边界条件下，电位 φ 的解虽然不唯一，但两个解之间最多相差一个常数，当选定场域中一点为参考点之后，其解答也是唯一的。

唯一性定理的证明本教材从略，有兴趣的读者可参考其他教材。笔者认为，初学者应该首先正确地理解和应用唯一性定理。

【例 2-8】 试判断以下电位表达式哪个是图 2-15 所示问题的正确解？

$$\varphi_1=-\frac{\rho}{\varepsilon_0}x^2+\left(\frac{U}{d}+\frac{\rho}{2\varepsilon_0}d\right)x$$

$$\varphi_2=-\frac{\rho}{2\varepsilon_0}x^2+\left(\frac{U}{d}+\frac{\rho}{2\varepsilon_0}d\right)x-U_0$$

$$\varphi_3=-\frac{\rho}{2\varepsilon_0}x^2+\left(\frac{U}{d}+\frac{\rho}{2\varepsilon_0}d\right)x$$

$$\varphi_4=\frac{U}{d}x$$

解 判断依据是解的唯一性定理：既满足泊松方程 $\nabla^2\varphi=-\dfrac{\rho}{\varepsilon_0}$，又满足边值 $\varphi_d-\varphi_0=U_0$

$$\begin{cases}\nabla^2\varphi_1=-\dfrac{2\rho}{\varepsilon_0}\neq-\dfrac{\rho}{\varepsilon_0}，\varphi_1\text{ 绝不是解；}\\ \varphi_d-\varphi_0\neq U\end{cases}$$

$$\begin{cases}\nabla^2\varphi_2=-\dfrac{\rho}{\varepsilon_0}，\varphi_2\text{ 是正确解；}\\ \varphi_d-\varphi_0=U\end{cases}$$

$$\begin{cases}\nabla^2\varphi_3=-\dfrac{\rho}{\varepsilon_0}，\varphi_3\text{ 也是正确解；}\\ \varphi_d-\varphi_0=U\end{cases}$$

$$\begin{cases}\nabla^2\varphi_4=0\neq-\dfrac{\rho}{\varepsilon_0}，\varphi_4\text{ 也不是解。}\\ \varphi_d-\varphi_0=U\end{cases}$$

注意：φ_2 和 φ_3 都满足泊松方程和边界条件，似乎 φ 的正确解不是唯一的。实际上，这是由于电位参考点选择不同造成的。对于电场强度 $\boldsymbol{E}$ 来说只有唯一正确的解。

【例 2-9】 同轴电缆内外导体半径分别为 R_1 和 R_2，中间为两种介质（ε_1 和 ε_2），分界面过直径（如图 2-16 所示），电压为 U。试说明两种介质中的 $\boldsymbol{E}$ 相同。

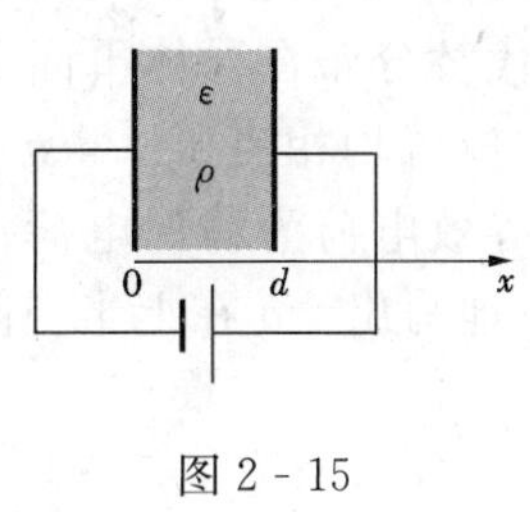

图 2 - 15

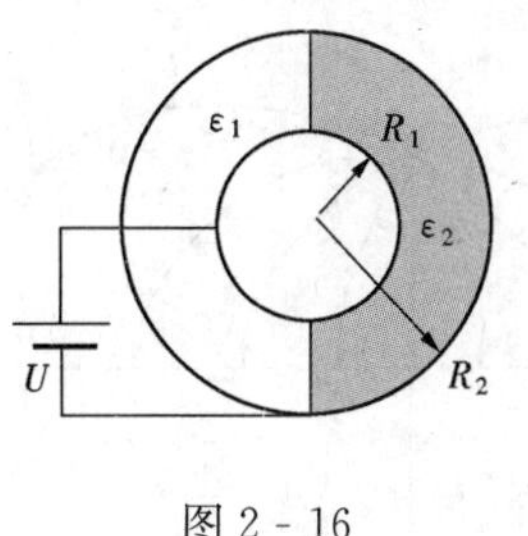

图 2 - 16

解

ε_1 中无体电荷，满足$\nabla^2\varphi_1=0$；

ε_2 中无体电荷，满足$\nabla^2\varphi_2=0$。

可见，两个场域中满足的泊松方程相同。

ε_1 的内边界（R_1 半圆柱面）与 ε_2 的内边界（R_1 半圆柱面）等电位 φ_1；

ε_1 的外边界（R_2 半圆柱面）与 ε_2 的外边界（R_2 半圆柱面）等电位 φ_2。

由于介质分界面过直径，而且两侧只有切线分量，根据介质分界面衔接条件 $E_{1t}=E_{2t}$，可知两个场域的边界条件也相同。

根据静电场的唯一性定理可知，两种介质中的场强分布相同，即 $E_1=E_2$。

2-4 镜像法与电轴法

本节介绍应用唯一性定理求解静电场问题的两种间接方法——镜像法和电轴法。这两种方法的实质都是用虚设在求解区外适当位置的等效点电荷或线电荷，代替导体或电介质分界面上分布不均匀的面电荷。根据唯一性定理，只要虚设的等效电荷不影响求解区内的电位微分方程，而且它与实际电荷在场域中产生的合成电场能满足给定的边界条件，则根据叠加原理就可求得正确的解。关键是如何确定等效电荷的大小和位置。

2-4-1 导电平面镜像

我们先来看一个简单的静电场问题：在无限大接地导电平面上方有一个点电荷 q（见图 2 - 17）。由于接地导电平面上的感应电荷与点电荷共同产生的合成场强 $\boldsymbol{E}$ 不再具有球对称性，电位 φ 分布与三个坐标变量有关，因此这个看似简单的问题，既无法由高斯通量定理求解，也无法由拉普拉斯方程求解。仔细分析本题具有以下特点：

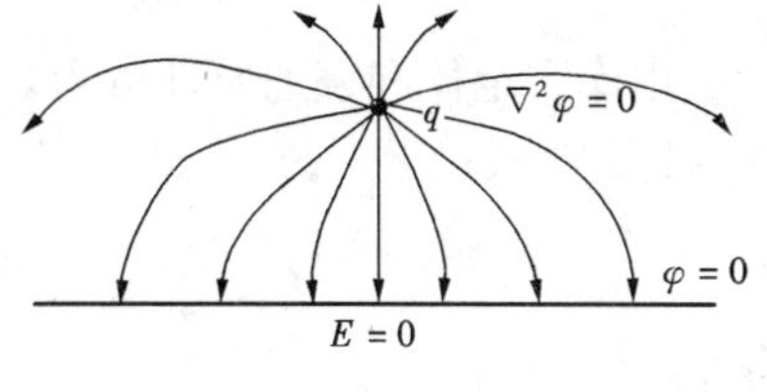

图 2 - 17

（1）除点电荷 q 所在位置外，其他场点均满足$\nabla^2\varphi=0$；

（2）无限大导电平面（即场域边界）为等位面，$\varphi=0$。

对照图 2 - 18 所示的等量异号电荷$\pm q$ 在无限大空间产生的电场：

（1）除$\pm q$ 所在位置外，其他场点同样满足$\nabla^2\varphi=0$；

（2）与$\pm q$ 距离相等的平面同样为等位面，可设该平面的 $\varphi=0$。

根据唯一性定理，可以判定这两个问题的上半空间电场解答是相同的。

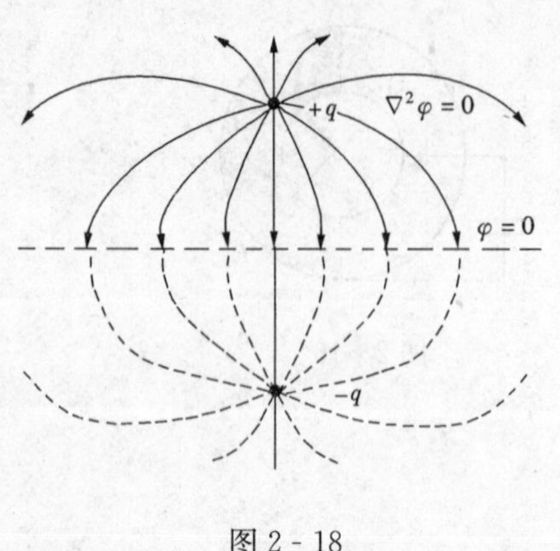

图 2-18

因此，可以用放置在导电平面对面镜像位置的等效点电荷（$-q$）代替分布在导体平面上的感应电荷的作用，其大小和位置均相当于（$+q$）对导体平面的“镜像”，故称等效电荷为镜像电荷。根据叠加原理，可以十分简单地写出$\pm q$在上半空间产生的电位和电场表达式为

$$\varphi=\varphi_{+}+\varphi_{-}=\frac{q}{4\pi\varepsilon_0 r_1}+\frac{-q}{4\pi\varepsilon_0 r_2}\quad（上半空间）$$

$$\boldsymbol{E}=\boldsymbol{E}_1+\boldsymbol{E}_2=\frac{q}{4\pi\varepsilon_0 r_1^2}\boldsymbol{e}_{r1}+\frac{-q}{4\pi\varepsilon_0 r_2^2}\boldsymbol{e}_{r2}\quad（上半空间）$$

应用镜像法解题时要特别注意解答的适用区域。上述解答只适用于上半空间。因为下半空间实际为导体，其中不存在电场。

【例 2-10】 求图 2-19 所示地面和墙壁附近的点电荷 q 所受的电场力。

解 原题中地面和墙壁均为零等位面，场域中除点电荷所在位置之外，其他场点均满足拉普拉斯方程。

应用镜像法求解，撤去地面和墙壁后，必须用第Ⅱ、Ⅲ和Ⅳ象限中的镜像电荷代替其感应电荷分布，才能使求解区的边界条件保持不变，见图 2-20。若没有第Ⅲ象限的镜像电荷，场域边界上就不能保持零等位面。

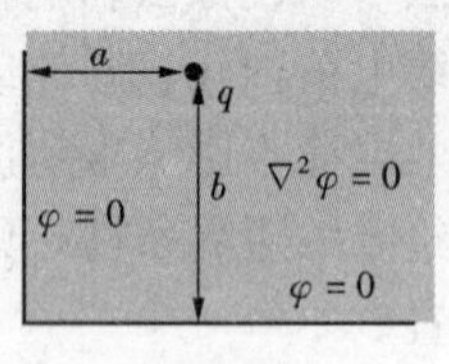

图 2-19

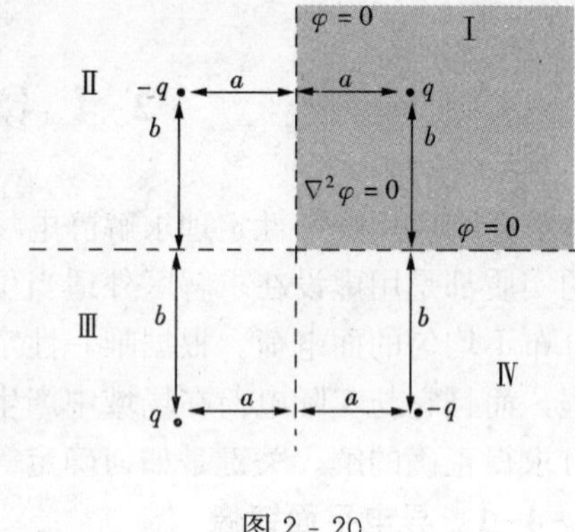

图 2-20

由库仑定律和叠加原理可得，点电荷 q 所受的力为三个镜像电荷对它的作用力的矢量和，即

$$\boldsymbol{F}_1=\boldsymbol{F}_{21}+\boldsymbol{F}_{31}+\boldsymbol{F}_{41}=\frac{q^2}{4\pi\varepsilon_0}\left(\frac{-\boldsymbol{e}_{21}}{r_{21}^2}+\frac{\boldsymbol{e}_{31}}{r_{31}^2}+\frac{-\boldsymbol{e}_{41}}{r_{41}^2}\right)$$

其中

$$r_{21}^2=(2a)^2$$
$$r_{31}^2=(2a)^2+(2b)^2$$
$$r_{41}^2=(2b)^2$$

注意：本题中的三个镜像电荷都在求解区（第Ⅰ象限）之外，不会影响拉普拉斯方程的适用范围。

一般来说，若两导电平面夹角为 α，当满足 $360°/\alpha$＝偶数时，可用镜像法求解。此时镜像电荷数目为（$360°/\alpha$）-1 个，且都在求解区外。如果镜像电荷落在求解区之内，不符合唯一性定理的要求，则不能用镜像法求解。

例如，图 2-21 所示悬崖陡壁附近有一点电荷 q。若用第Ⅱ、Ⅲ、Ⅳ象限的三个镜像电荷代替悬崖陡壁上的感应电荷，虽然可使地面和悬崖陡壁为零电位。但由于第Ⅱ、Ⅳ象限内的两个镜像电荷在求解区内，使得拉普拉斯方程的适用范围改变，不符合唯一性定理要求，因此本题不能用镜像法求解。若注意到本例中 $\alpha=270°$，便可直接判定不能用镜像法求解。

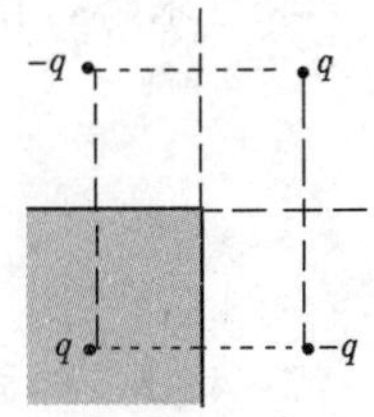

图 2 - 21

2-4-2 介质平面镜像

如果点电荷 q 在两种介质分界面附近［如图 2 - 22（a）所示］，由于分界面上存在不均匀分布的极化电荷，它将会影响两侧电介质中的电场分布。此边值问题为：

（1）第一种介质 ε_1 中，除 q 所在位置外，满足 $\nabla^2\varphi_1=0$；

（2）第二种介质 ε_2 中，处处满足 $\nabla^2\varphi_2=0$；

（3）在分界面上，应满足衔接条件 $\varphi_1=\varphi_2$，$\varepsilon_1\dfrac{\partial\varphi_1}{\partial n}=\varepsilon_2\dfrac{\partial\varphi_2}{\partial n}$。

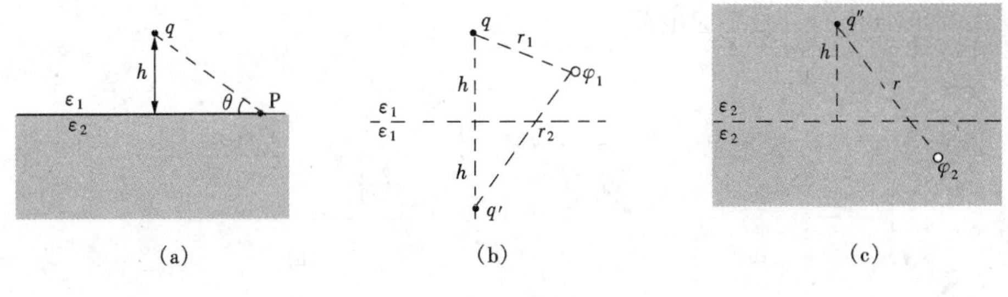

图 2 - 22

用镜像法求解上半空间 ε_1 中的电场时，撤去分界面使上下空间都充满 ε_1，用等效电荷 q'代替分界面上的极化电荷，放在点电荷对侧的镜像位置［如图 2 - 22（b）所示］，可满足上述条件（1）。ε_1 中任一点的电位为

$$\varphi_1=\frac{1}{4\pi\varepsilon_1}\left(\frac{q}{r_1}+\frac{q'}{r_2}\right)$$

用镜像法求解下半空间 ε_2 中的电场时，撤去分界面使上下空间都充满 ε_2，用等效电荷 q''代替点电荷和分界面上的极化电荷，放在原来点电荷位置［如图 2 - 22（c）所示］，可满足上述条件（2）。ε_2 中任一点的电位为

$$\varphi_2=\frac{1}{4\pi\varepsilon_2}\frac{q''}{r}$$

对于分界面上的 P 点［见图 2 - 22（a）］，$r_1=r_2=r=r_P$，由分界面上衔接条件

$$\frac{q}{4\pi\varepsilon_1 r_P}+\frac{q'}{4\pi\varepsilon_1 r_P}=\frac{q''}{4\pi\varepsilon_2 r_P}$$

$$\frac{q}{4\pi r_P^2}\sin\theta-\frac{q'}{4\pi r_P^2}\sin\theta=\frac{q''}{4\pi r_P^2}\sin\theta$$

可得

$$\begin{cases}\dfrac{q+q'}{\varepsilon_1}=\dfrac{q''}{\varepsilon_2}\\ q-q'=q''\end{cases}$$

联立求解，得镜像电荷大小为

$$q' = \frac{\varepsilon_1 - \varepsilon_2}{\varepsilon_1 + \varepsilon_2} q \tag{2-25}$$

$$q'' = \frac{2\varepsilon_2}{\varepsilon_1 + \varepsilon_2} q \tag{2-26}$$

2-4-3 球面镜像

先来看图 2-23（a）所示点电荷 q 在接地导体球外的情况。由于静电感应作用，导体球面存在不均匀的异性电荷 σ。导体球外的电位 φ 与三个空间坐标变量有关，无法用拉普拉斯方程 $\nabla^2\varphi=0$ 求解；场强 $\boldsymbol{E}$ 不再具有球对称性，也无法用高斯通量定理求解。此边值问题是：

（1）导体球外空间中除 q 所处位置外，满足 $\nabla\varphi^2=0$；

（2）电荷分布在有限区域内，无限远处 $\varphi\Big|_\infty=0$；

（3）导体球接地，球面电位 $\varphi_R=0$；

（4）导体球面上有异号感应电荷。

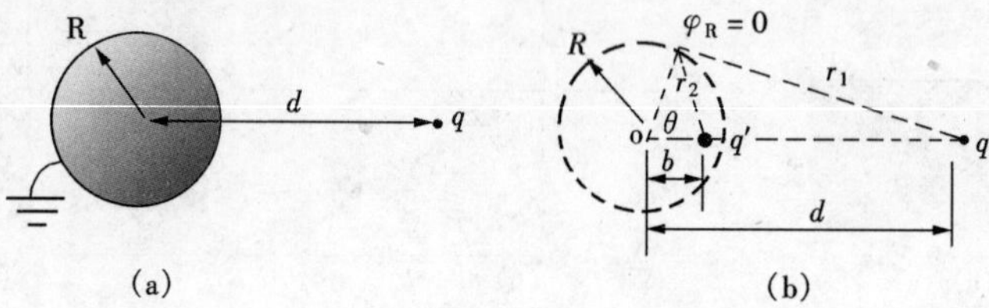

图 2-23

根据本问题的电场对称特点，将镜像电荷 q' 放在球心 o 与点电荷 q 的连线上，假设它到球心的距离为 b，如图 2-23（b）所示。只要 q' 在球内，无论其大小和位置如何，均能满足条件（1）和（2）。因此，关键是根据条件（3）确定 q' 和 b 的数值。设 $q'=-q_2$，则球面上任一点的电位为

$$\varphi_R = \frac{q}{4\pi\varepsilon_0 r_1} - \frac{q_2}{4\pi\varepsilon_0 r_2} = 0$$

即

$$\frac{q^2}{q_2^2} = \frac{r_1^2}{r_2^2} = \frac{R^2 + d^2 - 2Rd\cos\theta}{R^2 + b^2 - 2Rb\cos\theta}$$

经过整理，可得

$$q^2(R^2 + b^2) - q_2^2(R^2 + d^2) + 2R(q_2^2 d - q^2 b)\cos\theta = 0$$

由于导体球为等位体，上式应对于任意 θ 角都成立。因而，左边两项必须分别为零，即

$$q^2(R^2 + b^2) - q_2^2(R^2 + d^2) = 0$$

$$q_2^2 d - q^2 b = 0$$

联立求解得

$$q' = -q_2 = -\frac{R}{d} q \tag{2-27}$$

$$b = \frac{R^2}{d} \tag{2-28}$$

再来看图 2-24（a）所示点电荷 q 在不接地导体球外的情况。此边值问题是：

（1）导体球外空间中除 q 所处位置外，满足 $\nabla\varphi^2=0$；

（2）电荷分布在有限区域内，无限远处 $\varphi\Big|_{\infty}=0$；

（3）导体球不接地，球面电位 $\varphi_R\neq 0$；

（4）导体球面上有等量异号感应电荷。

用镜像法求解时，设置两个镜像电荷与原来的点电荷三者共同作用产生导体球外的合成电场［如图 2-24（b）所示］，即

$$\varphi=\varphi_1+\varphi_2+\varphi_3=\frac{q}{4\pi\varepsilon_0 r_1}+\frac{q'}{4\pi\varepsilon_0 r_2}+\frac{q''}{4\pi\varepsilon_0 r_3}$$

如果用镜像电荷 $q'=-(R/d)q$ 代替球面上的负感应电荷，放在球心与点电荷 q 的连线上，到球心距离为 $b=R^2/d$ 的位置，可使得 q' 与 q 在球面上产生的电位之和为零；另一镜像电荷 q'' 放在球心，则可保持球面等电位 $\varphi_R\neq 0$，这样可完全满足上述四个条件，见图 2-24。

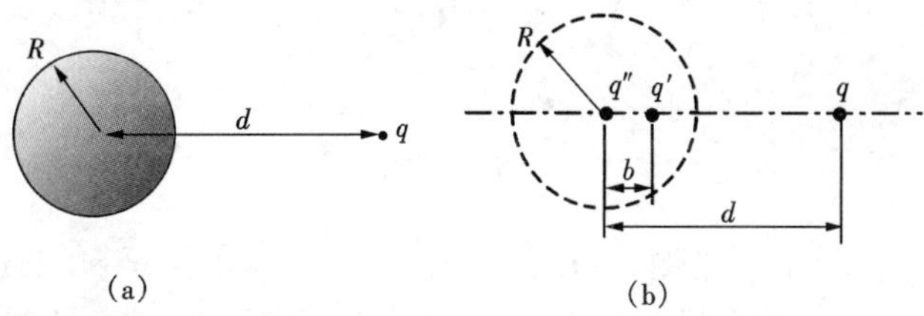

图 2-24

镜像电荷 q'' 的大小可以分为三种情况讨论：

（1）若已知导体球原来带电量 Q，则由于 $\Sigma q=q'+q''=Q$，可得

$$q''=Q-q'=Q+\frac{R}{d}q$$

（2）若已知导体球原来不带电，即 $Q=0$，则

$$q''=-q'=\frac{R}{d}q$$

（3）若已知导体球面电位 φ_R，由于

$$\varphi_R=\varphi+\varphi'+\varphi''=\frac{q''}{4\pi\varepsilon_0 R}$$

不难得知

$$q''=4\pi\varepsilon_0 R\varphi_R$$

【例 2-11】 无限大接地导板上有一凸起的半球形导体（半径为 R），正上方相距 d 处有一点电荷 q，如图 2-25（a）所示。求半球形导体上的最大场强。

解 本题是球面镜像与平面镜像的综合题，最大场强如图 2-25（b）所示 A 点。

（1）撤去半球形导体球，用镜像电荷 q' 代替球面感应电荷

$$q'=-\frac{R}{d}q,\ b=\frac{R^2}{d}$$

（2）撤去导电平面，用镜像电荷 $-q$ 和 $-q'$ 代替平面感应电荷，如图 2-25（b）所示。

（3）由叠加原理计算四个点电荷在 A 点产生的合成场强为

$$E_A=\frac{q}{4\pi\varepsilon_0(d-R)^2}(-e_z)+\frac{-q}{4\pi\varepsilon_0(d+R)^2}e_z+\frac{-\frac{R}{d}q}{4\pi\varepsilon_0(R-b)^2}e_z+\frac{\frac{R}{d}q}{4\pi\varepsilon_0(R+b)^2}e_z$$

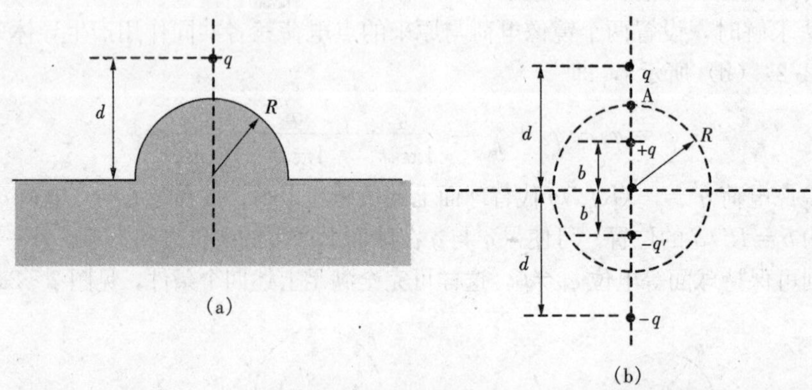

图 2 - 25

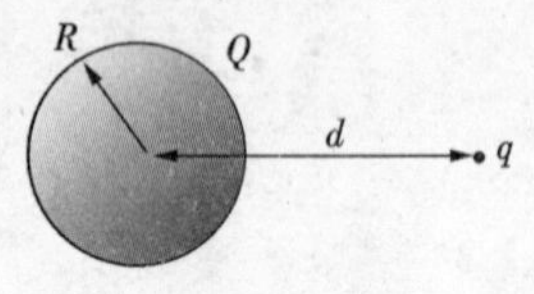

图 2 - 26

【例 2 - 12】 图 2 - 26 所示半径 $R=0.1$m 的不接地导体球原先带电量 $Q=10^{-6}$C，离球心距离 $d=0.2$m 处有一点电荷 $q=10^{-5}$C。求点电荷 q 受力。

解 先确定镜像电荷的大小和位置为

$$q'=-\frac{R}{d}q=-\frac{0.1}{0.2}\times10^{-5}=-5\times10^{-6}\ \text{(C)}$$

$$b=\frac{R^2}{d}=\frac{0.1^2}{0.2}=0.05\ \text{(m)}$$

$$q''=Q+\frac{R}{d}q=10^{-6}+5\times10^{-6}=6\times10^{-6}\ \text{(C)}$$

由库仑定律可分别求得点电荷之间的作用力为

$$F'=\frac{q\cdot q'}{4\pi\varepsilon_0(d-b)^2}=\frac{10^{-5}\times(-5\times10^{-6})}{4\pi\times\frac{10^{-9}}{36\pi}\times(0.2-0.05)^2}=\frac{-45}{2.25}=-20\ \text{(N)}$$

$$F''=\frac{q\cdot q''}{4\pi\varepsilon_0 d^2}=\frac{10^{-5}\times(6\times10^{-6})}{4\pi\times\frac{10^{-9}}{36\pi}\times(0.2)^2}=\frac{54}{4}=13.5\ \text{(N)}$$

由叠加原理可知点电荷所受到的电场力为

$$F=F'+F''=-20+13.5=-6.5\ \text{(N)}$$

思考：本例中点电荷 q 与导体球电量 Q 为同号电荷为何相吸？原因在于，大家熟知的“同号相斥，异号相吸”仅适用于点电荷之间的作用力。本例中点电荷 q 离导体球上异性电荷较近，吸力大；q 离导体球上同性电荷较远，斥力小，故合力表现为吸力。若导体球电量 Q 更大一些，则合力表现为斥力。

2-4-4　电轴法

电气和通信工程中常遇到如图 2-27 所示的两根长直、平行、圆柱导体的电场边值问题：

(1) 两根圆柱导体外的空间，处处满足$\nabla\varphi^2=0$；

(2) 两根圆柱导体表面分别为等电位面；

(3) 两根圆柱导体表面分别有等量异号电荷。

由于邻近效应，圆柱导线表面的电荷分布不均匀，而且其分布表达式未知。所以，直接求解此类问题有困难。可根据唯一性定理用电轴法求解。

设想将两个圆柱面撤去，将圆柱导体表面电荷用等效电轴代替，设单位长度的电荷量分别为$\pm\tau$，两等效电轴相距为 $2b$，如图 2-28 所示。

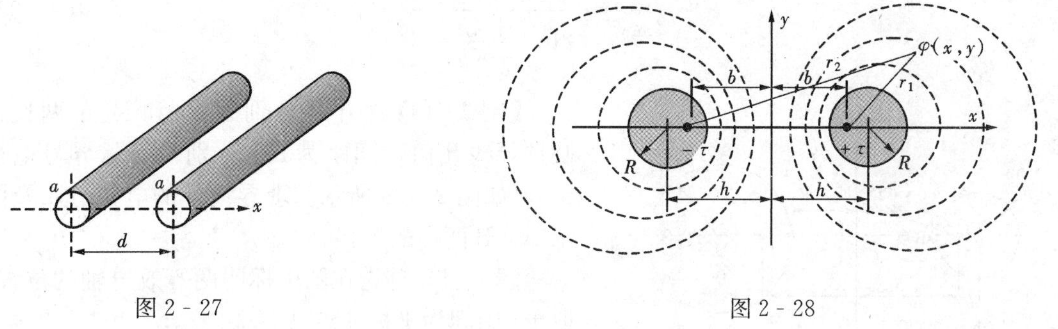

图 2-27　　图 2-28

由叠加原理知，等效电轴$\pm\tau$在空间产生的合成电位为

$$\varphi=\frac{\tau}{2\pi\varepsilon_0}\ln\frac{r_2}{r_1}+C \tag{2-29}$$

式中，r_1，r_2 分别为场点到$\pm\tau$的距离；C 为积分常数，它与电位参考点的选择有关。

如果参考点选在等效电荷的对称轴 y 轴上，$r_1=r_2$，得 $C=0$，则

$$\varphi=\frac{\tau}{2\pi\varepsilon_0}n\frac{r_2}{r_1}=\frac{\tau}{2\pi\varepsilon_0}\ln\frac{\sqrt{(x+b)^2+y^2}}{\sqrt{(x-b)^2+y^2}} \tag{2-30}$$

由上式可见，等位线方程为 $r_2/r_1=K$，取平方后，得

$$\left(\frac{r_2}{r_1}\right)^2=\frac{(x+b)^2+y^2}{(x-b)^2+y^2}=K^2$$

经过整理，有

$$\left(x-\frac{K^2+1}{K^2-1}b\right)^2+y^2=\left(\frac{2bK}{K^2-1}\right)^2$$

可见，在 xoy 平面上等电位线是一族偏心圆，圆心在 x 轴上，到坐标原点的距离是

$$h=\frac{K^2+1}{K^2-1}b$$

等位圆的半径为

$$R=\frac{2bK}{K^2-1}$$

每个等位圆的半径 R 和圆心到原点的距离 h，与等效电轴到原点的距离 b 三者之间的关系为

$$R^2+b^2=h^2 \tag{2-31}$$

当已知两圆柱导体的半径 a，轴心到原点的距离 h，可由上式确定等效电轴到原点的距离为

$$b=\sqrt{h^2-a^2} \tag{2-32}$$

代入式（2-30）得到的等电位面必定与圆柱导体表面重合。根据唯一性定理，两圆柱导体外部空间的电场可将式（2-32）代入式（2-30）计算。注意电轴法的适用范围在圆柱导体外部及其表面，不能用于计算圆柱导体内部。因为导体等电位，内部电场为零。

大多数情况下，并不知道圆柱导体沿单位长度的电荷量 τ 大小。如果已知两圆柱导体之间的电压 U_0，不难得到 τ 与 U_0 之间的关系为

$$\frac{\tau}{2\pi\varepsilon_0}=\frac{U_0}{2\ln\dfrac{b+(h-a)}{b-(h-a)}} \tag{2-33}$$

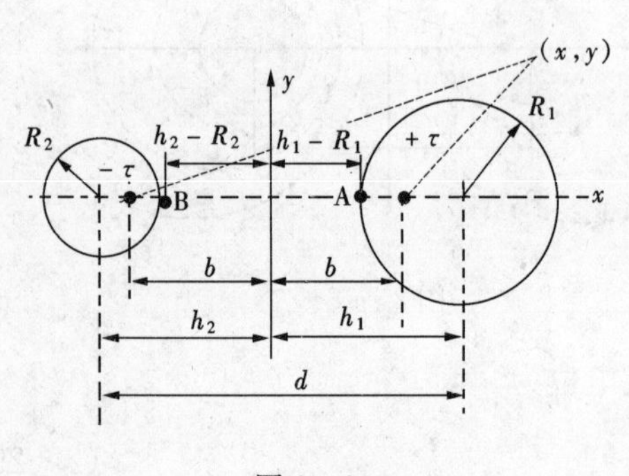

图 2-29

【例 2-13】 半径分别为 R_1 和 R_2 的两长直圆柱导线几何轴间距为 d，分别带等量异号电荷 $\pm\tau$，如图 2-29 所示。求导线外的电位分布及图示 A、B 两点的场强。

解 （1）首先在图中标明两等效电轴的位置，取 $\pm\tau$ 中间为坐标原点。

（2）由 $\begin{cases} h_1^2-R_1^2=h_2^2-R_2^2 \\ h_1+h_2=d \end{cases}$

联立求解得

$$h_1=\frac{d^2-R_2^2+R_1^2}{2d}$$

$$h_2=\frac{d^2+R_2^2-R_1^2}{2d}$$

（3）由 $b=\sqrt{h_1^2-R_1^2}$ 或 $b=\sqrt{h_2^2-R_2^2}$ 求等效电轴到原点的距离 b。

（4）圆柱导体外电位分布为

$$\varphi=\frac{\tau}{2\pi\varepsilon_0}\ln\frac{r_2}{r_1}=\frac{\tau}{2\pi\varepsilon_0}\ln\left[\frac{(x+b)^2+y^2}{(x-b)^2+y^2}\right]^{1/2}$$

（5）圆柱导体外的电场强度可由 $\boldsymbol{E}=-\nabla\varphi$ 求得，也可由叠加原理求得

$$\boldsymbol{E}=\boldsymbol{E}_{+}+\boldsymbol{E}_{-}=\frac{\tau}{2\pi\varepsilon_0}\left(\frac{\boldsymbol{e}_{r1}}{\sqrt{(x-b)^2+y^2}}-\frac{\boldsymbol{e}_{r2}}{\sqrt{(x+b)^2+y^2}}\right)$$

对于图示 A 点，$x_A=h_1-R_1$（正值），$y_A=0$，则 A 点场强为

$$\boldsymbol{E}_A=\frac{\tau}{2\pi\varepsilon_0}\left[\frac{-\boldsymbol{e}_x}{b-(h_1-R_1)}+\frac{-\boldsymbol{e}_x}{b+(h_1-R_1)}\right]=\frac{\tau}{2\pi\varepsilon_0}\times\frac{b}{R_1(h_1-R_1)}(-\boldsymbol{e}_x)$$

对于图示 B 点，$x_B=-(h_2-R_2)$（负值），$y_B=0$，则 B 点场强为

$$\boldsymbol{E}_B=\frac{\tau}{2\pi\varepsilon_0}\left[\frac{-\boldsymbol{e}_x}{b+(h_2-R_2)}+\frac{-\boldsymbol{e}_x}{b-(h_2-R_2)}\right]=\frac{\tau}{2\pi\varepsilon_0}\times\frac{b}{R_2(h_2-R_2)}(-\boldsymbol{e}_x)$$

2-5 多导体系统的部分电容

大学物理课中曾经学过电容的概念及其计算方法，通常电容器都是由两个导体组成的独立系统。在电气工程经常遇到的三个及更多导体组成的系统中，两个导体之间构成的电容要受到其他导体的影响。因此，必须引入部分电容的概念才能确定多导体系统的特性。

2-5-1 两导体间的电容

对于两个带等量异号电荷的导体，它的电容量（简称电容）C 定义为导体的电荷量 Q 与两导体间电压 U 之比，即

$$C=\frac{Q}{U} \tag{2-34}$$

电容 C 是一个重要的电路参数，其单位是 F。它的大小只与两导体的形状、尺寸、相对位置及导体间的介质性质有关，而与是否带电及电量大小无关。电容的计算关键是静电场的计算问题。

【例 2-14】 两平行长直圆柱导体组成双线传输线，导线半径均为 a，几何轴间距离为 $2h$，周围介质的介电常数为 ε。求双线传输线沿轴向单位长度的电容。

解 设两导线带等量异性线电荷 $\pm\tau$，到坐标原点距离为 b（如图 2-30 所示），则

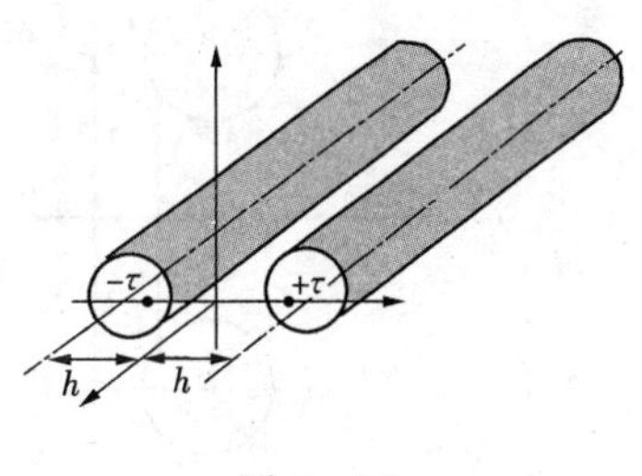

图 2-30

$$b=\sqrt{h^2-a^2}$$

两导线间电压为

$$\begin{aligned}U_{\mathrm{AB}}&=\varphi_{\mathrm{A}}-\varphi_{\mathrm{B}}\\&=\frac{\tau}{2\pi\varepsilon}\left[\ln\frac{b+h-a}{b-(h-a)}-\ln\frac{b-(h-a)}{b+h-a}\right]\\&=\frac{\tau}{\pi\varepsilon_0}\ln\frac{b+h-a}{b-h+a}\end{aligned}$$

一般来说 $h\gg a$，$b\approx h$，则上式可简化为

$$U_{\mathrm{AB}}=\frac{\tau}{\pi\varepsilon_0}\ln\frac{2h}{a}$$

因此，双线传输线沿轴向单位长度的电容为

$$C_0=\frac{\tau}{U_{\mathrm{AB}}}=\frac{\pi\varepsilon_0}{\ln\dfrac{2h}{a}}$$

关于孤立导体的电容是指该导体与无限远处另一导体间的电容。例如，设半径为 R 的孤立导体球带电量为 q，相对于无限远处球面电位为 $\varphi_R=q/4\pi\varepsilon_0R$，则孤立导体球电容量为

$$C=q/\varphi_R=4\pi\varepsilon_0R\,(\mathrm{F})$$

但是，有时要考虑导体附近地面的影响。

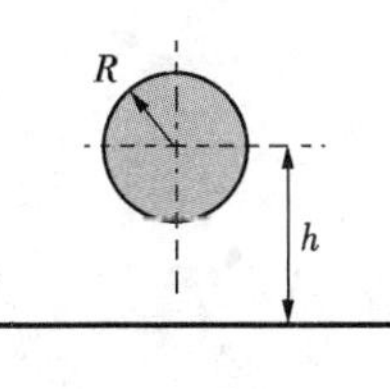

图 2-31

【例 2-15】 单根长直圆柱导体半径为 R，到地面距离为 $h\gg R$，如图 2-31 所示。求其单位长度的电容量。

解 本题给定圆柱导线离地面距离，应考虑地面感应电荷对圆柱导体外电场的影响，因此本题实际上应求单位长度圆柱导体与地面间

的电容。

(1) 首先用镜像法，在对称位置画出圆柱导体的镜像如图 2-32 所示；

(2) 由电轴法确定等效电轴$\pm\tau$的位置$b=\sqrt{h^2-R^2}$；

(3) 由叠加原理求$\pm\tau$在圆柱表面 A 点产生的对地电位为

$$\varphi_{\mathrm{A}}=\frac{\tau}{2\pi\varepsilon_0}\ln\frac{r_2}{r_1}=\frac{\tau}{2\pi\varepsilon_0}\ln\frac{b+(h-R)}{b-(h-R)}$$

(4) 由于$h\gg R$，$b\approx h$，单位长度圆柱导体与地面间的电容可简化为

$$C_0=\frac{\tau}{\varphi_{\mathrm{A}}}=\frac{2\pi\varepsilon_0}{\ln\dfrac{b+h-R}{b-h+R}}\approx\frac{2\pi\varepsilon_0}{\ln\dfrac{2h}{R}}$$

注意：距地面为h的单根圆柱导体对地电容，比两根相距为$2h$的圆柱导体间电容增大了1倍。

2-5-2 多导体系统的部分电容

对于由三个及更多带电导体组成的系统（见图 2-33），任意两个导体之间的电压不仅受到它们自身电荷的影响，还要受到其余导体的电荷影响。因此需要引入部分电容的概念。

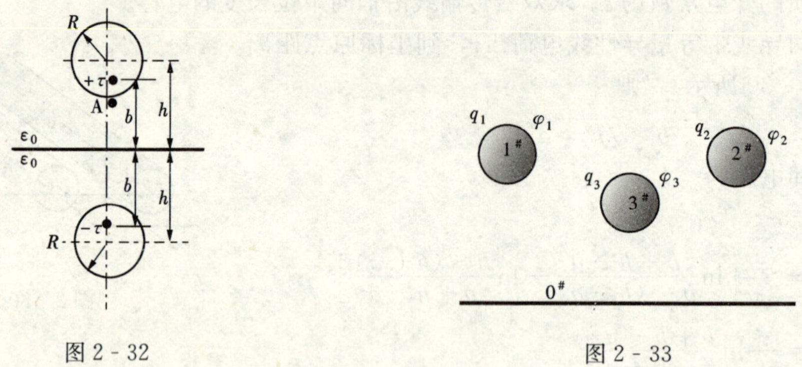

图 2-32　　　　图 2-33

如果一个系统中的电场分布只与系统内各带电体的形状、尺寸、相互位置及电介质性质有关，而与系统外带电体无关，并且所有电位移$\boldsymbol{D}$线全部从系统内带电体发出，也全部终止于系统内带电体，则称为静电独立系统。如果电介质是线性的，该系统称作线性独立系统。

对于由$(n+1)$个导体构成的静电独立系统，设各导体按$0\rightarrow n$顺序编号，它们所带电量分别为q_0，q_1，q_2，…，q_n。根据静电独立系统的定义则有

$$q_0+q_1+\cdots+q_k+\cdots+q_n=0 \tag{2-35}$$

(1) 我们先来看各带电体电位与各导体电荷之间的关系。设 0 号导体为参考导体，其电位为零。根据叠加原理可得

$$\begin{cases}\varphi_1=\alpha_{11}q_1+\alpha_{12}q_2+\cdots+\alpha_{1n}q_n\\ \varphi_2=\alpha_{21}q_1+\alpha_{22}q_2+\cdots+\alpha_{2n}q_n\\ \quad\vdots\\ \varphi_n=\alpha_{n1}q_1+\alpha_{n2}q_2+\cdots+\alpha_{nn}q_n\end{cases}$$

写为矩阵形式

$$[\varphi]=[\alpha][q] \tag{2-36}$$

式中，α 为电位系数；α_{ii} 为自有电位系数；α_{ij} $(i \neq j)$ 为互有电位系数。

电位系数 α 具有以下性质：

1）α 只与各导体自身的几何形状、尺寸、相互位置及介质的介电常数有关；

2）所有电位系数 α 都是正值；

3）自有电位系数 α_{ii} 大于与它有关的互有电位系数 α_{ij}；

4）互有电位系数 $\alpha_{ij}=\alpha_{ji}$，这是静电场互易性的表现。

【例 2-16】 图 2-34 所示地面附近有两个半径为 R_1 的带电小球，电量分别为 q_1 和 q_2，可看为集中在球心上。选地面为 0 号参考导体，求该系统的电位系数。

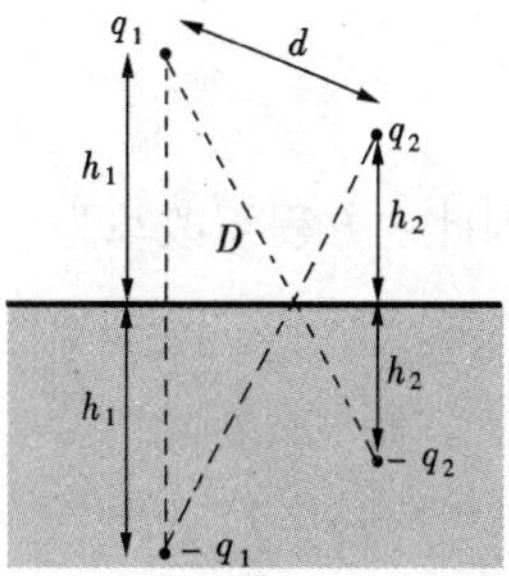

图 2-34

解 考虑到地面感应电荷的影响，应看作是由三个导体组成的静电独立系统。将地面影响用镜像电荷代替，则有

$$\begin{cases}\varphi_1=\alpha_{11}q_1+\alpha_{12}q_2\\ \varphi_2=\alpha_{21}q_1+\alpha_{22}q_2\end{cases}$$

令 $q_1\neq 0$，$q_2=0$，可得

$$\varphi_1\Big|_{q_2=0}=\left(\frac{1}{4\pi\varepsilon_0 R_1}-\frac{1}{4\pi\varepsilon_0 2h_1}\right)q_1$$

则

$$\alpha_{11}=\frac{\varphi_1}{q_1}\Big|_{q_2=0}=\frac{1}{4\pi\varepsilon_0 R_1}-\frac{1}{4\pi\varepsilon_0 2h_1}$$

$$\varphi_2\Big|_{q_2=0}=\left(\frac{1}{4\pi\varepsilon_0 d}-\frac{1}{4\pi\varepsilon_0 D}\right)q_1$$

则

$$\alpha_{21}=\frac{\varphi_2}{q_1}\Big|_{q_2=0}=\frac{1}{4\pi\varepsilon_0 d}-\frac{1}{4\pi\varepsilon_0 D}$$

令 $q_2\neq 0$，$q_1=0$，可得

$$\varphi_1\Big|_{q_1=0}=\left(\frac{1}{4\pi\varepsilon_0 d}-\frac{1}{4\pi\varepsilon_0 D}\right)q_2\rightarrow\alpha_{12}=\frac{\varphi_1}{q_2}\Big|_{q_1=0}=\frac{1}{4\pi\varepsilon_0 d}-\frac{1}{4\pi\varepsilon_0 D}$$

$$\varphi_2\Big|_{q_1=0}=\left(\frac{1}{4\pi\varepsilon_0 R_2}-\frac{1}{4\pi\varepsilon_0 2h_2}\right)q_2\rightarrow\alpha_{22}=\frac{\varphi_2}{q_2}\Big|_{q_1=0}=\frac{1}{4\pi\varepsilon_0 R_2}-\frac{1}{4\pi\varepsilon_0 2h_2}$$

（2）各带电体的电荷与各导体电位的函数关系式，可通过求解（2-36）矩阵方程，得

$$[q]=[\alpha]^{-1}\cdot[\varphi]=[\beta]\cdot[\varphi] \tag{2-37}$$

写为方程组形式，则为

$$\begin{cases}q_1=\beta_{11}\varphi_1+\beta_{12}\varphi_2+\cdots+\beta_{n1}\varphi_n\\ q_2=\beta_{21}\varphi_1+\beta_{22}\varphi_2+\cdots+\beta_{n2}\varphi_n\\ \quad\vdots\\ q_n=\beta_{n1}\varphi_1+\beta_{n2}\varphi_2+\cdots+\beta_{nn}\varphi_n\end{cases}$$

式中，β 为静电感应系数；主对角线元素 β_{ii} 为自有感应系数；非对角线元素 β_{ij} $(i\neq j)$ 为互有感应系数。

感应系数 β 具有以下性质：

1）β 只与导体的几何形状、尺寸、相互位置及介质的介电常数有关；

2）自有感应系数 β_{ii} 都是正值，互有感应系数 β_{ij} 都是负值；

3）自有感应系数 β_{ii} 大于与它有关的互有感应系数的绝对值 $|\beta_{ij}|$；

4）互有感应系数具有互易性 $\beta_{ij}=\beta_{ji}$。

由于静电感应系数矩阵为电位系数矩阵的逆矩阵 $[\beta]=[\alpha]^{-1}$。因此，感应系数 β_{ij} 可由电位系数矩阵 $[\alpha]$ 的行列式 Δ 和相应的代数余子式 Δ_{ij} 求得，即

$$\beta_{ij}=(-1)^{i+j}\frac{\Delta_{ij}}{\Delta}$$

（3）分析实际问题时，常将 $[q]=[\beta]\cdot[\varphi]$ 中的电位改写为各导体与其他导体之间的电压 U_{kj} 来表示。例如，

$$\begin{aligned}q_1&=\beta_{11}\varphi_1+\beta_{12}\varphi_2=\beta_{11}\varphi_1+\beta_{12}\varphi_1-\beta_{12}\varphi_1+\beta_{12}\varphi_2\\&=(\beta_{11}+\beta_{12})\varphi_1+(-\beta_{12})(\varphi_1-\varphi_2)\\&=C_{10}U_{10}+C_{12}U_{12}\end{aligned}$$

因此，方程组改写为

$$\begin{cases}q_1=C_{10}U_{10}+C_{12}U_{12}+\cdots+C_{n1}U_{1n}\\q_2=C_{21}U_{21}+C_{20}U_{20}+\cdots+C_{n2}U_{2n}\\\qquad\vdots\\q_n=C_{n1}U_{n1}+C_{n2}U_{n2}+\cdots+C_{n0}U_{n0}\end{cases}\tag{2-38}$$

式中，主对角线元素 C_{ii} 称为自有部分电容；非对角线元素 $C_{ij}\,(i\neq j)$ 称为互有部分电容。

部分电容具有以下性质：

1）只与导体的几何形状、尺寸、相互位置及介质的介电常数有关；

2）所有部分电容都是正值；

3）互有部分电容具有互易性 $C_{ij}=C_{ji}$。

由（2-38）式可得

$$C_{10}=\left.\frac{q_1}{U_{10}}\right|_{U_{12}=U_{13}=\cdots=U_{1n}=0},\quad C_{12}=\left.\frac{q_1}{U_{12}}\right|_{U_{10}=U_{13}=\cdots=U_{1n}=0}$$

据此可得到测定部分电容的实验方法（见图2-35、图2-36），图中PV为静电电压表；PG为冲击检流计。

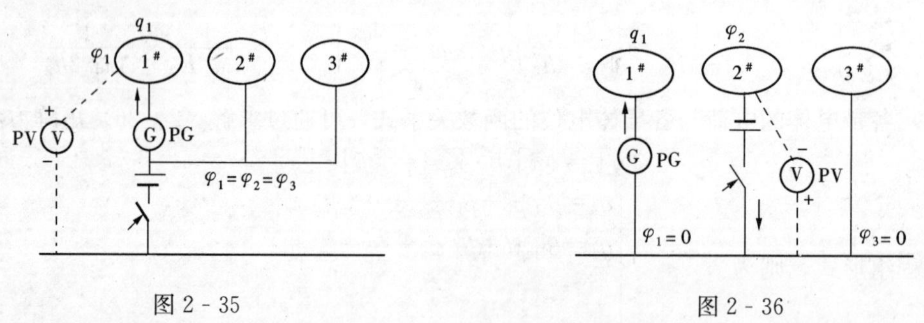

图2-35　　图2-36

对于 $n+1$ 个导体的静电独立系统，共有 $n(n+1)/2$ 个部分电容。在图2-37所示的三相电缆与外壳组成的四导体系统中，共有6个部分电容。自有部分电容代表各导体与0号导体（参考点）之间的部分电容；互有部分电容代表非参考导体之间的部分电容。

在多导体静电独立系统中，常用到两导体间等效电容的概念，是指从这两个导体看进去的入端等效电容。也就是把两个导体作为电容器的两个极板分别接电源时，所带电荷 q 与极板间的电压 U 的比值 q/U。

图2-37所示三相电缆A、B两相间的等效电容 C_{AB}，可通过对相应的部分电容网络进

行 Y→△变换和串、并联关系化简得到，见图 2 - 38。一般来说，相电缆参数是对称的，$C_{10}=C_{20}=C_{30}$，$C_{12}=C_{23}=C_{31}$；Y→△变换时 $C_{\triangle}=C_{Y}/3$；△→Y 变换时 $C_{Y}=3C_{\triangle}$。

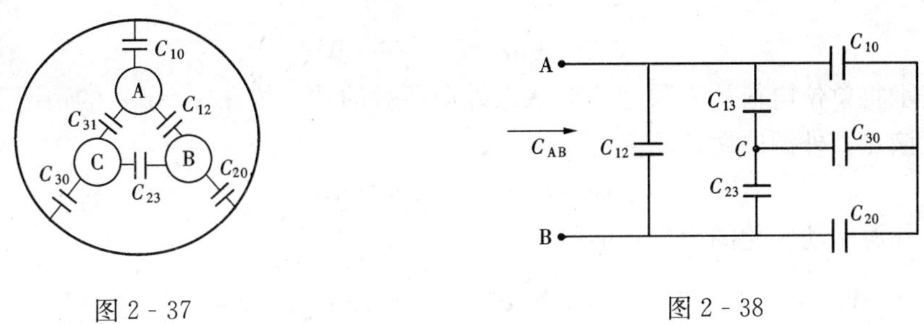

图 2 - 37　　　　图 2 - 38

2-5-3　静电屏蔽

我们以图 2 - 39 所示三导体系统为例，应用部分电容的概念说明静电屏蔽问题。设 1 号导体被接地的 0 号导体完全包围，应有下列方程组

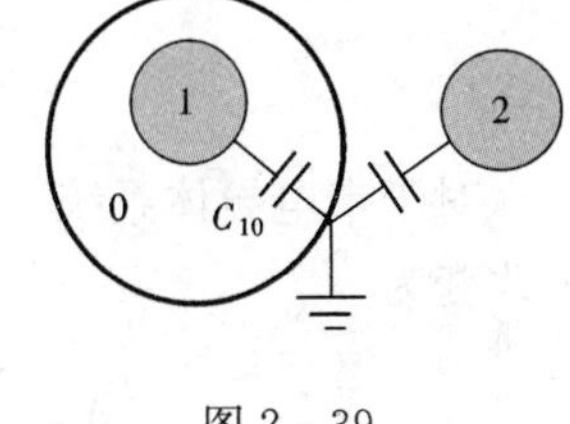

图 2 - 39

$$\begin{cases} q_1=C_{10}U_{10}+C_{12}U_{12} \\ q_2=C_{21}U_{21}+C_{20}U_{20} \end{cases}$$

令 $q_1=0$，因 0 号导体空腔内无电场，$U_{10}=0$，得

$$C_{12}U_{12}=0$$

由于 2 号导体可能带有不同电荷量 q_2，U_{12}可能有各种不同数值，必有 $C_{12}=C_{21}=0$。也就是说，在 0 号导体接地的情况下，有

$$q_1=C_{10}U_{10}, \quad q_2=C_{20}U_{20}$$

这说明 q_1 只与 U_{10} 有关，q_2 只与 U_{20} 有关。也就是说，1 号导体与 2 号导体之间无静电联系，达到了静电屏蔽的要求。在工程上，为了使某带电体不受外界电场的影响，或者为了使某带电体不致影响外界，常常把该带电体用一个接地的金属壳罩起来，以隔绝有害的静电影响。

2-6　电场能量和电场力

电场对静止电荷有作用力，移动电荷时则要做功。可见，静电场中储存着能量，称之为静电能量。静电能量就是在电场建立过程中，外源做功转化而来的。因此，我们首先根据建立电场时外源做功来计算静电能量；然后，研究静电能量的分布方式，并在此基础上介绍计算静电力的虚位移法。

2-6-1　外源做功转化为电场储能

静电场储存的能量是在给带电体充电时外源做功转化而来的。对于线性介质，使电荷达到最后的分布需要做的功是一定的，与实现这一分布的方式和过程无关。

我们选择这样一种充电方式：假设所有带电体积的电荷密度都按同一比例 m 增加。令此比值 m 为一变量。充电开始时 $m=0$，各处电荷密度 $\rho(0)=0$；充电终了时 $m=1$，各处电荷密度都等于其最终值 ρ。在充电过程中 $0\leqslant m\leqslant 1$，任意瞬时的电荷密度为

$$\rho(t)=m\rho$$

电荷密度增量为

$$\delta\rho=\delta[m\rho]=\rho\delta m$$

电荷增量为

$$\delta q=\delta\rho\,\mathrm{d}V=\rho\delta m\,\mathrm{d}V$$

由于电位表示将单位电荷从无限远移至该点外源所做的功，故在 $\varphi'=m\varphi$ 的情况下，将 δq 从无限远移至该点，外源所做的功为

$$\delta A=\varphi'\cdot\delta q=m\varphi\rho\delta m\,\mathrm{d}V$$

充电全过程外源做功转化的静电场能量为

$$W_{\mathrm{e}}=\int\delta A=\int_0^1\int_{V'}m\varphi'\rho\,\delta m\,\mathrm{d}V=\int_0^1 m\delta m\int_{V'}\varphi\rho\,\mathrm{d}V=\frac{1}{2}\int_{V'}\varphi\rho\,\mathrm{d}V$$

对于既有体电荷，又有面电荷的系统，电场能量的电荷积分公式为

$$W_{\mathrm{e}}=\frac{1}{2}\int_{V'}\varphi\rho\,\mathrm{d}V+\frac{1}{2}\int_{S'}\varphi\sigma\,\mathrm{d}S \tag{2-39}$$

对于带电导体系统，由于电荷只分布在导体表面，每个导体表面是等位面，式（2-39）可改变为

$$W_{\mathrm{e}}=\frac{1}{2}\int_{S'}\varphi\sigma\,\mathrm{d}S=\frac{1}{2}\sum_{k=1}^{n}\int_{S_k}\varphi\sigma\,\mathrm{d}S=\frac{1}{2}\sum_{k=1}^{n}\varphi_k\int_{S_k}\sigma\,\mathrm{d}S$$

式中，面积分结果为各导体的电荷量 q_k，因此带电导体系统的静电能量为

$$W_{\mathrm{e}}=\frac{1}{2}\sum_{k=1}^{n}\varphi_k q_k \tag{2-40}$$

2-6-2 电场能量分布及其密度

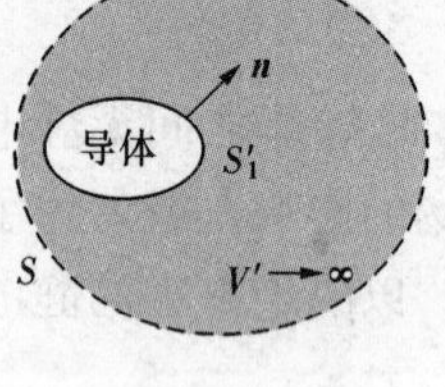

图 2-40

以上导出的静电能量的电荷积分公式（2-39），只能计算电场中储存的总能量，不能说明能量在电场中的具体分布情况。可以证明，静电能量是分布于存在电场的整个区域中。

设电场中导体表面带有面电荷，而导体外区域中有体电荷分布（如图 2-40 所示）。由于

$$\rho=\nabla\cdot\boldsymbol{D},\ \sigma=\boldsymbol{D}\boldsymbol{n},\ \boldsymbol{E}=-\nabla\varphi$$

利用矢量恒等式

$$\nabla\cdot(\varphi\boldsymbol{D})=\varphi\nabla\cdot\boldsymbol{D}+\nabla\varphi\cdot\boldsymbol{D}$$

再利用散度定理

$$\int_V\nabla\cdot(\varphi\boldsymbol{D})\mathrm{d}V=\oint_S\varphi\boldsymbol{D}\cdot\mathrm{d}\boldsymbol{S}$$

得

$$\begin{aligned}W_{\mathrm{e}}&=\frac{1}{2}\int_{V'}\varphi\rho\,\mathrm{d}V+\frac{1}{2}\int_{S_1'}\varphi\sigma\,\mathrm{d}S=\frac{1}{2}\int_{V'}\varphi\nabla\cdot\boldsymbol{D}\mathrm{d}V+\frac{1}{2}\int_{S_1'}\varphi\boldsymbol{D}\cdot\boldsymbol{n}\,\mathrm{d}\boldsymbol{S}\\&=\frac{1}{2}\int_{V'}\nabla\cdot(\varphi\boldsymbol{D})\mathrm{d}V-\frac{1}{2}\int_{V'}\nabla\varphi\cdot\boldsymbol{D}\mathrm{d}V+\frac{1}{2}\int_{S_1'}\varphi\boldsymbol{D}\cdot(\boldsymbol{n}\,\mathrm{d}\boldsymbol{S})\\&=\frac{1}{2}\oint_S\varphi\boldsymbol{D}\cdot\mathrm{d}\boldsymbol{S}+\frac{1}{2}\oint_{S_1}\varphi\boldsymbol{D}\cdot(-\mathrm{d}\boldsymbol{S})+\frac{1}{2}\int_V\boldsymbol{E}\cdot\boldsymbol{D}\,\mathrm{d}V+\frac{1}{2}\int_{S_1'}\varphi\boldsymbol{D}\cdot\mathrm{d}\boldsymbol{S}\end{aligned}$$

在以上推导中，把积分范围由电荷分布区 V' 扩大到整个场域 V 不会影响积分结果。由于 S 是限定场域 V 的外表面，而 $\boldsymbol{D}$ 与 r^2 成反比，φ 与 r 成反比，S 与 r^2 成正比，故在 $r\to$

∞时第一项积分为零。注意到第二项是对场域V的空腔内表面S_1积分，而第四项是对带电导体的外表面S'_1积分，两者大小相等方向相反，互相抵消。因此，静电能量的电场积分公式为

$$W_e=\frac{1}{2}\int_V \boldsymbol{E}\cdot\boldsymbol{D}\mathrm{d}V \tag{2-41}$$

由于每一个场点上都对应着确定的$\boldsymbol{D}$和$\boldsymbol{E}$，因此可以认为凡是静电场不为零的空间都储存静电能量，任一场点的静电能量体密度是

$$w'_e=\frac{1}{2}\boldsymbol{E}\cdot\boldsymbol{D} \tag{2-42}$$

单位是J/m³。对于线性、各向同性介质，则为

$$w'_e=\frac{1}{2}\varepsilon E^2=\frac{D^2}{2\varepsilon} \tag{2-43}$$

利用能量密度的概念和式（2-41），不但可以求得整个场域中的静电能量，也可求得局部场域中的静电能量。

【例2-17】 已知半径为R的球形空间均匀分布体电荷密度ρ，如图2-41所示。求带电球电场中的静电能量。

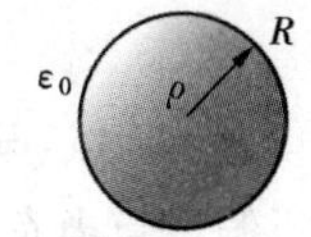

图2-41

解法一： 因为体电荷只存在于球内，故只需先求球内的电位分布。该电位分布为

$$\varphi_1=\frac{\rho}{2\varepsilon_0}\left(R^2-\frac{r^2}{3}\right)\qquad (r<R)$$

由电荷积分式可求得球内外的总储能为

$$W_e=\frac{1}{2}\int_0^R\frac{\rho}{2\varepsilon_0}\left(R^2-\frac{r^2}{3}\right)\rho\times 4\pi r^2\mathrm{d}r=\frac{4\pi\rho^2R^5}{15\varepsilon_0}$$

解法二： 由电场积分式求储能，需先分别求出球内、外的场强。

球内$r<R$时，有

$$\boldsymbol{E}=\frac{\rho r}{3\varepsilon_0}\boldsymbol{e}_r$$

$$W_{e1}=\frac{1}{2}\int_{V_1}\varepsilon_0E_1^2\mathrm{d}V=\frac{\varepsilon_0}{2}\int_0^R\left(\frac{\rho r}{3\varepsilon_0}\right)^2 4\pi r^2\mathrm{d}r=\frac{2\pi\rho^2R^5}{45\varepsilon_0}$$

球外$r>R$时，有

$$\boldsymbol{E}=\frac{\rho R^3}{3\varepsilon_0 r^2}\boldsymbol{e}_r$$

$$W_{e2}=\frac{1}{2}\int_{V_2}\varepsilon_0E_2^2\mathrm{d}V=\frac{\varepsilon_0}{2}\int_R^\infty\left(\frac{\rho R^3}{3\varepsilon_0 r^2}\right)^2 4\pi r^2\mathrm{d}r=\frac{2\pi\rho^2R^5}{9\varepsilon_0}$$

球内外电场总储能为

$$W_e=W_{e1}+W_{e2}=\frac{4\pi\rho^2R^5}{15\varepsilon_0}$$

可见，两种解法得到的电场总能量相同，但第二种解法可以灵活计算局部场域中的能量。

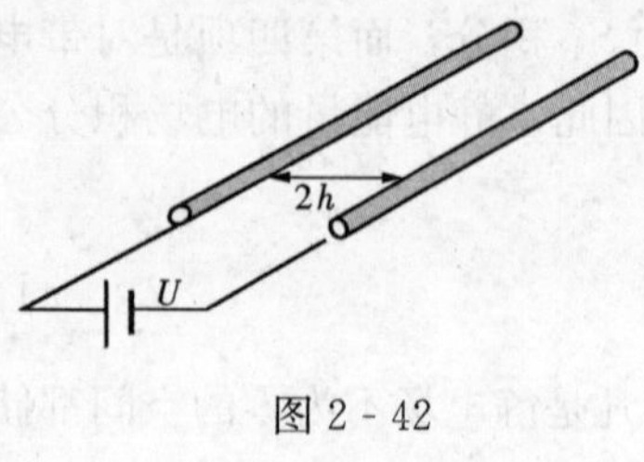

图 2-42

【例 2-18】 双线传输线导体半径均为 R，几何轴间距为 $2h$，电压为 U，如图 2-42 所示。求单位长度储存的电场能量。

解 由于双线传输线外的电场蔓延为无界场域，因此无法应用式（2-41），而只能应用式（2-40）计算电场储能。由［例 2-14］知

$$U=\frac{\tau}{\pi\varepsilon_0}\ln\frac{2h}{R}$$

传输线单位长度的电荷量为

$$\tau=\frac{\pi\varepsilon_0 U}{\ln\frac{2h}{R}}$$

因此，单位长度储能为

$$W_{\rm e}=\frac{1}{2}\Sigma\varphi q=\frac{1}{2}U\tau=\frac{\pi\varepsilon_0 U^2}{2\ln\frac{2h}{R}}$$

2-6-3 点电荷系统的互有能量

假设点电荷 q_1，q_2，…，q_n 单独存在时产生的电场强度分别为 $\boldsymbol{E}_1$，$\boldsymbol{E}_2$，…，$\boldsymbol{E}_n$，则 n 个点电荷都存在时的合成场强为

$$\boldsymbol{E}=\boldsymbol{E}_1+\boldsymbol{E}_2+\cdots+\boldsymbol{E}_n$$

由于 $|\boldsymbol{E}|^2=(|\boldsymbol{E}_1|^2+|\boldsymbol{E}_2|^2+\cdots+|\boldsymbol{E}_n|^2)+2(\boldsymbol{E}_1\cdot\boldsymbol{E}_2+\boldsymbol{E}_1\cdot\boldsymbol{E}_3+\cdots+\boldsymbol{E}_{n-1}\cdot\boldsymbol{E}_n)$

因而，点电荷系统的静电能量为

$$\begin{aligned}W_{\rm e}=&\frac{\varepsilon_0}{2}\int_V(|\boldsymbol{E}_1|^2+|\boldsymbol{E}_2|^2+\cdots+|\boldsymbol{E}_n|^2){\rm d}V\\&+\frac{\varepsilon_0}{2}\int_V 2(\boldsymbol{E}_1\cdot\boldsymbol{E}_2+\boldsymbol{E}_1\cdot\boldsymbol{E}_3+\cdots+\boldsymbol{E}_{n-1}\cdot\boldsymbol{E}_n){\rm d}V\end{aligned}$$

上式右边第一个积分称为自有能量，其中每一项是将许多元电荷 dq 从无限远处移来压缩成点电荷 q_j 所做的功。由于压缩时必须克服同号电荷间的斥力，因此这部分功为无穷大。右边第二个积分称为互有能量，它是电荷之间相互作用引起的，随电荷之间相互移近或移远而改变。

点电荷系统的互有能量也可以应用式（2-40）计算，即

$$W_{\rm e}=\frac{1}{2}\sum_{k=1}^{n}\varphi_k q_k$$

但式中的 φ_k 是除 q_k 之外的其他电荷在 q_k 位置产生的电位之和。否则，由于 q_k 在自身（$r\to 0$）产生的电位 $\varphi\to\infty$，将使计算出来的静电能量无穷大。对于三个点电荷的系统互有能量为

$$W_{\rm e}=\frac{1}{2}q_1\left(\frac{q_2}{4\pi\varepsilon_0 r_{21}}+\frac{q_3}{4\pi\varepsilon_0 r_{31}}\right)+\frac{1}{2}q_2\left(\frac{q_1}{4\pi\varepsilon_0 r_{12}}+\frac{q_3}{4\pi\varepsilon_0 r_{23}}\right)+\frac{1}{2}q_3\left(\frac{q_1}{4\pi\varepsilon_0 r_{31}}+\frac{q_2}{4\pi\varepsilon_0 r_{32}}\right)$$

【例 2-19】 如图 2-43 所示一个原子可以看成是由一个带正电荷 q 的原子核，被总电荷量为（$-q$）且均匀分布于半径为 R 的球形体积内的负电荷云包围。试求原子的结合能。

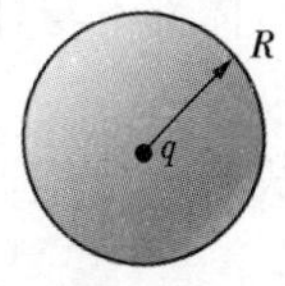

图 2-43

解 原子的结合能由两部分组成：

一部分是负电荷从无限远处聚集在球形体积内的自有能量 W_{e1}。由［例 2-17］知 W_{e1} 为

$$W_{e1}=\frac{4\pi\rho^2R^5}{15\varepsilon_0}$$

另一部分是正的点电荷 q 与负电荷云间的相互作用能量 $W_{e2}=q\varphi_0$。由［例 2-17］知，负电荷在其球心引起的电位 $\varphi_0=-3q/8\pi\varepsilon_0R$，则

$$W_{e2}=-\frac{3q^2}{8\pi\varepsilon_0R}$$

因此，原子的结合能量为

$$W_e=W_{e1}+W_{e2}=\frac{4\pi\rho^2R^5}{15\varepsilon_0}-\frac{3q^2}{8\pi\varepsilon_0R}=\frac{-9q^2}{40\pi\varepsilon_0R}$$

2-6-4 虚位移法求电场力

在静电场中，带电体都要受到电场力。点电荷所受的电场力可直接根据 $\boldsymbol{F}=q\boldsymbol{E}$ 计算。注意，这里的 $\boldsymbol{E}$ 应是除点电荷 q 之外的其他电荷在 q 处产生的电场强度。而且，点电荷电量 q 必须很小，否则可能会影响原电场 $\boldsymbol{E}$ 的分布。对于连续分布的电荷 $\boldsymbol{F}=q\boldsymbol{E}$ 计算电场力一般相当复杂。

由于力和能量之间具有密切联系，所以根据能量的变化求电场力往往方便得多。本节重点介绍基于虚功原理计算电场力的方法——虚位移法。

1. 广义坐标和广义力的概念

所谓广义坐标是指确定系统中各导体的形状、尺寸和相互位置的一组独立几何量。它除常用的长度、角度之外，也允许用面积或体积。

所谓广义力是指企图改变某一广义坐标的力。广义力的物理含义与所选用的广义坐标有关，两者的乘积应等于功（能）。例如：

广义坐标	广义力	乘积
长度 l（m）	一般的力（N）	$F\cdot \mathrm{d}l=\mathrm{d}A$（N·m）
面积 S（m^2）	表面张力（N/m）	$T\cdot \mathrm{d}S=\mathrm{d}A$（N·m）
体积 V（m^3）	压强（N/m^2）	$P\cdot \mathrm{d}V=\mathrm{d}A$（N·m）
角度 θ（无量纲）	力矩（N·m）	$M\cdot \mathrm{d}\theta=\mathrm{d}A$（N·m）

2. 虚位移法求电场力

假设在由 $n+1$ 个导体组成的系统中，只有一个导体（例如 $\#p$）受力之后产生位移，其他导体都不动；而且 $\#p$ 导体也只有一个广义坐标 g 产生位移量 $\mathrm{d}g$。根据能量守恒原理，该系统所发生的功能过程为

$$\mathrm{d}W=\mathrm{d}W_e+f\mathrm{d}g \tag{2-44}$$

式中，$\mathrm{d}W=\Sigma\varphi_k\mathrm{d}q_k$ 表示与各带电体相连的外源提供的能量；$\mathrm{d}W_e$ 为静电能量的增量；$f\mathrm{d}g$ 为电场力所作的功。

以下分两种情况讨论：

(1) 假定 $\#p$ 导体虚位移时，各导体的电荷维持不变（$q_k=$常数）。也就是说，所有带

电体都不与外源相连，外源不提供能量（$\mathrm{d}W=0$），则

$$0=\mathrm{d}W_e+f\mathrm{d}g \quad 或 \quad f\mathrm{d}g=-\mathrm{d}W_e$$

式中，“－”号表示此时电场力做功需靠减少电场中的储能来实现。从而得

$$f=-\left.\frac{\partial W_e}{\partial g}\right|_{q_k=常数} \tag{2-45}$$

（2）假定 # p 导体虚位移时，各导体的电位维持不变（$\varphi_k=$常数）。也就是说，所有导体都与外源相连，外源提供能量 $\mathrm{d}W=\Sigma\varphi_k\mathrm{d}q_k$，则

$$\mathrm{d}W=\mathrm{d}W_e+f\mathrm{d}g$$

即

$$f\mathrm{d}g=\mathrm{d}W-\mathrm{d}W_e=\Sigma\varphi_k\mathrm{d}q_k-\frac{1}{2}\Sigma\varphi_k\mathrm{d}q_k=\frac{1}{2}\Sigma\varphi_k\mathrm{d}q_k=\mathrm{d}W_e$$

上式表明，外源提供的能量一半用于增加电场能量的增量 $\mathrm{d}W_e$，另一半用于电场力作功 $f\mathrm{d}g$。所以有

$$f=\left.\frac{\mathrm{d}W_e}{\mathrm{d}g}\right|_{\varphi_k=常数} \tag{2-46}$$

必须指出，在静电场中带电体虽然受电场力，但实际上并没有移动（虚位移），电场力的分布当然不会变化。所以，以上求得的是在当时的电荷和电位情况下的电场力，其计算结果应该相同。下面的例题可以说明上述结论。

【例 2-20】 平板电容器极板面积为 S，极板距离为 d，电压为 U，介电常数为 ε_0。求极板上单位面积所受的电场力。

解法一：取极间距离 d 为广义坐标，用 d 表示电场储能，并假设 $U=$常数，则

$$W_e=\frac{1}{2}CU^2=\frac{1}{2}\varepsilon_0\frac{S}{d}U^2$$

$$f=\left.\frac{\partial W_e}{\partial d}\right|_{\varphi_k=常数}=\frac{\partial}{\partial d}\left(\frac{\varepsilon_0 SU^2}{2d}\right)=-\frac{\varepsilon_0 SU^2}{2d^2}=-\frac{1}{2}\varepsilon_0 SE^2$$

上式中的负号表示电场力使广义坐标 d 减小，也就是说电场力的方向为两极板相吸。

极板单位面积受力为

$$f'=\frac{f}{S}=-\frac{1}{2}\varepsilon_0E^2=-\frac{1}{2}DE$$

解法二：仍取极间距离 d 为广义坐标，用 d 表示电场储能，并假设 $q=$常数，则

$$W_e=\frac{1}{2}CU^2=\frac{q^2}{2C}=\frac{q^2d}{2\varepsilon_0S}$$

$$f=-\left.\frac{\partial W_e}{\partial d}\right|_{q=常数}=-\frac{q^2}{2\varepsilon_0S}=-\frac{(\sigma S)^2}{2\varepsilon_0S}=-\frac{1}{2}DES$$

式中负号表示电场力方向使两极板相吸。

可见，虽然两种解法所假设的条件不同，所用公式差一负号，但求得的结果相同。

解法三：取极间体积 $V(=Sd)$ 为广义坐标，假设 $U=$常数，则

$$W_e=\frac{1}{2}\varepsilon_0\frac{S}{d}U^2=\frac{\varepsilon_0S^2U^2}{2V}$$

$$f=\left.\frac{\partial W_e}{\partial V}\right|_{\varphi=常数}=\frac{\varepsilon_0S^2U^2}{2}\frac{\partial}{\partial}\left(\frac{1}{V}\right)=-\frac{\varepsilon_0S^2U^2}{2V^2}=-\frac{1}{2}\varepsilon_0E^2$$

注意，本解法选取的广义坐标为体积 V，广义力的含义为单位面积受力，所得结果与选取 d 为广义坐标时相同。负号表示电场力使广义坐标 V 减小，也就是说电场力使两极板相吸。

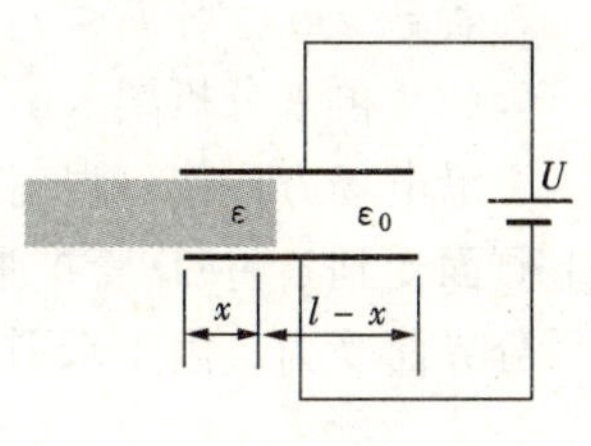

图 2 - 44

【例 2 - 21】 图 2 - 44 所示平板电容器介电常数为 ε_0，极间距离为 d，长度为 l，宽度为 b，电压为 U，极板间原为空气。求介电常数为 ε 的介质板在水平方向所受的电场力 f。

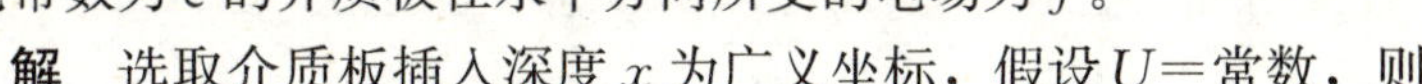

解 选取介质板插入深度 x 为广义坐标，假设 U＝常数，则

$$W_e = W_{e1} + W_{e2} = \frac{\varepsilon}{2}\frac{U^2}{d^2}(x\cdot b\cdot d) + \frac{\varepsilon_0}{2}\frac{U^2}{d^2}(l-x)bd$$

$$f = \frac{\partial W_e}{\partial x}\bigg|_{\varphi=\text{常数}} = \frac{\varepsilon}{2}\frac{U^2}{d^2}b\cdot d - \frac{\varepsilon_0}{2}\frac{U^2}{d^2}b\cdot d = \frac{\varepsilon-\varepsilon_0}{2}\frac{U^2}{d}b$$

一般情况下，介质板的 ε 大于空气的 ε_0，因此电场力 f 为正值，说明电场力与广义坐标 x 增大的方向一致，也就是说介质板将被自动吸入。

2 - 6 - 5 法拉第对电场力的看法

众所周知，法拉第首先提出用电力线形象地描绘电场分布的方法。此外，他还认为，在静电场中每一段电通密度 $\boldsymbol{D}$ 管，沿其轴向要受到纵张力，而在垂直于轴向方向则要受到侧压力（如图 2 - 45 所示）。形象地说，电通密度 $\boldsymbol{D}$ 管好像被拉紧了的橡皮筋，沿轴向它有企图收缩的趋势；而在横向它有企图扩张的趋势。应用上述观点，可根据场图来判断带电体受力的情况。

根据法拉第的上述观点，麦克斯韦进一步指出，无论电通密度 $\boldsymbol{D}$ 管受到纵向拉力还是横向压力，单位面积上其量值都是 $\frac{1}{2}\boldsymbol{D}\cdot\boldsymbol{E}$。

【例 2 - 22】 试用法拉第观点分析图 2 - 46 所示平板电容器中两种介质分界面上所受的电场力。

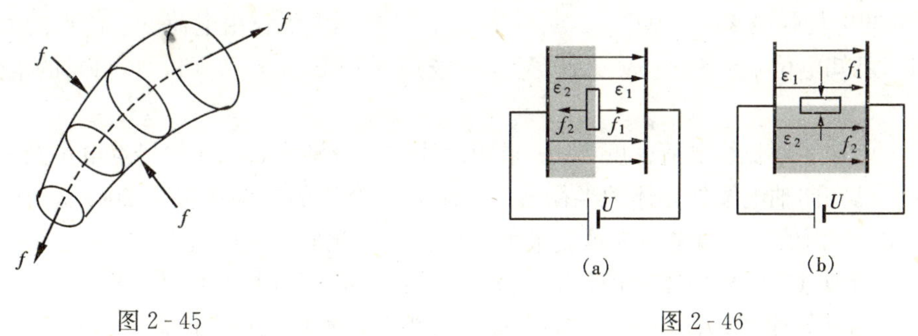

图 2 - 45　　图 2 - 46

解 (1) 先来分析图 (a) 的垂直分界面受力情况。

沿电场方向作一根很短的电位移管，设分界面左右的端面积均为 ΔS。根据法拉第观点：右端面上受到 ε_1 中电通密度 $\boldsymbol{D}$ 管收缩力 f_1，左端面上受到 ε_2 中电通密度 $\boldsymbol{D}$ 管收缩力 f_2，两者之差即为介质的垂直分界面受力。

由于垂直分界面两侧 $D_{1n}=D_{2n}$，因此

$$f = f_1 - f_2 = \frac{1}{2}D_1E_1\Delta S - \frac{1}{2}D_2E_2\Delta S = \frac{D^2}{2}\left(\frac{1}{\varepsilon_1}-\frac{1}{\varepsilon_2}\right)\Delta S$$

若$\varepsilon_1>\varepsilon_2$，则$f_1<f_2$，$f<0$，合力向左；若$\varepsilon_1<\varepsilon_2$，则$f_1>f_2$，$f>0$，合力向右。

（2）再来分析图（b）的水平分界面受力情况。

沿电场方向作一根扁平的电位移管，设分界面上下的侧面积均为ΔS。根据法拉第观点：上侧面受到ε_1中$\boldsymbol{D}$管扩张力f_1；下侧面受到ε_2中$\boldsymbol{D}$管扩张力f_2，两者之差即为介质的水平分界面受力。由于水平分界面两侧$E_{1t}=E_{2t}$，因此

$$f=f_1-f_2=\frac{1}{2}\varepsilon_1E_1^2\Delta S-\frac{1}{2}\varepsilon_2E_2^2\Delta S=\frac{E^2}{2}(\varepsilon_1-\varepsilon_2)\Delta S$$

若$\varepsilon_1>\varepsilon_2$，则$f_1>f_2$，$f>0$，合力向下；若$\varepsilon_1<\varepsilon_2$，则$f_1<f_2$，$f<0$，合力向上。

上述结果表明，当电场垂直或平行于两种介质分界面时，作用在分界面处的力总是与分界面垂直的，并且电场力方向总是由ε大的一侧指向ε小的一侧。

当应用法拉第观点分析电场力时，人们的注意力往往集中在介质分界面上，很容易使人误以为电场力的作用点在此。另外，应用虚位移法计算电场力时，也回避了电场力的作用点问题。实际上，应用库仑定律计算电场力时，力的大小、方向和作用点表达得最清楚。

习　题　二

基本方程：

2-1　试判断以下的表达式是否可能为静电场？若可能，求相应的体电荷密度ρ。

（1）球坐标系中$\boldsymbol{E}=(r^3+4r^2)\boldsymbol{e}_r$；

（2）直角坐标系中$\boldsymbol{E}=-2y\boldsymbol{e}_x+3x\boldsymbol{e}_y$。

2-2　已知半径为R的球体中均匀分布体电荷，密度为ρ，球内外介电常数均为ε_0。试由高斯通量定律的微分形式$\nabla\cdot\boldsymbol{D}=\rho$，求球体内外的电场强度$\boldsymbol{E}$。

2-3　设$x=0$平面为两种电介质分界面，在$x>0$区域$\varepsilon_{r1}=2$，在$x<0$区域$\varepsilon_{r2}=5$。已知$x=0$处的电场强度$\boldsymbol{E}_1=20\boldsymbol{e}_x-10\boldsymbol{e}_y+50\boldsymbol{e}_z$，分界面上无自由电荷。求该点的$\boldsymbol{D}_2$。

2-4　已知电位$\varphi=8x+5y^2+10(\mathrm{V})$，求场点（0，0，0）和（1，1，1）的电位与场强数值。

2-5　已知无限长线电荷密度为τ，求距离线电荷分别为a和b的场点电位及其电位差。

2-6　已知同轴电缆外导体的半径$R_2=2\mathrm{cm}$，电介质的击穿场强为200kV/cm。问内导体的半径R_1为何值时，该电缆能承受最大电压？并求此最大电压值。

2-7　同轴电缆内外导体半径分别为a和b，内外导体间电压为U。求：

（1）若内外导体间只有一种电介质，电容率为ε_1，求场强最大值；

（2）若内外导体间有两层电介质，电容率分别为ε_1和ε_2，其分界面也是同轴圆柱面，半径为c，外导体半径为4cm，如图2-47所示。求各层的电场最大值；

（3）比较两种情况下内导体表面的电场强度大小，谈谈你的体会。

2-8　已知同轴电缆两层介质的相对介电常数分别为$\varepsilon_{r1}=3$和$\varepsilon_{r2}=2$，内导体半径为1cm，外导体半径为2cm。求：

（1）两层介质中的最大场强相等时，两层介质的厚度各为多少？

（2）两层介质所承受的电压相等时，两层介质的厚度各为多少？

边值问题：

2-9　平板电容器极板间距为 d，电介质中均匀分布体电荷密度为 ρ，极板间电压为 U 如图 2-48 所示。试用泊松方程求介质中的电位和场强。

2-10　图 2-49 所示长直圆柱体半径为 R，表面电位为 φ_0，其中均匀分布体电荷密度为 ρ，介电常数为 $2\varepsilon_0$。试由泊松方程求圆柱体内的电位和场强。

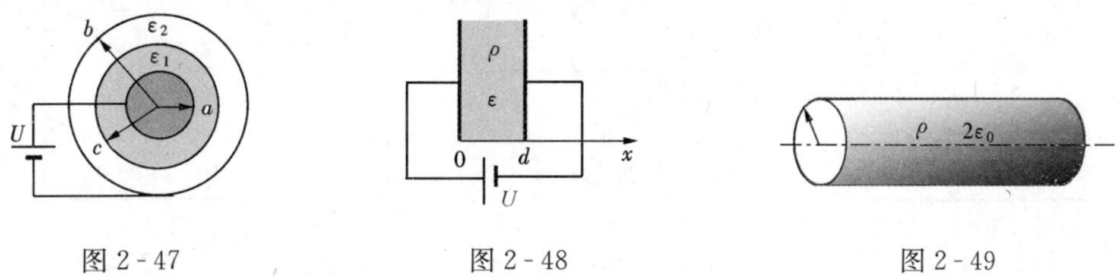

图 2-47　　图 2-48　　图 2-49

2-11　半径为 R 的带电球体电荷密度为 ρ，介电常数为 $\varepsilon=3\varepsilon_0$，球外为真空，如图 2-50 所示。设电位参考点在无限远处，试用泊松方程和拉普拉斯方程。求：

（1）球心和球表面的电位 φ；

（2）球内外任一点的场强 $\boldsymbol{E}$。

2-12　同轴电缆内外导体半径分别为 R_1 和 R_2，电压为 U，中间绝缘介质的介电常数为 ε，如图 2-51 所示。试用拉普拉斯方程 $\nabla^2\varphi=0$，求：

（1）介质中的电位 φ 和电场强度 $\boldsymbol{E}$；

（2）内导体表面的电荷密度 σ。

2-13　球形电容器内外导体半径分别为 R_1 和 R_2，电压为 U，中间绝缘介质的介电常数为 ε，如图 2-52 所示。试用拉普拉斯方程 $\nabla^2\varphi=0$，求介质中的电位和电场强度。

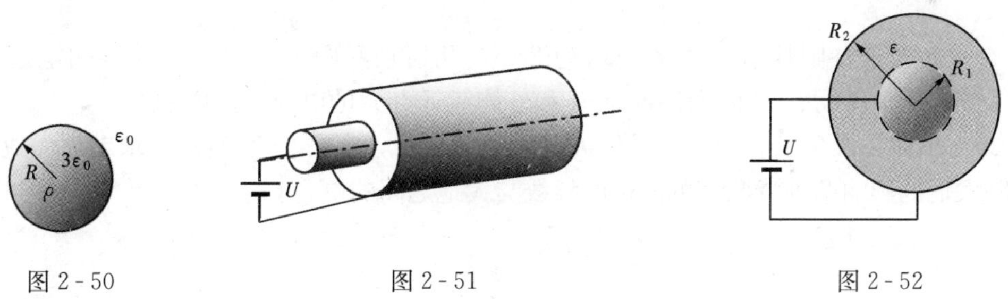

图 2-50　　图 2-51　　图 2-52

镜像法与电轴法：

2-14　已知长直导线半径为 R，距地面高度为 h，单位长度的电荷量为 τ，如图 2-53 所示。设 $R\ll h$，电荷集中在导体轴线上，求：

（1）导线表面电位 φ_R；

（2）正下方地面的感应电荷面密度 σ。

2-15　两种电介质分界面附近有一点电荷 $q=1\mu\text{C}$，距离分界面 $h=2\text{cm}$，如图 2-54 所示。求：

（1）点电荷 q 所受的力；

（2）图示 A 点的电位 φ；

（3）图示 B 点的电场强度 $\boldsymbol{E}$；

（4）穿过分界面进入 ε_2 中的电通量。

2-16　无限长直导线半径 $R=10\text{mm}$，离地面高度 $h=10\text{m}$，对地电位 $\varphi=10^5\text{V}$，电荷作用中心可以看为在导线几何轴上，如图 2-55 所示。求：

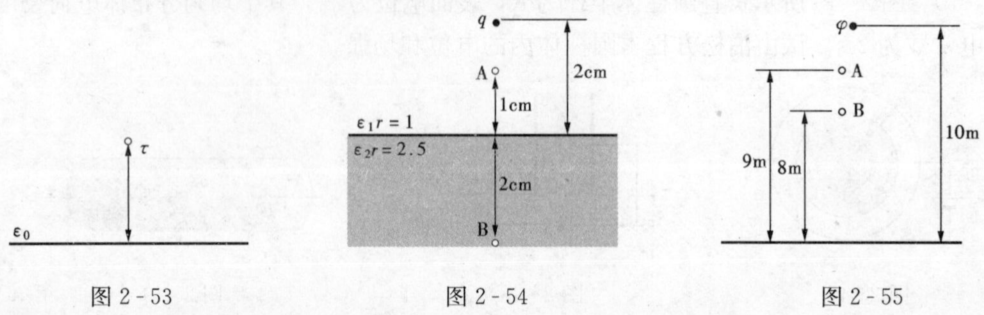

图 2-53　　图 2-54　　图 2-55

（1）单位长度导线的电荷量 τ；

（2）导线正下方离地高度分别为 9m 和 8m 的 A、B 两点间的电压 U_{AB}；

（3）若空气的击穿场强为 $3\times10^6\text{V/m}$，求导线表面的电场强度 $\boldsymbol{E}$，并问空气能否击穿？

2-17　不接地导体球半径 $R=0.1\text{m}$，原先不带电。距离球心 0.2m 处有一点电荷 $q=10^{-6}\text{C}$，周围为空气，选无限远处为电位参考点。求：

（1）球面的电位值 $\varphi(R)$；

（2）球心的电位值 $\varphi(0)$；

（3）点电荷 q 所受的力 f。

2-18　不接地导体球半径 $R=0.1\text{m}$，原先带电量 $Q=10^{-5}\text{C}$，距离球心 $d=0.2\text{m}$ 处有一点电荷 $q=10^{-5}\text{C}$，如图 2-56 所示。求点电荷 q 所受的力，并说明两者之间是斥力还是吸力？

2-19　两根平行圆柱形导线半径均为 2cm，几何轴间距 $d=12\text{cm}$，导线间电压 $U=1000\text{V}$，如图2-57 所示。求内侧最近点 A 和外侧最远点 B 的电荷面密度 σ。

2-20　半径为 R 的长直圆柱形导体离地面高度为 h，如图 2-58 所示。求考虑大地的影响和忽略大地的影响两种情况时单位长度导线与大地之间的电容 C_0。

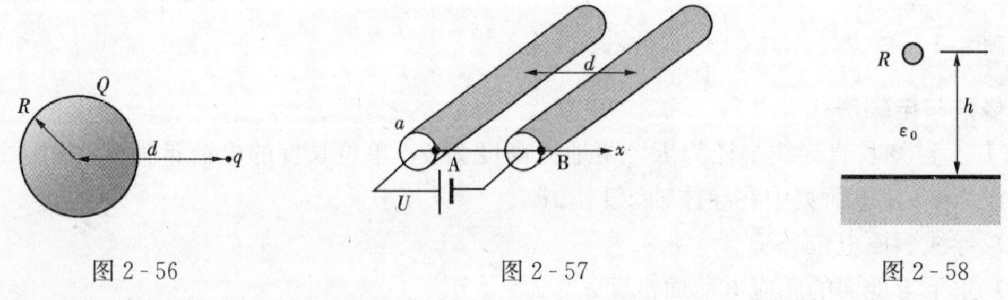

图 2-56　　图 2-57　　图 2-58

电容计算：

2-21　同轴电缆内外导体半径分别为 R_1 和 R_2，绝缘材料的介电常数 $\varepsilon=3\varepsilon_0$。求单位长度的电容 C_0。

2-22　圆柱形电容器内外导体半径分别为 a 和 b，分界面半径为 c，两种电介质的介电常数分别为 $\varepsilon_1=\varepsilon_0$，$\varepsilon_2=3\varepsilon_0$，如图 2-59 所示。求单位长度的电容量 C_0。

2-23　图 2-60 所示高压电力线杆塔上悬挂的绝缘子串共由五个导体组成。试画出各导体间的部分电容。

2-24　双线传输线导体半径均为 a，距离地高度为 h，且 $a \leqslant h$，如图 2-61 所示。求该系统的各部分电容。

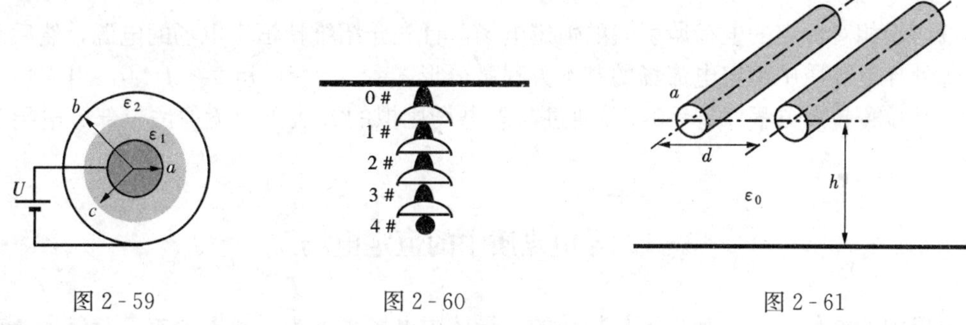

图 2-59　　图 2-60　　图 2-61

电场能量：

2-25　已知同轴电缆内外导体半径分别为 R_1 和 R_2，介电常数为 $2\varepsilon_0$，电压为 U 如图 2-62 所示。求单位长度储存的电场能量。

2-26　同轴电缆内外导体半径分别为 10mm 和 20mm，介电常数为 $5\varepsilon_0$，击穿场强为 200kV/cm。求电缆每公里长度能储存的最大能量是多少？

电场力：

2-27　同轴电缆内外导体半径分别为 R_1 和 R_2，中间绝缘介质的介电常数为 ε，电压为 U。求外导体单位面积所受的电场力。

2-28　双线传输线导线半径都是 R，几何轴间距离为 d，已知两导线间的电压为 U，如图 2-63 所示。忽略临近效应，电荷作用中心看为在几何轴上，求导线单位长度所受的力。

2-29　平行板电极之间的电压为 U，板间距离为 d，浸入质量密度为 m 的液态介质中后两极板之间的液体升高 h，如图 2-64 所示。求液态电介质的介电常数 ε。

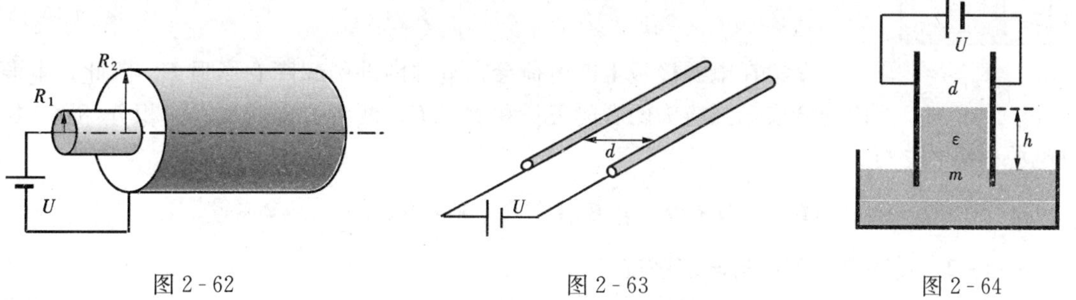

图 2-62　　图 2-63　　图 2-64

第三章　恒　定　电　场

本章讨论相对恒定的电荷所引起的恒定电场，首先介绍维持恒定电场的电源，然后重点讨论电源外导电媒质中恒定电流场的基本方程微分形式$\nabla\times\boldsymbol{E}=0$和$\nabla\cdot\boldsymbol{J}=0$，引入恒定电场电位及其拉普拉斯方程$\nabla^2\varphi=0$，并通过与静电场比拟的方法介绍镜像法、部分电导和接地电阻。

3-1　导电媒质中的恒定电场

静电场中的电荷相对于观察者是静止的，导体内电场强度为零，不会有电荷运动。若用导电媒质把带电体连接起来，电荷将在极短时间内中和或达到新的静态平衡，不可能维持恒定的电流。要在导电媒质中维持恒定电流，必须有恒定电源保持带电体上的电荷分布恒定不变，使其在周围产生恒定电场。因此，在讨论恒定电场基本方程之前，首先介绍维持恒定电场的电源。

3-1-1　恒定电源与局外场强

电源是一种能将其他形式的能量（机械能、化学能、热能）转换成电能的装置。它能把电源内导体原子或分子中的正负电荷分开，分别聚集在正负电极上，从而使与它们相连接的带电导体上电荷分布不变，并在其周围维持一恒定电场。

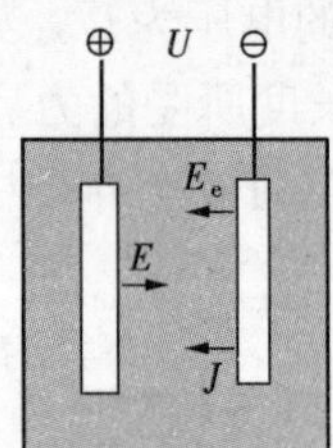

图 3-1

为讨论方便，把电源中能将正负电荷分离开来的力f_e称为局外力，把作用于单位正电荷上的局外力f_e/q设想为一等效场强，称其为局外场强，用符号$\boldsymbol{E}_e$表示，用于描述电源的特性。局外场强的方向由电源的负极指向正极（如图 3-1 所示），它与电源电动势的关系为

$$e=\int_-^+\boldsymbol{E}_e\cdot d\boldsymbol{l} \tag{3-1}$$

聚集在电源极板上的电荷会在电源内外引起库仑场强$\boldsymbol{E}$。因此，电源内的合成场强应为两者的矢量和$\boldsymbol{E}_e+\boldsymbol{E}$，两者方向相反。当积分环路$\boldsymbol{l}$经过电源内部时，有

$$\oint_l(\boldsymbol{E}_e+\boldsymbol{E})\cdot d\boldsymbol{l}=\oint_l\boldsymbol{E}_e\cdot d\boldsymbol{l}+\oint_l\boldsymbol{E}\cdot d\boldsymbol{l}=e+0=e$$

3-1-2　传导电流密度与电场强度

设各向同性导电媒质的电导率为γ，任一点的电场强度为$\boldsymbol{E}$，电流密度为$\boldsymbol{J}$。围绕该点取一段元电流管，长度为dl，横截面积$d\boldsymbol{S}$（如图 3-2 所示），其电阻为$d\boldsymbol{R}=dl/\gamma dS$。由于流过该管的传导电流$dI=\boldsymbol{J}\cdot d\boldsymbol{S}$，两端的电压为$dU=\boldsymbol{E}\cdot d\boldsymbol{l}$，由$dU=dRdI$，得

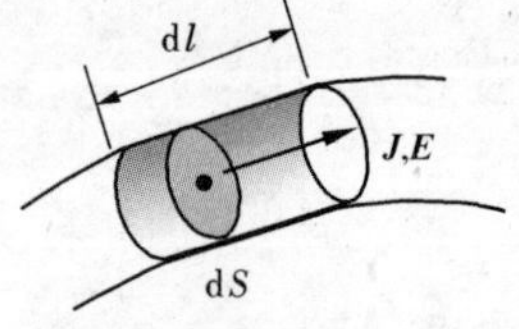

图 3-2

$$\boldsymbol{E}\cdot d\boldsymbol{l}=\left(\frac{dl}{\gamma dS}\right)(\boldsymbol{J}\cdot d\boldsymbol{S})$$

因为，$d\boldsymbol{l}$的方向与$d\boldsymbol{S}$的法线方向一致，所以得

$$\boldsymbol{J} = \gamma \boldsymbol{E} \tag{3-2}$$

这就是欧姆定律的微分形式。它表示了传导电流密度与电场强度的关系，电路理论中的欧姆定律 $I=GU$ 就是由它积分得来的。

自由电子在导电媒质中移动时，不可避免地会与其他质点发生碰撞将动能转变为热振动，造成能量损耗。设导体每单位体积内有 N 个自由电子，它们的平均速度为 $\boldsymbol{v}$，则电流密度为

$$\boldsymbol{J} = \rho \boldsymbol{v} = N(-e)\boldsymbol{v}$$

若导体中的电场强度为 $\boldsymbol{E}$，每个电子所受电场力为 $f=-e\boldsymbol{E}$，则移动 $\mathrm{d}\boldsymbol{l}=\boldsymbol{v}\mathrm{d}t$ 时，电场力对每个电子所做的功为

$$\mathrm{d}A_{\mathrm{e}} = f \cdot \mathrm{d}\boldsymbol{l} = -e\boldsymbol{E} \cdot \boldsymbol{v}\mathrm{d}t$$

移动元体积 $\mathrm{d}V$ 内的（$N\mathrm{d}V$）个电子需要做的功为

$$\mathrm{d}A = (N\mathrm{d}V)\mathrm{d}A_{\mathrm{e}} = N\mathrm{d}V(-e\boldsymbol{E} \cdot \boldsymbol{v}\mathrm{d}t) = (-Ne\boldsymbol{v}) \cdot \boldsymbol{E}\mathrm{d}V\mathrm{d}t = \boldsymbol{J} \cdot \boldsymbol{E}\mathrm{d}V\mathrm{d}t$$

从而可得到功率（体）密度为

$$p = \frac{\mathrm{d}P}{\mathrm{d}V} = \frac{\mathrm{d}A/\mathrm{d}t}{\mathrm{d}V} = \frac{\mathrm{d}A}{\mathrm{d}V\mathrm{d}t} = \boldsymbol{J} \cdot \boldsymbol{E} \tag{3-3}$$

这就是焦耳定律的微分形式。功率密度 p 表示导体内任一点单位体积的功率损耗，其单位是 $\mathrm{W/m^3}$。电路理论中的焦耳定律 $P=I^2R$ 就是由它积分得来的。

3-1-3　基本方程及其微分形式

对于恒定电场应分别考虑两种情况：一种是导电媒质中的恒定电场；另一种是通有恒定电流的导体周围电介质或空气中的恒定电场。本章主要讨论导电媒质中的恒定电场。

在恒定电场中，如果电场强度的闭合环路积分完全在电源外部时，由于只存在库仑场强 $\boldsymbol{E}$，故有

$$\oint_l \boldsymbol{E} \cdot \mathrm{d}\boldsymbol{l} = 0 \tag{3-4}$$

这是电源外恒定电场的基本方程之一。无论在导电媒质中，还是在理想介质中均成立。要确保导电媒质中的电场恒定，任意闭合面内的电荷不能增减（即 $\partial q/\partial t=0$），否则就会导致电场的变化。由电荷守恒原理，知

$$\oint_S \boldsymbol{J} \cdot \mathrm{d}\boldsymbol{S} = 0 \tag{3-5}$$

这是恒定电场中的电流连续性方程，它是电源外导电媒质中恒定电场的另一个基本方程。

由斯托克斯定理和高斯散度定理，可得以上两式的微分形式为

$$\nabla \times \boldsymbol{E} = 0 \tag{3-6}$$

$$\nabla \cdot \boldsymbol{J} = 0 \tag{3-7}$$

式（3-6）说明，导电媒质中的恒定电场 $\boldsymbol{E}$ 仍是一个守恒场；式（3-7）说明，电流线是无头无尾的闭合曲线，恒定电流只能在闭合回路中流动。

3-1-4　传导电流的衔接条件

在两种不同导电媒质分界面上，由于电导率发生突变，电流密度也会随之突变。在恒定情况下，将电流连续性方程 $\oint_S \boldsymbol{J}_{\mathrm{C}} \cdot \mathrm{d}\boldsymbol{S} = 0$，用于图 3-3 所示的包围分界面上 P 点的小闭合面 S，可得

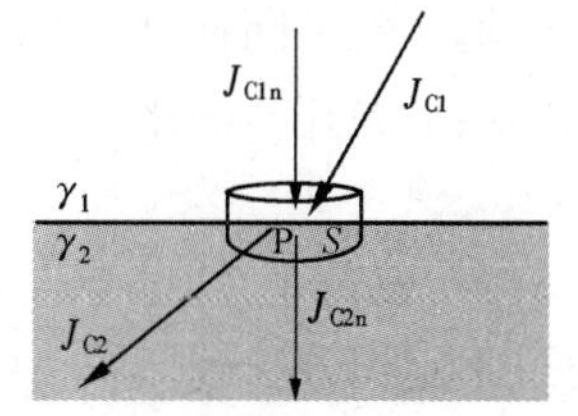

图 3-3

$$J_{C1n}=J_{C2n} \tag{3-8}$$

可见，传导电流密度在分界面上的法线分量是连续的。

在电源外导电媒质中，由$\oint_l \boldsymbol{E}\cdot \mathrm{d}\boldsymbol{l}=0$，同理可得

$$E_{1t}=E_{2t} \tag{3-9}$$

由于线性、各向同性导电媒质$\boldsymbol{J}_C=\gamma\boldsymbol{E}$，因而有

$$\frac{E_{1t}}{J_{C1n}}=\frac{E_{2t}}{J_{C2n}}$$

即

$$\frac{E_1\sin\alpha_1}{\gamma_1 E_1\cos\alpha_2}=\frac{E_2\sin\alpha_2}{\gamma_2 E_2\cos\alpha_2}$$

从而得传导电流的折射定律为

$$\frac{\tan\alpha_1}{\tan\alpha_2}=\frac{\gamma_1}{\gamma_2} \tag{3-10}$$

3-2 恒定电场的边值问题

3-2-1 恒定电场的电位及其微分方程

由于在电源外的恒定电场中$\nabla\times\boldsymbol{E}=0$，因此电场强度仍然可用标量电位表述为

$$\boldsymbol{E}=-\nabla\varphi \tag{3-11}$$

由$\nabla\cdot\boldsymbol{J}=0$和$\boldsymbol{J}=\gamma\boldsymbol{E}$，可得$\nabla\cdot\boldsymbol{J}=\nabla\cdot(\gamma\boldsymbol{E})=\gamma\nabla\cdot\boldsymbol{E}+\boldsymbol{E}\cdot\nabla\gamma=0$，对于均匀介质$\nabla\gamma$为0，再将$\boldsymbol{E}=-\nabla\varphi$代入，从而得

$$\nabla^2\varphi=0 \tag{3-12}$$

可见，恒定电场的电位函数也满足拉普拉斯方程。

在两种不同导电媒质分界面上，用电位函数表示的衔接条件为

$$\varphi_1=\varphi_2 \tag{3-13}$$

$$\gamma_1\frac{\partial\varphi_1}{\partial n}=\gamma_2\frac{\partial\varphi_2}{\partial n} \tag{3-14}$$

上述衔接条件与给定的场域边界条件，共同构成了恒定电场的边值条件。很多恒定电场问题，都可归结为在一定条件下求解拉普拉斯方程的边值问题。

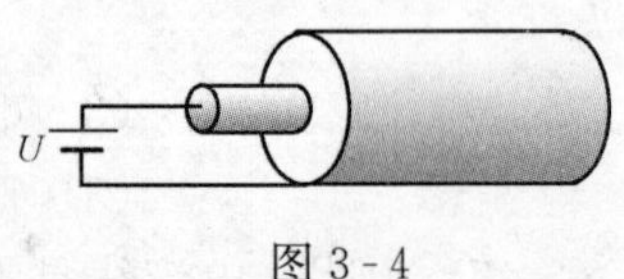

图 3-4

【例 3-1】 同轴电缆内外导体半径分别为R_1和R_2，电压为U，非理想介质电导率为γ，介电常数为ε，如图3-4所示。该同轴电缆因绝缘不良有泄漏电流。求非理想介质中的电位函数φ、泄漏电流密度$\boldsymbol{J}$和单位长度的泄漏电流I。

解 由于同轴电缆的轴对称性，等位面为同轴圆柱面，φ只与r有关。$\nabla^2\varphi=0$在圆柱坐标系下展开，简化为

$$\frac{1}{r}\frac{\partial}{\partial r}\left(r\frac{\partial\varphi}{\partial r}\right)=0$$

通过不定积分求解

$$\frac{\partial\varphi}{\partial r}=\frac{C_1}{r}$$

再次不定积分，得通解

$$\varphi = C_1 \ln r + C_2$$

设外导体 $r=R_2$ 处 $\varphi=0$，则内导体 $r=R_1$ 处 $\varphi=U$，则有

$$0 = C_1 \ln R_2 + C_2$$

$$U = C_1 \ln R_1 + C_2$$

联立求解，得

$$C_1 = \frac{-U}{\ln\frac{R_2}{R_1}}, \qquad C_2 = \frac{U}{\ln\frac{R_2}{R_1}}\ln R_2$$

因此，得

$$\varphi = \frac{-U}{\ln\frac{R_2}{R_1}}\ln r + \frac{U}{\ln\frac{R_2}{R_1}}\ln R_2 = \frac{U}{\ln\frac{R_2}{R_1}}\ln\frac{R_2}{r}$$

$$\boldsymbol{E} = -\nabla\varphi = -\frac{\partial\varphi}{\partial r}\boldsymbol{e}_r = \frac{U}{r\ln\frac{R_2}{R_1}}\boldsymbol{e}_r$$

$$\boldsymbol{J} = \gamma\boldsymbol{E} = \frac{\gamma U}{r\ln\frac{R_2}{R_1}}\boldsymbol{e}_r$$

$$I = \int_S \boldsymbol{J}\cdot d\boldsymbol{S} = \frac{\gamma U}{r\ln\frac{R_2}{R_1}}(2\pi r) = \frac{2\pi\gamma U}{\ln\frac{R_2}{R_1}}$$

3-2-2 分界面上的自由电荷

我们应用不同媒质分界面上电场强度和传导电流密度的衔接条件来分析导电媒质中的恒定电场问题。

在图 3-5 所示两种非理想介质（导电媒质）的分界面上，其衔接条件既满足其介电性质，又满足其导电性质。由 $J_{1n}=J_{2n}=\gamma_2 E_{2n}$，得 $E_{2n}=J_{1n}/\gamma_2$，$E_{1n}=J_{1n}/\gamma_2$，因此

$$\sigma = \varepsilon_2 E_{2n} - \varepsilon_1 E_{1n} = \varepsilon_2\frac{J_{1n}}{\gamma_2} - \varepsilon_1\frac{J_{1n}}{\gamma_1} = \left(\frac{\varepsilon_2}{\gamma_2} - \frac{\varepsilon_1}{\gamma_1}\right)J_{1n} \tag{3-15}$$

可见，只有当两种导电媒质的参数满足条件 $\varepsilon_1/\gamma_1=\varepsilon_2/\gamma_2$ 时，分界面上才没有自由面电荷。但一般来说不会这样巧合。对于金属导体来说，由于 $\varepsilon_1\approx\varepsilon_0\approx\varepsilon_2$，则有

$$\sigma = \varepsilon_0\left(\frac{\gamma_1-\gamma_2}{\gamma_1\gamma_2}\right)J_{1n} \tag{3-16}$$

【例 3-2】 已知铜和铝的电导率分别为 $\gamma_1=5.8\times10^7$S/m 和 $\gamma_2=3.82\times10^7$S/m，介电常数 $\varepsilon_1\approx\varepsilon_0\approx\varepsilon_2$，铜中的 $\boldsymbol{J}_1=1\text{A/m}^2$ 穿过分界面时与法线的夹角 $\alpha_1=45°$，如图 3-6 所示。求：

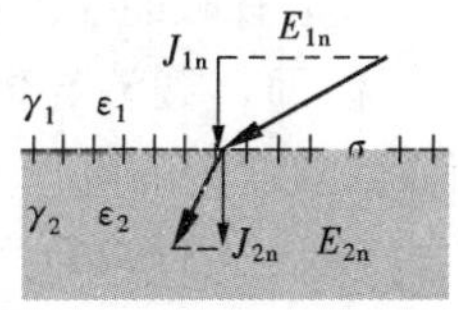

图 3-5

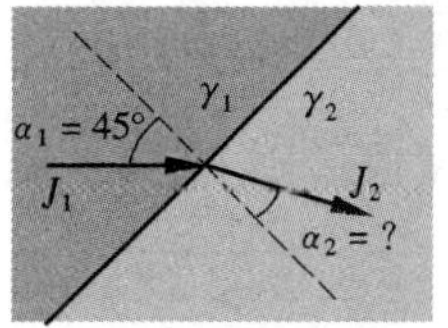

图 3-6

（1）铝中的 $\boldsymbol{J}_2$ 离开分界面时 α_2 的值为多少？

（2）分界面上的自由电荷密度 σ。

解 （1）由于$\dfrac{\gamma_1}{\gamma_2}=\dfrac{5.7\times10^7}{3.82\times10^7}=1.518=\dfrac{\tan45^\circ}{\tan\alpha_2}=\dfrac{1}{\tan\alpha_2}$，$\tan\alpha_2=\dfrac{1}{1.518}=0.658$，所以

$$\alpha_2=\tan^{-1}0.658=33.37^\circ$$

（2）由于 $J_{1n}=J_1\cos\alpha_1=1\times\cos45^\circ=0.707$（A/m²），所以

$$\sigma=\varepsilon_0\left(\frac{\gamma_1-\gamma_2}{\gamma_1\gamma_2}\right)J_{1n}=0.707\times\frac{10^{-9}}{36\pi}\times\left(\frac{5.8-3.82}{5.8\times3.82}\times10^{-7}\right)=6.09\times10^{-20}(\mathrm{C/m})^2$$

3-2-3 从良导体进入不良导体

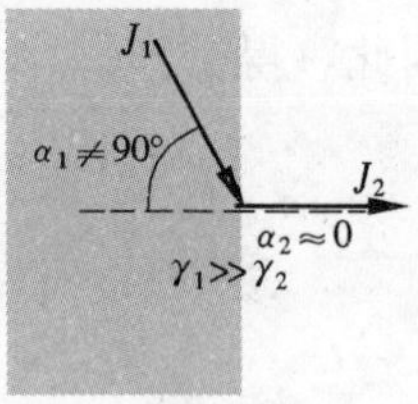

设两种导电媒质的电导率 $\gamma_1\gg\gamma_2$（如图 3-7 所示），由传导电流折射定律，可知

$$\frac{\tan\alpha_1}{\tan\alpha_2}=\frac{\gamma_1}{\gamma_2}\rightarrow\infty$$

可见，除 $\alpha_1=90^\circ$之外不论 α_1 大小如何，α_2 都很小，可近似为零。

图 3-7

也就是说，只要良导体中的电流密度与分界面法线的夹角 $\alpha_1\neq90^\circ$，从良导体进入不良导体的电流密度可看为是与分界面垂直的。可近似地将分界面看为等位面。

【例 3-3】 已知铁 $\gamma_1=5\times10^6$S/m，土壤 $\gamma_2=10^{-2}$S/m。求当铁中电流 $\boldsymbol{J}_1$ 与表面法线的夹角 $\alpha_1=89^\circ59'50''$时，土壤中电流 $\boldsymbol{J}_2$ 与分界面法线夹角。

解 根据电流折射定律，有

$$\frac{\tan\alpha_1}{\tan\alpha_2}=\frac{\gamma_1}{\gamma_2}=\frac{5\times10^6}{10^{-2}}=5\times10^8$$

当 $\alpha_1=89^\circ59'50''$时，$\alpha_2=8''$。可见，只要 $\alpha_1\neq90^\circ$，$\tan\alpha_1\neq\infty$，则 $\tan\alpha_2\rightarrow0$，$\alpha_2\approx0$。可以认为当电流由良导体进入不良导体时与分界面垂直。

3-2-4 载流导体与理想介质

载流导体周围的理想介质中，恒定电场基本方程的微分形式以及拉普拉斯方程与静电场的无电荷区相同，即

$$\nabla\cdot\boldsymbol{D}=0$$
$$\nabla\times\boldsymbol{E}=0$$
$$\nabla^2\varphi=0$$

因此，其边值问题与静电场一样也归结为求解拉普拉斯方程的问题。但是严格地说，载流导体周围理想介质中的恒定电场与没有电流的静电场情况不同。

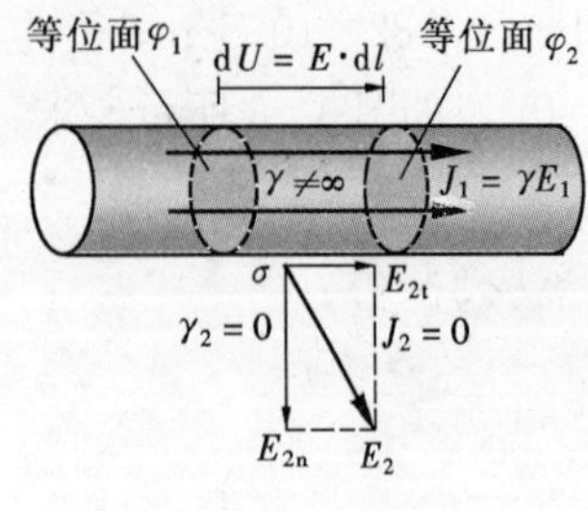

图 3-8

一般情况下，导体的电导率是有限的 $\gamma\neq\infty$，载流导体不是等位体，导体表面也不是等位面，载流导体上的电位沿电流方向变化（如图 3-8 所示），两点间的电位差

$$\mathrm{d}U=\boldsymbol{E}_1\cdot\mathrm{d}\boldsymbol{l}=\boldsymbol{J}_1\cdot(R_0\mathrm{d}\boldsymbol{l})$$

式中，R_0 为导体单位长度的电阻，Ω/m。

因为理想介质中没有电流，由传导电流的衔接条件 $J_{1n}=J_{2n}=0$，可知载流导线内，有

$$J_1 = J_{1t}$$

$$E_1 = E_{1t} = J_{1t}/\gamma_1$$

也就是说，不论导线如何弯曲，导线内的电流线和电力线也将同样弯曲（如图 3-9 所示）。载流导线内的电流密度和电场强度只有切线分量，没有法线分量。不能因为理想介质中 $\gamma_2=0$、$J_2=0$，而误以为 $E_2=J_2/\gamma_2=0$。实际上，$E_2=J_2/\gamma_2=0/0\neq0$。

根据分界面衔接条件，可知载流导体外侧的电场强度切线分量与导体内的电场切线分量相等，即

$$E_{2t} = E_{1t} = J_{1t}/\gamma_1$$

由于导体外表面存在面电荷，在理想介质中引起电场强度的法线分量为

$$E_{2n} = D_{2n}/\varepsilon_2 = \sigma/\varepsilon_2$$

所以，理想介质中，载流导体表面的电场强度不垂直于导线表面，为

$$\boldsymbol{E}_2 = \frac{J_{1t}}{\gamma_1}\boldsymbol{e}_z + \frac{\sigma}{\varepsilon_2}\boldsymbol{e}_r$$

双线传输线周围的 **E** 线如图 3-10 所示。

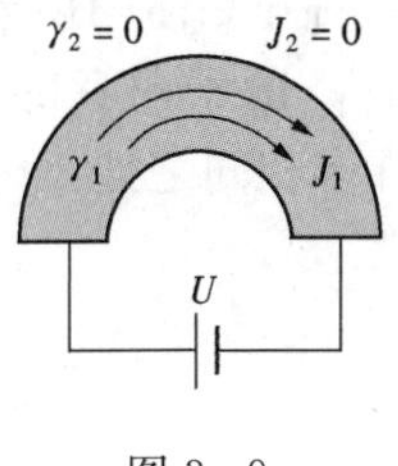

图 3-9

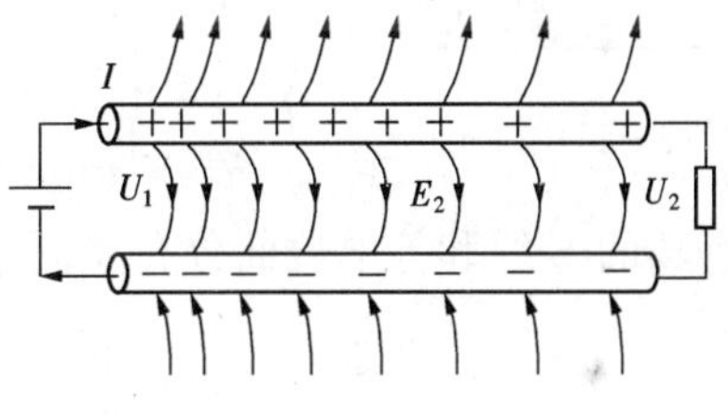

图 3-10

在实际工程中，由于载流导体的电导率 γ_1 很大，良导体中的电场强度 E_{1t} 很小。理想介质侧紧靠导体表面的电场强度切线分量 E_{2t}，比它的法线分量 E_{2n} 小得多，往往可以忽略不计。因此，导体表面的边界条件可认为与静电场相同，其解答也与相应的静电场问题相同。

3-3 静 电 比 拟

现将导电媒质中电源外的恒定电场与无电荷区的静电场进行比较（如表 3-1 所示），可以看出，表征这两类场性质的基本方程有相似的形式，基本物理量也有对应关系。因此，在一定条件下，可以把一种场的计算或实验结果，推广应用于另一种场，这种方法称为静电比拟。若两个场的边界条件也一样的话，那么只要已知其中一个场的解答，就可以应用对应量的关系进行置换，很方便地得到另一个场的解。

表 3-1 导电媒质中电源外的恒定电场与无电荷区的静电场的比较

电源外的恒定电场		无电荷区的静电场	
基本方程或重要关系式	物理量	基本方程或重要关系式	物理量
$\nabla\times\boldsymbol{E}=0$	$\boldsymbol{E}$	$\nabla\times\boldsymbol{E}=0$	$\boldsymbol{E}$
$\nabla\cdot\boldsymbol{J}=0$	$\boldsymbol{J}$	$\nabla\cdot\boldsymbol{D}=0$	$\boldsymbol{D}$

续表

电源外的恒定电场		无电荷区的静电场	
基本方程或重要关系式	物理量	基本方程或重要关系式	物理量
$\boldsymbol{J}=\gamma\boldsymbol{E}$	γ	$\boldsymbol{D}=\varepsilon\boldsymbol{E}$	ε
$\boldsymbol{E}=-\nabla\varphi$ $\nabla^2\varphi=0$	φ	$\boldsymbol{E}=-\nabla\varphi$ $\nabla^2\varphi=0$	φ
$U=\int_A^B\boldsymbol{E}\cdot d\boldsymbol{l}$	U	$U=\int_A^B\boldsymbol{E}\cdot d\boldsymbol{l}$	U
$I=\int_S\boldsymbol{J}\cdot d\boldsymbol{S}$	I	$q=\int_S\boldsymbol{D}\cdot d\boldsymbol{S}$	q
$G=\dfrac{I}{U}$	G	$C=\dfrac{q}{U}$	C

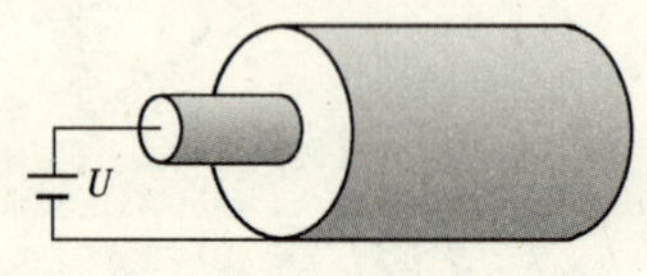

图 3-11

例如，内外导体半径分别为 R_1 和 R_2 的同轴电缆，外加电压 U，如图 3-11 所示。若内外导体间填充介电常数为 ε 的均匀介质，则是静电场问题；若内外导体间填充电导率为 γ 的导电媒质，则是恒定电场问题。由于两者的形状一样，边界条件也相同，则两种场具有许多相同之处：

（1）两种场的 $\boldsymbol{E}$ 线和等电位面分布相同

$$\boldsymbol{E}=\frac{U}{r\ln\dfrac{R_2}{R_1}}\boldsymbol{e}_r,\qquad \varphi=\frac{U}{\ln\dfrac{R_2}{R_1}}\ln\frac{R_2}{r}$$

（2）静电场的 $\boldsymbol{D}$ 线与恒定电场的 $\boldsymbol{J}$ 线分布相似

$$\boldsymbol{D}=\varepsilon\boldsymbol{E}=\frac{\varepsilon U}{r\ln\dfrac{R_2}{R_1}}\boldsymbol{e}_r,\qquad \boldsymbol{J}=\gamma\boldsymbol{E}=\frac{\gamma U}{r\ln\dfrac{R_2}{R_1}}\boldsymbol{e}_r$$

（3）单位长度的电容与单位长度的电导有对应关系 $C_0/G_0=\varepsilon/\gamma$

$$C_0=\frac{2\pi\varepsilon}{\ln\dfrac{R_2}{R_1}},\qquad G_0=\frac{2\pi\gamma}{\ln\dfrac{R_2}{R_1}}$$

如图 3-12（a）所示的两种不同导电媒质中的电流场问题，也可以用镜像法来计算。

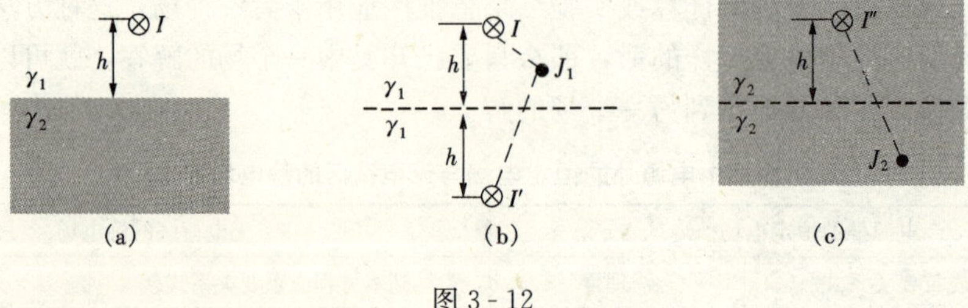

图 3-12

第一种媒质中的电场可按图 3-12（b）计算；第二种媒质中的电场可按图 3-12（c）计算。其中镜像电流 I'和 I''由静电比拟关系，可知

$$I' = \frac{\gamma_1 - \gamma_2}{\gamma_1 \gamma_2} I \qquad (3-17)$$

$$I'' = \frac{2\gamma_2}{\gamma_1 + \gamma_2} I \qquad (3-18)$$

在图 3-13 中，第一种媒质 γ_1 是土壤，第二种媒质是空气，即 $\gamma_2 = 0$。由式（3-17）和式（3-18）可得镜像电流为

$$I' = I, \qquad I'' = 0$$

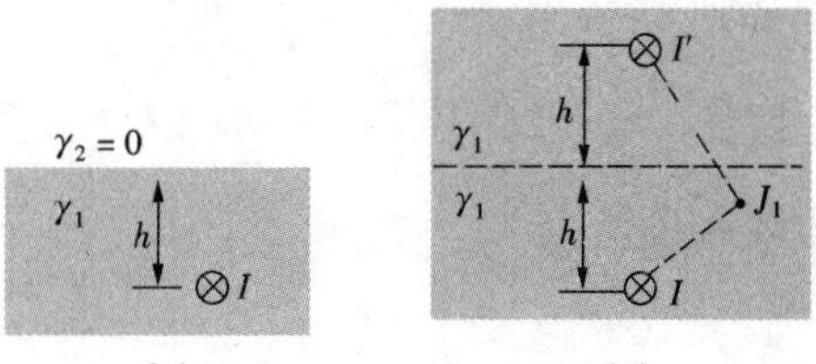

(a) (b)

图 3-13

3-4 电导与接地电阻

工程上常会遇到计算两电极间媒质的电导或非理想介质的绝缘电阻的问题。

3-4-1 电导

电导的定义是流经导电媒质的电流与导电媒质两端电压之比，即

$$G = \frac{I}{U} \qquad (3-19)$$

由于

$$I = \int_S \gamma \boldsymbol{E} \cdot \mathrm{d}\boldsymbol{S}$$

$$U = \int_l \boldsymbol{E} \cdot \mathrm{d}\boldsymbol{l}$$

可见计算电导的关键是求解电场强度，一般有以下三种方法：

（1）当导体的形状较规则或有某种对称关系时，可先假设电流 I，然后按 $I \to \boldsymbol{J} \to \boldsymbol{E} \to U \to G$ 的步骤求得电导。

（2）一般情况下，则先假设一电压，从拉普拉斯方程入手来计算电位，然后按 $\varphi \to \boldsymbol{E} \to \boldsymbol{J} \to I \to G$ 的步骤求得电导。

（3）当恒定电场与静电场的边界条件相同时，可利用静电比拟关系式求得电导。静电比拟关系式为

$$C/G = \varepsilon/\gamma \qquad (3-20)$$

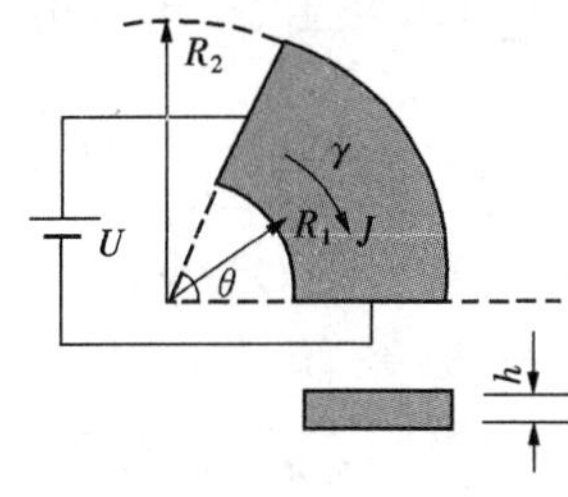

图 3-14

【例 3-4】 图示扇形导电片电导率为 γ，内外弧面半径分别为 R_1 和 R_2，两端平面夹角为 θ，厚度为 h，如图 3-14 所示。求沿圆弧方向的电导。

解 导电片内满足 $\nabla^2 \varphi = 0$，取圆柱坐标系，可知电位只与 α 有关，简化为

$$\frac{\partial^2 \varphi}{\partial \alpha^2} = 0$$

通过不定积分求解，得通解

$$\varphi = C_1 \alpha + C_2$$

设 $\alpha = 0$ 处 $\varphi = 0$，则 $C_2 = 0$，因 $\alpha = \theta$ 处 $\varphi = U$，则 $C_1 = U/\theta$，得到

$$\varphi = \frac{U}{\theta} \alpha$$

电场强度为

$$\boldsymbol{E}=-\nabla\varphi=-\frac{\partial\varphi}{\partial\alpha}\boldsymbol{e}_\alpha=-\frac{U}{\theta r}\boldsymbol{e}_\alpha$$

电流密度为

$$\boldsymbol{J}=\gamma\boldsymbol{E}=-\frac{\gamma U}{\theta r}\boldsymbol{e}_\alpha$$

电流为

$$I=\int_S\boldsymbol{J}\cdot\mathrm{d}\boldsymbol{S}=\int_{R_1}^{R_2}\frac{\gamma U}{\theta r}(h\mathrm{d}r)=\frac{\gamma hU}{\theta}\ln\frac{R_2}{R_1}$$

最后得电导为

$$G=\frac{I}{U}=\frac{\gamma h}{\theta}\ln\frac{R_2}{R_1}$$

3-4-2 多电极系统的部分电导

在导电媒质中，对于有三个及以上的良导体电极组成的系统，任意两个电极之间的电流不仅要受到它们自身间电压的影响，还要受到其他电极间电压的影响。这时系统中电极间的电压与电流的关系，不能再仅用一个电导来表示，需要将电导的概念加以扩充，引入部分电导的概念。

设在线性、各向同性导电媒质中有（$n+1$）个电极，它们的电流分别为 I_0，I_1，…，I_k，…，I_n，且有关系

$$I_0+I_1+\cdots+I_k+\cdots+I_n=0$$

可得各电极电流［I_i］与电极间电压［U_{ij}］的关系，用线性方程组表示为

$$\begin{cases}I_1=G_{10}U_{10}+G_{12}U_{12}+\cdots+G_{1k}U_{1k}+\cdots+G_{1n}U_{1n}\\I_2=G_{21}U_{21}+G_{20}U_{20}+\cdots+G_{2k}U_{2k}+\cdots+G_{2n}U_{2n}\\\vdots\\I_n=G_{n1}U_{n1}+G_{n2}U_{n2}+\cdots+G_{nk}U_{nk}+\cdots+G_{n0}U_{n0}\end{cases}$$

式中，G_{jk} 为多电极系统中电极间的部分电导；G_{10}，G_{20}，…，G_{k0}，…，G_{n0} 称为自有部分电导（即各电极与 0 号电极间的部分电导）；G_{12}，…，G_{23}，…，G_{kn}，…为互有部分电导（即相应两个电极间的部分电导）。

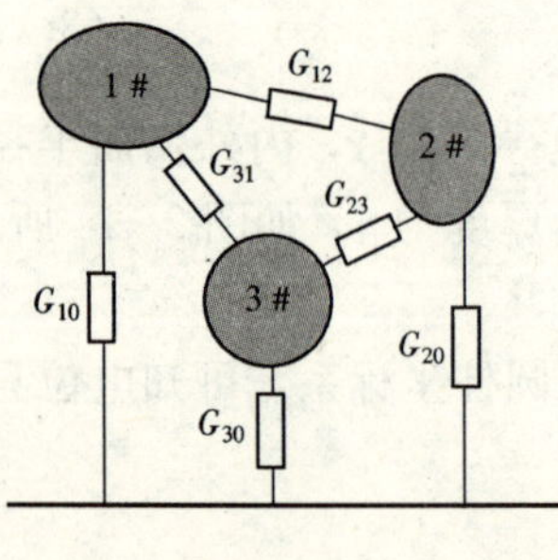

图 3-15

所有部分电导只与电极的几何形状、尺寸、相互位置及导电媒质的电阻率有关，其数值都是正值，且 $G_{kj}=G_{jk}$。

在（$n+1$）个电极组成的多极系统中，共应有 $n(n+1)/2$ 个部分电导。图 3-15 表示了三个电极与地之间的 6 个部分电导。可见，部分电导与静电场中的部分电容形成相互比拟的关系。

3-4-3 接地电阻

工程上常将电气设备的一部分与大地连接，叫作接地。如果是为了保护工作人员及电气设备的安全而接地，称为保护接地。如果是以大地为导线或为消除电气设备导电部分对地电压的升高而接地，称为工作接地。

为了接地而埋入地下的金属导体系统称为接地体，将电气设备与接地体连接的导线称为接地线，接地体与接地线总称接地装置。

接地电阻就是电流由接地装置流入大地，再流向另一接地体或向远处扩散所遇到的电阻。它包括接地线本身的电阻、接地体本身的电阻、接地体与大地之间的接触电阻，以及两接地体之间大地的电阻或接地体到无限远处的大地电阻。其中前三部分电阻值比最后部分要小得多，因此，接地电阻主要是指大地的电阻。

在本教材中常把接地体等效为一个半径为 a 的导体球电极，并以无限远处作为零电位点。接地体电位 φ_a 与接地体电流 I 的比值，即为接地电阻

$$R=\frac{\varphi_a}{I} \tag{3-21}$$

对于深埋的接地球，可不考虑地面影响。设接地电流为 I，地中的 $\boldsymbol{J}$ 线呈球对称均匀分布（如图 3-16 所示），则有

$$J=I/4\pi r^2,\qquad E=J/\gamma=I/4\pi\gamma r^2$$

接地球电位为

$$\varphi_a=\int_a^\infty \boldsymbol{E}\cdot \mathrm{d}\boldsymbol{l}=\int_a^\infty \frac{I}{4\pi\gamma r^2}\mathrm{d}r=\frac{I}{4\pi\gamma a}$$

则接地电阻为

$$R=\frac{\varphi_a}{I}=\frac{1}{4\pi\gamma a}$$

如果接地球不是深埋地下［如图 3-17（a）所示］，则考虑地面对电流的影响，需用镜像法求解［如图 3-17（b）所示］。由叠加原理可得接地球电位为

$$\varphi_a=\frac{I}{4\pi\gamma a}+\frac{I}{4\pi\gamma 2h}$$

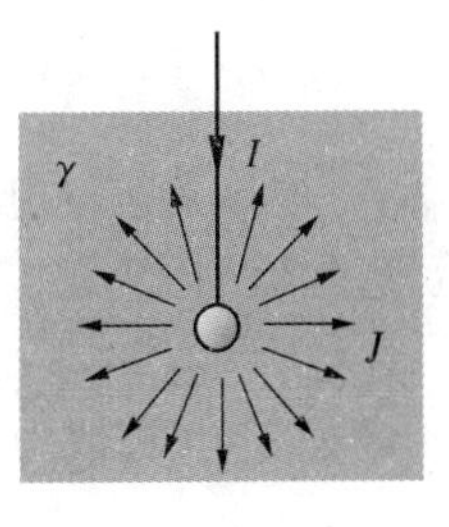

图 3-16

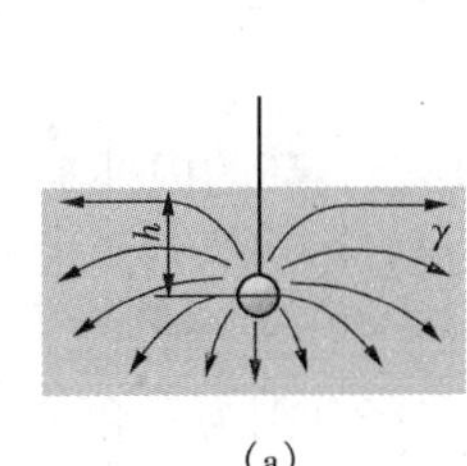

(a)

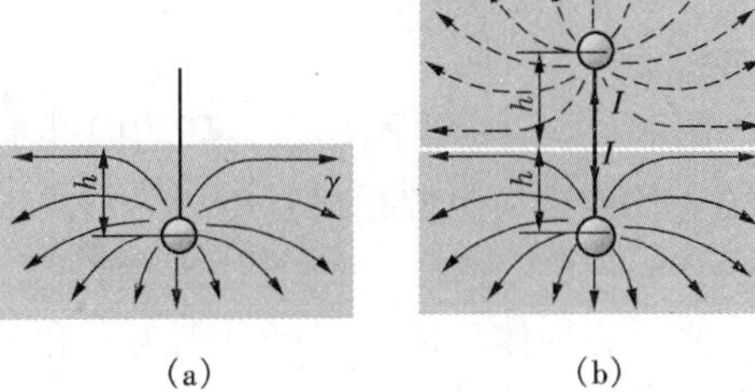

(b)

图 3-17

由于通过实际接地球的电流为 I，故实际接地电阻为

$$R=\frac{\varphi_a}{I}=\frac{I}{4\pi\gamma}\left(\frac{1}{a}+\frac{1}{2h}\right)$$

对于图 3-18 所示紧靠地面的半球形接地体，应用镜像法得到一个孤立球。考虑到均匀介质中孤立导体球的电容 $C=4\pi\varepsilon a$，所以半球形接地体的接地电阻为

$$R=2\times\frac{1}{4\pi\gamma a}=\frac{1}{2\pi\gamma a}$$

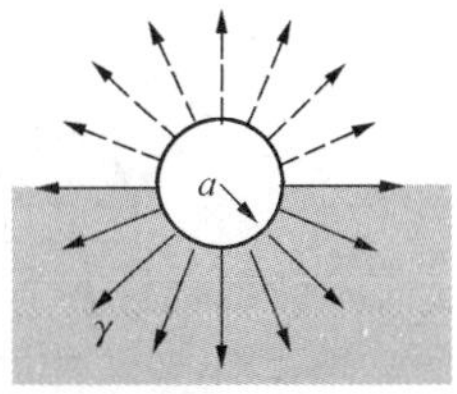

图 3-18

3-4-4 跨步电压

电力系统中的接地体中有大电流通过时，由于存在接地电阻，可能使地面行走的人两足间的电压（称为跨步电压）很高，超过安全值就会有致命的危险。

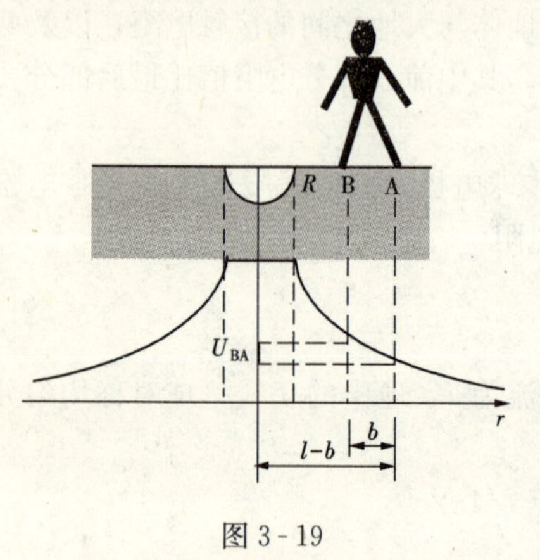

图 3-19

假设半球形接地体的半径为 R，由接地体流入大地的电流为 I（如图 3-19 所示），则在距球心 r 远处的电流密度为

$$J=\frac{I}{2\pi r^2}$$

电场强度为

$$E=\frac{J}{\gamma}=\frac{I}{2\pi\gamma r^2}$$

任一点电位为

$$\varphi(r)=\int_r^{\infty}\boldsymbol{E}\cdot\mathrm{d}\boldsymbol{l}=\int_r^{\infty}\frac{I}{2\pi\gamma r^2}\mathrm{d}r=\frac{I}{2\pi\gamma r}$$

电位分布曲线如图 3-19 所示。

设人的两脚 A、B 之间的跨步距离为 b，则跨步电压为

$$U_{\mathrm{BA}}=\int_{l-b}^{l}\frac{I}{2\pi\gamma r^2}\mathrm{d}r=\frac{I}{2\pi\gamma}\left(\frac{1}{l-b}-\frac{1}{l}\right)\tag{3-22}$$

如果跨步电压超过安全值，达到对人体危险程度的范围称为危险区。设对人体危险的临界电压为 U_0，则当 $U_{\mathrm{BA}}=U_0$ 时，A 点就成为危险区的边界。由上式可求得危险区的半径。

应该指出，实际上危及人体安全的不是电压，而是通过人体的电流。当通过人体的工频电流超过 8mA 时，有可能发生危险，超过 30mA 时将危及生命。

习　题　三

边值问题：

3-1　图 3-20 所示半圆形金属环的内外半径分别为 R_1 和 R_2，厚度为 h，电导率为 γ，其两端面 A、B 分别与电源相接，电压为 U。求金属环中的电流密度 $\boldsymbol{J}$、电流 I、功率密度 p 和功率 P。

3-2　两同心导体球内外半径分别为 a 和 b，中间为非理想介质，介电常数为 $2\varepsilon_0$，电导率为 γ，内外球面之间电压为 U，如图 3-21 所示。求：

（1）非理想介质中的电位 φ 和场强 $\boldsymbol{E}$；

（2）泄漏电流 I 和电导 G。

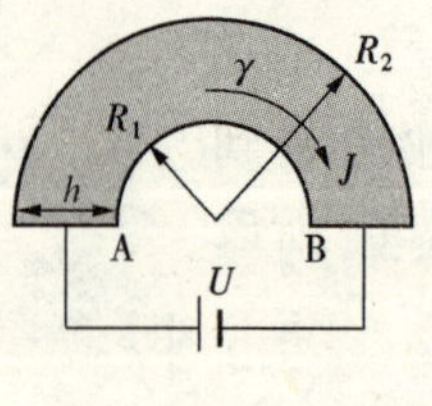

图 3-20

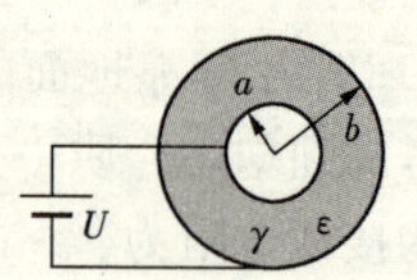

图 3-21

静电比拟：

3-3　双线传输线两导线的半径为 R，几何轴间距离为 $2h$，介质的介电常数为 ε，电导率为 γ。已知单位长度的电容为

$$C_0=\frac{\pi\varepsilon}{\ln\frac{2h}{R}}$$

试用静电比拟求单位长度的电导。

3-4　已知图 3-22 所示土壤的电导率为 10^{-2}S/m，地下 3m 处深埋一个半径为 0.1m 的球形电极，设从电极流出的电流为 100A，不考虑地面对电流的影响。求地面上 A 点的电位 φ（参考点在无限远处）。

电导：

3-5　已知环形圆盘金属片内外半径分别 R_2 和 R_2，厚度为 h，电导率为 γ，如图 3-23 所示。求内外圆之间的电导。

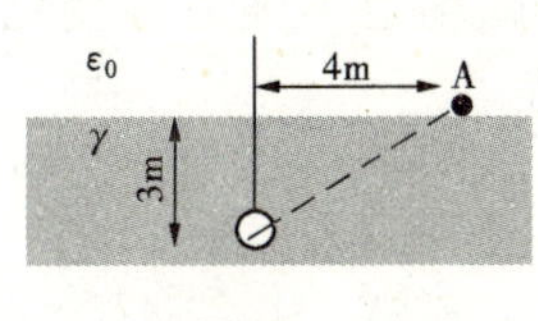

图 3-22

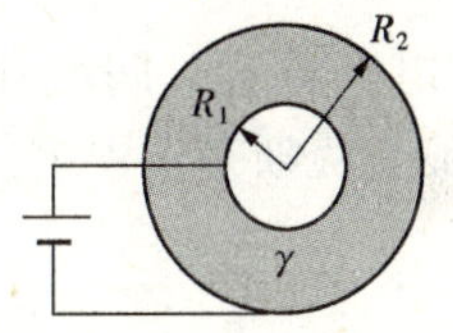

图 3-23

接地电阻：

3-6　图 3-24 所示接地体为半径 0.1m 的金属球深埋于地下 3m 处，通过电流 100A，土壤电导率为 10^{-2}S/m。求：

（1）接地电阻；

（2）人的后脚离球心水平距离为 10m，跨步距离为 0.6m 时的跨步电压。

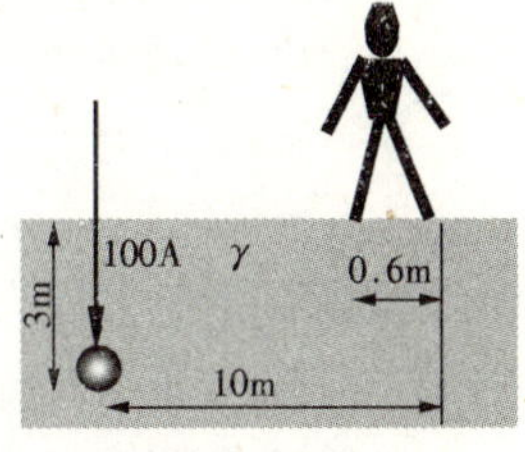

图 3-24

第四章　恒　定　磁　场

本章首先在恒定磁场基本方程积分形式的基础上，导出其微分形式$\nabla \cdot \boldsymbol{B}=0$和$\nabla \times \boldsymbol{H}=\boldsymbol{J}$；引入标量磁位$\varphi_m$及其拉普拉斯方程$\nabla^2 \varphi_m=0$；引入矢量磁位$\boldsymbol{A}$及其泊松方程$\nabla^2 \boldsymbol{A}=-\mu \boldsymbol{J}$；然后介绍恒定磁场中的镜像法和通过磁链计算电感的方法；从场的角度，讨论磁场能量、磁能密度的计算公式以及应用虚位移法计算磁场力；最后简要介绍磁路的基本定律和磁通计算公式。

4-1　基本方程及其微分形式

当电荷与电流不随时间变化时，所产生的电场和磁场也不随时间变化（$\partial \boldsymbol{D}/\partial t=0$、$\partial \boldsymbol{B}/\partial t=0$），则麦克斯韦方程组分为两组各自独立的方程

$$\begin{cases} \oint_l \boldsymbol{H} \cdot \mathrm{d}\boldsymbol{l}=\int_S \boldsymbol{J} \cdot \mathrm{d}\boldsymbol{S} & (4-1) \\ \oint_S \boldsymbol{B} \cdot \mathrm{d}\boldsymbol{S}=0 & (4-2) \end{cases}$$

$$\begin{cases} \oint_S \boldsymbol{D} \cdot \mathrm{d}\boldsymbol{S}=\int_V \rho \mathrm{d}V \\ \oint_l \boldsymbol{E} \cdot \mathrm{d}\boldsymbol{l}=0 \end{cases}$$

其中与磁场有关的方程为式（4-1）和式（4-2），即安培环路定理和磁通连续性方程。它们是恒定磁场的基本方程积分形式，表述了恒定磁场在闭合面和闭合回路上场量的整体特性。电磁场理论进一步关注在每个场点及其附近小区域内的特性，更精确地了解从一点到另一点场量的变化，以下推导其微分形式。

4-1-1　安培环路定理的微分形式

当式（4-1）中在磁力线所在平面上的闭合回路$\boldsymbol{l}$缩小，使其围成的面积$\Delta S \to 0$时，安培环路定理可写为

$$\lim_{\Delta S \to 0} \frac{\oint_l \boldsymbol{H} \cdot \mathrm{d}\boldsymbol{l}}{\Delta S}=\lim_{\Delta S \to 0} \frac{\int_S \boldsymbol{J} \cdot \mathrm{d}\boldsymbol{S}}{\Delta S}$$

上式左边在数学上定义为矢量$\boldsymbol{H}$的旋度，记为$\mathrm{rot}\boldsymbol{H}$。它也是一个矢量，其方向与$\boldsymbol{H}$垂直，其量值等于该点的电流密度$\boldsymbol{J}$（如图4-1所示），即

$$\mathrm{rot}\boldsymbol{H}=\boldsymbol{J}$$

用哈密顿算子∇表示，则为

$$\nabla \times \boldsymbol{H}=\boldsymbol{J} \tag{4-3}$$

这就是安培环路定律的微分形式。它表明恒定磁场是有旋场，其场源是电流密度$\boldsymbol{J}$。形象地说，在有电流的源点上电流密度$\boldsymbol{J}$激发起自行闭合的"小漩涡"，如图4-2所示。在无电流的场点上$\nabla \times \boldsymbol{H}=0$，$\boldsymbol{H}$线只从该点路过，不会形成漩涡。

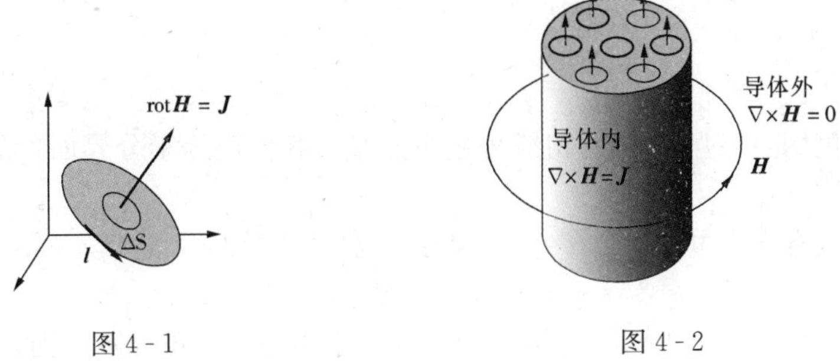

图 4-1　　　　图 4-2

4-1-2 磁通连续性原理的微分形式

当式（4-2）中的闭合面 S 缩小，使其包围的体积 $\Delta V \to 0$ 时，磁通连续性原理可写为

$$\lim_{\Delta V \to 0} \frac{\oint_S \boldsymbol{B} \cdot \mathrm{d}\boldsymbol{S}}{\Delta V} = 0$$

上式数学上定义为矢量 $\boldsymbol{B}$ 的散度，记为 div$\boldsymbol{B}$=0。用哈密顿算子▽表示，则为

$$\nabla \cdot \boldsymbol{B} = 0 \qquad (4-4)$$

这就是磁通连续性原理的微分形式。表明恒定磁场是无散场，没有标量源。形象地说，$\boldsymbol{B}$线是无头无尾的，不会从某点散发出来或在某点终止。因此，恒定磁场与静电场的性质大不相同。

【例 4-1】 矢量 $\boldsymbol{F}_1 = K(x\boldsymbol{e}_x + y\boldsymbol{e}_y)$，$\boldsymbol{F}_2 = Kr\boldsymbol{e}_\alpha$（圆柱坐标系）中常数 $K \neq 0$，问哪个可能是磁感应强度 $\boldsymbol{B}$？如果是，求相应的电流密度 $\boldsymbol{J}$。

解 判断一个矢量是否磁感应强度 $\boldsymbol{B}$ 的依据是看该矢量的散度是否总为 0。由于

$$\nabla \cdot \boldsymbol{F}_1 = \frac{\partial F_{1x}}{\partial x} + \frac{\partial F_{1y}}{\partial y} = \frac{\partial}{\partial x}(Kx) + \frac{\partial}{\partial y}(Ky) = 2K \neq 0$$

$$\nabla \cdot \boldsymbol{F}_2 = + \frac{1}{r}\frac{\partial}{\partial \alpha}(F_\alpha) = \frac{1}{r}\frac{\partial}{\partial \alpha}(Kr) = 0$$

$\boldsymbol{F}_1$ 决不可能是磁感应强度 $\boldsymbol{B}$；

$\boldsymbol{F}_2$ 可能是磁感应强度 $\boldsymbol{B}$，相应的电流密度为

$$\boldsymbol{J} = \nabla \times \frac{\boldsymbol{F}_2}{\mu} = \frac{1}{r}\begin{vmatrix} \boldsymbol{e}_r & r\boldsymbol{e}_\alpha & \boldsymbol{e}_z \\ \dfrac{\partial}{\partial r} & 0 & 0 \\ 0 & r(Kr) & 0 \end{vmatrix} = \frac{1}{r}\frac{K(2r)}{\mu}\boldsymbol{e}_z = \frac{2K}{2\mu}\boldsymbol{e}_z$$

可见，电流为沿 z 轴方向的常数。

4-1-3 $\boldsymbol{B}$ 和 $\boldsymbol{H}$ 的衔接条件

由恒定磁场基本方程的积分形式可导出磁感应强度 $\boldsymbol{B}$ 和磁场强度 $\boldsymbol{H}$ 的衔接条件。

如图 4-3 所示，在两种电介质分界面上，围绕 P 点作一个很小的矩形回路，它与分界面垂直的边长 $\Delta h \to 0$，与分界面平行的上下两个边 Δl 分别在分界面两侧。

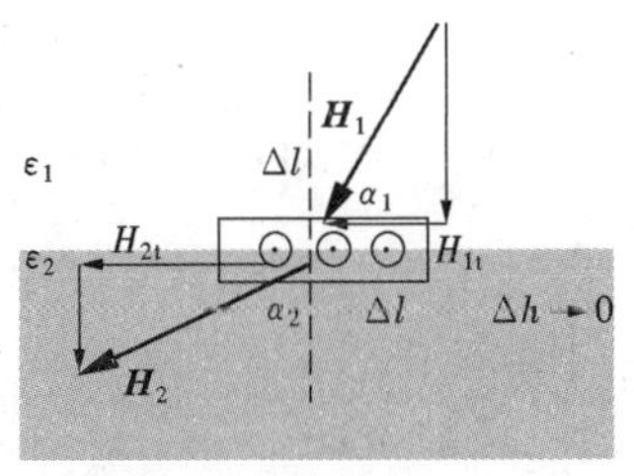

图 4-3

将 $\oint_l \boldsymbol{H} \cdot \mathrm{d}\boldsymbol{l} = \int_S \boldsymbol{J} \cdot \mathrm{d}\boldsymbol{S}$ 应用于此闭合回路，由于 $\Delta h \to 0$，得

$$H_{1t}\Delta l - H_{2t}\Delta l = K\Delta l$$

即

$$H_{1t} - H_{2t} = K \tag{4-5}$$

可见，分界面两侧的磁场强度 $\boldsymbol{H}$ 的切线分量不连续，其差值等于分界面上的自由电流面密度 K。

当分界面上没有自由电流时，$K=0$，则磁场强度的切线分量连续

$$H_{1t} = H_{2t} \tag{4-6}$$

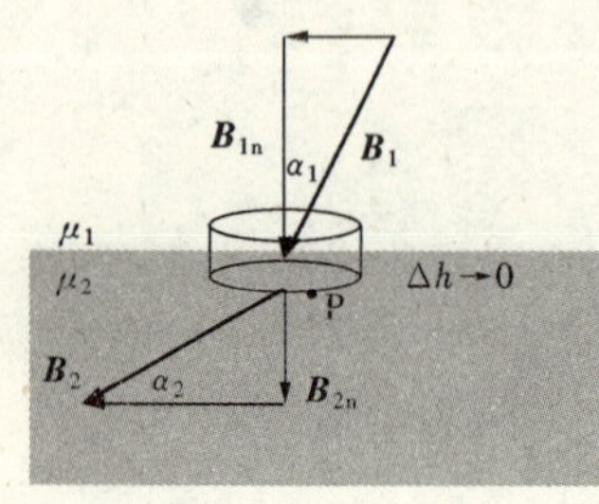

图 4-4

包围 P 点作一个很小的平扁闭合圆柱面，它的高度 $\Delta h \to 0$，与分界面平行的上下两个端面为 ΔS，分别在分界面的两侧，如图 4-4 所示。

将 $\oint_S \boldsymbol{B} \cdot \mathrm{d}\boldsymbol{S} = 0$ 应用于此闭合面，则有

$$-B_{1n}\Delta S + B_{2n}\Delta S = 0$$

即

$$B_{1n} = B_{2n} \tag{4-7}$$

上式说明，分界面两侧的磁通密度 $\boldsymbol{B}$ 的法线分量连续。

对于线性、各向同性导磁媒质 $\boldsymbol{B}=\mu\boldsymbol{H}$，由上述衔接条件可知

$$\frac{H_{1t}}{B_{1n}} = \frac{H_{2t}}{B_{2n}} \tag{4-8}$$

即

$$\frac{H_1\sin\beta_1}{\mu_1 H_1\cos\beta_1} = \frac{H_2\sin\beta_2}{\mu_2 H_2\cos\beta_2}$$

因而得磁场的折射定律为

$$\frac{\tan\beta_1}{\tan\beta_2} = \frac{\mu_1}{\mu_2} \tag{4-9}$$

【例 4-2】 已知半径为 R 的长直圆柱导体中的体电流密度均匀分布为 $J_0\boldsymbol{e}_z$（$\mathrm{A/m^2}$），求磁场强度 $\boldsymbol{H}$。

解 由于电流分布具有轴对称性，可知其磁场分布也具有轴对称性，H 只有沿圆周的 α 分量，且只与 r 有关。因此

$$\nabla \times \boldsymbol{H} = \frac{1}{r}\begin{vmatrix} \boldsymbol{e}_r & \boldsymbol{e}_\alpha & \boldsymbol{e}_z \\ \dfrac{\partial}{\partial r} & 0 & 0 \\ 0 & rH_\alpha & 0 \end{vmatrix} = \frac{1}{r}\frac{\partial(rH_\alpha)}{\partial r}\boldsymbol{e}_z$$

（1）$r \leqslant R$ 时，导体内磁场满足泊松方程

$$\frac{\partial(rH_\alpha)}{\partial r} = rJ_0$$

通过不定积分求解，得

$$H_\alpha = \frac{J_0 r}{2} + \frac{C_1}{r}$$

由于 $r=0$ 处 $H\neq\infty$，故积分常数 $C_1=0$，因此导体内磁场为

$$\boldsymbol{H}_1=\frac{J_0 r}{2}\boldsymbol{e}_\alpha \quad (r\leqslant R)$$

（2）$r\geqslant R$ 时，导体外磁场满足拉氏方程

$$\frac{\partial(rH_\alpha)}{\partial r}=0$$

通过不定积分求解，得

$$H_\alpha=\frac{C_2}{r}$$

由于 $r=R$ 处应满足衔接条件 $H_{1t}=H_{2t}$，即 $\frac{J_0R}{2}=\frac{C_2}{R}$，得 $C_2=\frac{J_0R^2}{2}$，故导体外磁场为

$$\boldsymbol{H}_2=\frac{J_0R^2}{2r}\boldsymbol{e}_\alpha \quad (r\geqslant R)$$

4-2 标 量 磁 位

静电场中，由于 $\nabla\times\boldsymbol{E}=0$ 处处成立，曾引入标量电位 φ，使得 $\boldsymbol{E}=-\nabla\varphi$，从而得到泊松方程 $\nabla^2\varphi=-\rho/\varepsilon$ 或拉普拉斯方程 $\nabla^2\varphi=0$。对于恒定磁场，由于 $\nabla\times\boldsymbol{H}=\boldsymbol{J}$，它是一个有旋场，不是守恒场，因此不能定义一个通用的标量位函数。但在无电流区 $\nabla\times\boldsymbol{H}=0$，因此，可有条件地定义标量磁位。

4-2-1 标量磁位的定义

在无电流的区域内，由于 $\nabla\times\boldsymbol{H}=0$，可假设

$$\boldsymbol{H}=-\nabla\varphi_{\mathrm{m}} \tag{4-10}$$

式中，φ_{m} 称为标量磁位，A。

标量磁位可以通过磁场强度的线积分得到

$$\varphi_{\mathrm{m}}=\int_{\mathrm{P}}^{\mathrm{Q}}\boldsymbol{H}\cdot\mathrm{d}\boldsymbol{l} \tag{4-11}$$

两点间的磁压定义为

$$U_{\mathrm{mAB}}=\int_{\mathrm{A}}^{\mathrm{B}}\boldsymbol{H}\cdot\mathrm{d}\boldsymbol{l}=-\int_{\varphi_{\mathrm{mA}}}^{\varphi_{\mathrm{mB}}}\mathrm{d}\varphi_{\mathrm{m}}=\varphi_{\mathrm{mA}}-\varphi_{\mathrm{mB}} \tag{4-12}$$

虽然以上定义式都与静电场中相似，但有很大不同。

首先，电位 φ 表示将单位电荷从参考点移到场点电场力所做的功，具有明确的物理意义。但标量磁位没有物理意义。引入标量磁位的概念，完全是为了使某些情况下的磁场计算简化。

其次，静电场中两点间的电压与积分路径无关，只与两点的位置有关。但是两点间的磁压随积分路径而变。既使参考点选定，磁位仍是一个多值函数。

如图 4-5 所示，取围绕电流的闭合路径来求 $\boldsymbol{H}$ 的线积分，根据安培环路定律，得

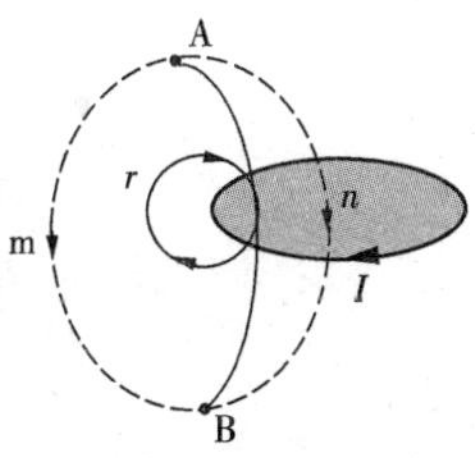

图 4-5

$$\int_{\mathrm{AmB}}\boldsymbol{H}\cdot\mathrm{d}\boldsymbol{l}+\int_{\mathrm{BnA}}\boldsymbol{H}\cdot\mathrm{d}\boldsymbol{l}=I$$

则

$$\varphi_{mA}=\int_{AmB}\boldsymbol{H}\cdot d\boldsymbol{l}=\int_{AnB}\boldsymbol{H}\cdot d\boldsymbol{l}+I=\varphi'_{mA}+I$$

若取积分回路围绕电流 k 次，由 $\oint_{AmBrA}\boldsymbol{H}\cdot d\boldsymbol{l}=kI$ ，则

$$\varphi_{mA}=\int_{ArB}\boldsymbol{H}\cdot d\boldsymbol{l}+kI=\varphi''_{mA}+kI \tag{4-13}$$

磁位的多值性，对于计算磁场强度和磁感应强度并没有影响。可以作一些规定来消除多值性。例如，可以规定积分路线不准穿过电流回路所限定的面，即所谓磁屏障面，使磁场中各点的磁位成为单值函数，两点间的磁压也就与积分无关了。

4-2-2 标量磁位的边值问题

在恒定磁场中的无电流区域，基本方程之一是$\nabla\cdot\boldsymbol{B}=0$，代入$\boldsymbol{B}=\mu\boldsymbol{H}$，则有

$$\nabla\cdot(\mu\boldsymbol{H})=\nabla\cdot(-\mu\nabla\varphi_m)=-\nabla\varphi_m\cdot\nabla\mu-\mu\nabla\cdot(\nabla\varphi_m)=0$$

对于均匀媒质$\nabla\mu=0$，因此上式成为

$$\nabla^2\varphi_m=0 \tag{4-14}$$

这就是标量磁位的拉普拉斯方程。

两种不同媒质分界面上的衔接条件用磁位表示为

$$\varphi_{m1}=\varphi_{m2} \tag{4-15}$$

$$\mu_1\frac{\partial\varphi_{m1}}{\partial n}=\mu_2\frac{\partial\varphi_{m2}}{\partial n} \tag{4-16}$$

以上三式与场域边界条件一起构成了用磁位描述恒定磁场的边值问题。但是在应用时还需考虑该区域内磁位是否存在。应当注意，在有电流分布的区域里，不能引用标量磁位。

【例 4-3】 求无限长直电流 I 周围的标量磁位 φ_m 和磁场强度 $\boldsymbol{H}$。

解法一： 由安培环路定律，得

$$\boldsymbol{H}=\frac{I}{2\pi r}\boldsymbol{e}_\alpha\quad(\text{A/m})$$

设 x 轴上（$\alpha=0$）为磁位参考点，则

$$\varphi_m=\int_P^Q\boldsymbol{H}\cdot d\boldsymbol{l}=\int_\alpha^0\frac{I}{2\pi r}\boldsymbol{e}_\alpha\cdot(r d\alpha\boldsymbol{e}_\alpha)=\frac{I\alpha}{2\pi}\Big|_\alpha^0=-\frac{I\alpha}{2\pi}\quad(\text{A})$$

解法二： 由于等磁位面与 $\boldsymbol{H}$ 线正交，在圆柱坐标系中 φ_m 只与 α 有关，导线外的无电流区，满足式

$$\nabla^2\varphi_m=0$$

简化为

$$\frac{1}{r^2}\frac{\partial^2\varphi_m}{\partial^2\alpha}=0$$

通过不定积分求解，得

$$\frac{\partial\varphi_m}{\partial\alpha}=C_1,\qquad\varphi_m=C_1\alpha+C_2$$

设 x 轴上 $\alpha=0$ 处的 A 点为磁位参考点，则 $C_2=0$；因 x 轴上 $\alpha=2\pi$ 处的 B 点（见图 4-6）有

$$\varphi_m = \oint_l \boldsymbol{H} \cdot \mathrm{d}\boldsymbol{l} = -I$$

即 $-I = C_1 2\pi$，因此，$C_1 = -I/2\pi$，则

$$\varphi_m = -\frac{I}{2\pi}\alpha$$

$$\boldsymbol{H} = -\nabla\varphi_m = -\frac{1}{r}\frac{\partial\varphi_m}{\partial\alpha}\boldsymbol{e}_\alpha = \frac{I}{2\pi r}\boldsymbol{e}_\alpha$$

【例 4-4】 求双线传输线周围的标量磁位 φ_m 及其等磁位面。

解 设两线之连线为磁位 φ_m 参考点，由叠加原理，知

$$\varphi_m = \varphi_{m1} + \varphi_{m2} = \frac{I\alpha_1}{2\pi} + \frac{I\alpha_2}{2\pi} = \frac{I}{2\pi}(\pi - \theta)$$

式中，θ 为两线间距 AB 对 P 点所张的顶角，如图 4-7 所示。等磁位面方程为 φ_m = 常数，即 $\theta = K$，即以 AB 为弦，以 θ 为圆周角的圆弧。K 值不同可得一系列以 AB 为弦的圆，其圆心在 y 轴上。由 $\boldsymbol{H} = -\nabla\varphi_m$ 知，B 线与等磁位面正交，也是一族偏心圆，圆心在 x 轴上。

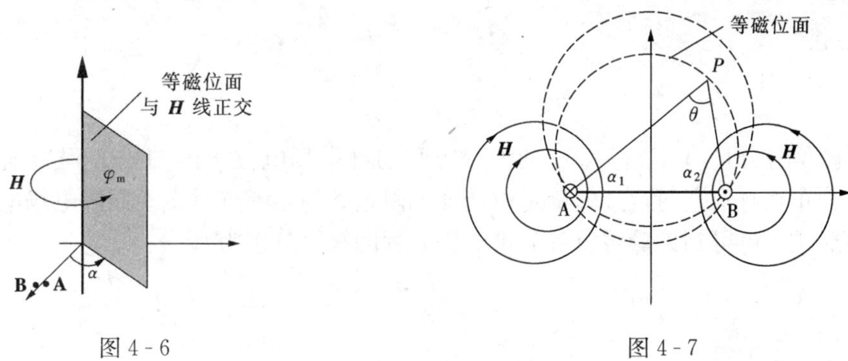

图 4-6　　图 4-7

4-3　矢　量　磁　位

标量磁位只适用于恒定磁场中没有电流的区域，因此其使用范围受到很大限制。本节介绍一个在无电流区域和有电流区域均适用的磁位函数。

4-3-1　矢量磁位的定义

恒定磁场的基本方程之一为 $\nabla \cdot \boldsymbol{B} \equiv 0$，磁感应强度 $\boldsymbol{B}$ 的散度恒等于零，表明磁场的无散性。由矢量分析知，对于任意一个矢量 $\boldsymbol{A}$，总有 $\nabla \cdot (\nabla \times \boldsymbol{A}) \equiv 0$。因此，如果引入一个矢量 $\boldsymbol{A}$，满足

$$\boldsymbol{B} = \nabla \times \boldsymbol{A} \tag{4-17}$$

必能满足磁场的基本方程 $\nabla \cdot \boldsymbol{B} \equiv 0$。因此把满足式（4-17）的矢量函数 $\boldsymbol{A}$ 定义为磁场 $\boldsymbol{B}$ 的矢量磁位，单位是 Wb/m。

由矢量分析理论知道，对于一个矢量，不仅要规定它的旋度，还必须规定它的散度。那么，矢量磁位 $\boldsymbol{A}$ 的散度为何呢？由于引入 $\boldsymbol{A}$ 的目的是作为磁场 $\boldsymbol{B}$ 的辅助量，$\boldsymbol{B} = \nabla \times \boldsymbol{A}$ 与 $\partial A_x/\partial x$、$\partial A_y/\partial y$、$\partial A_z/\partial z$ 无关；而 $\nabla \cdot \boldsymbol{A} = \partial A_x/\partial x + \partial A_y/\partial y + \partial A_z/\partial z$，恰为这三个偏导数之和，也就是说，如何规定 $\nabla \cdot \boldsymbol{A}$ 不会影响 $\boldsymbol{B}$。因此，$\nabla \cdot \boldsymbol{A}$ 原则上可以任意规定。对于 $\nabla \cdot \boldsymbol{A}$ 的每一种规定称为一种规范。为了方便，在恒定磁场中规定

$$\nabla \cdot \boldsymbol{A}=0 \tag{4-18}$$

称为库仑规范（在时变电磁场中将规定$\nabla \cdot \boldsymbol{A}=-\mu\varepsilon \dfrac{\partial \varphi}{\partial t}$，称之为洛仑兹规范）。

4-3-2 矢量磁位的边值问题

由安培环路定律的微分形式$\nabla \times \boldsymbol{H}=\boldsymbol{J}$，同时考虑到各项同性的线性媒质中$\boldsymbol{B}=\mu\boldsymbol{H}$，则有$\nabla \times \boldsymbol{B}=\mu\boldsymbol{J}$，再把$\boldsymbol{B}=\nabla \times \boldsymbol{A}$代入，可得

$$\nabla \times \nabla \times \boldsymbol{A}=\mu\boldsymbol{J}$$

应用矢量恒等式$\nabla \times \nabla \times \boldsymbol{A}=\nabla(\nabla \cdot \boldsymbol{A})-\nabla^2\boldsymbol{A}$，由于$\nabla \cdot \boldsymbol{A}=0$，于是得到矢量形式的泊松方程为

$$\nabla^2\boldsymbol{A}=-\mu\boldsymbol{J} \tag{4-19}$$

在无电流区域，则满足矢量形式的拉普拉斯方程

$$\nabla^2\boldsymbol{A}=0 \tag{4-20}$$

表明矢量磁位满足矢量形式的泊松方程或拉普拉斯方程。

一个矢量形式的泊松方程相当于三个标量形式的泊松方程。在直角坐标系中，泊松方程为

$$\nabla^2 A_x=-\mu J_x$$
$$\nabla^2 A_y=-\mu J_y$$
$$\nabla^2 A_z=-\mu J_z$$

可见，矢量磁位各分量A_x、A_y、A_z的泊松方程与静电场电位φ的泊松方程形式上完全一样。当电流分布在有限空间，且矢量磁位选择无限远处为参考点时，参照静电场电位φ的泊松方程解答形式，可得到矢量磁位各分量泊松方程的解答分别为

$$A_x=\frac{\mu_0}{4\pi}\int_{V'}\frac{J_x}{r}\mathrm{d}V,\qquad A_y=\frac{\mu_0}{4\pi}\int_{V'}\frac{J_y}{r}\mathrm{d}V,\qquad A_z=\frac{\mu_0}{4\pi}\int_{V'}\frac{J_z}{r}\mathrm{d}V$$

将以上三式合并，即得

$$\boldsymbol{A}=\frac{\mu_0}{4\pi}\int_{V'}\frac{\boldsymbol{J}}{r}\mathrm{d}V \tag{4-21}$$

应当指出，当电流密度$\boldsymbol{J}$的方向相同时，矢量磁位$\boldsymbol{A}$的方向与$\boldsymbol{J}$一致。

考虑到各种电流，则矢量磁位为

$$\boldsymbol{A}=\frac{\mu_0}{4\pi}\int_{V'}\frac{\boldsymbol{J}}{r}\mathrm{d}V+\frac{\mu_0}{4\pi}\int_{S'}\frac{\boldsymbol{K}}{r}\mathrm{d}S+\frac{\mu_0 I}{4\pi}\int_{l'}\frac{\mathrm{d}\boldsymbol{l}}{r} \tag{4-22}$$

由毕-萨定律也可推导出上述矢量磁位的电流积分公式（参阅其他教材）。当已知电流的分布时，可由式（4-22）进行定积分，或通过$\nabla^2\boldsymbol{A}=-\mu\boldsymbol{J}$和$\nabla^2\boldsymbol{A}=0$进行不定积分，先得到矢量磁位$\boldsymbol{A}$，再由$\nabla \times \boldsymbol{A}$求得磁感应强度$\boldsymbol{B}$。

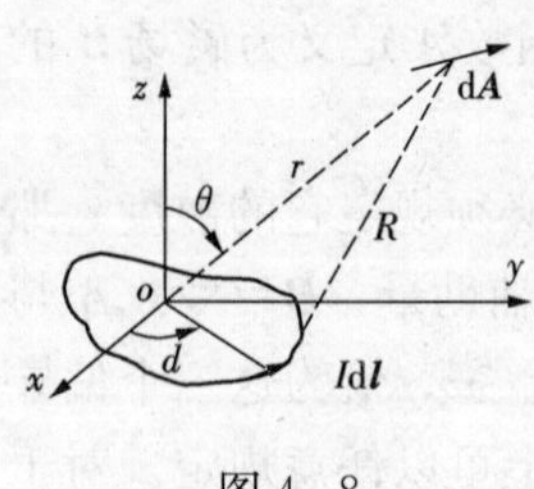

图 4-8

【例 4-5】 设图 4-8 所示 xoy 平面上有一个面积很小的任意形状的平面载流回路（磁偶极子），$\mathrm{d}\boldsymbol{S}$的正方向与回路电流I的正方向符合右手螺旋关系，用矢量磁位$\boldsymbol{A}$分析远离回路的任意场点的磁场。

解 根据矢量积分恒等式

$$\oint_l u\,\mathrm{d}\boldsymbol{l}=\int_S(\boldsymbol{e}_\mathrm{n}\times\nabla u)\mathrm{d}\boldsymbol{S}$$

并利用 $\nabla(1/R) = \boldsymbol{e}_R/R^2$ ，可将式（4-22）改写为

$$\boldsymbol{A} = \frac{\mu_0 I}{4\pi}\oint_{l'}\frac{\mathrm{d}\boldsymbol{l}}{R} = \frac{\mu_0 I}{4\pi}\int_{S'}\left[\boldsymbol{e}_z \times \nabla\frac{1}{R}\right]\mathrm{d}\boldsymbol{S} = \frac{\mu_0 I}{4\pi}\int_{S'}\left[\boldsymbol{e}_z \times \frac{\boldsymbol{e}_R}{R^2}\right]\mathrm{d}\boldsymbol{S}$$

由于磁偶极子的尺度远小于到场点的距离 $R\approx r$，$\boldsymbol{e}_R\approx\boldsymbol{e}_r$，因而上式可以写为

$$\boldsymbol{A} \approx \frac{\mu_0 I}{4\pi r^2}\int_{S'}(\boldsymbol{e}_z \times \boldsymbol{e}_r)\mathrm{d}S = \frac{\mu_0 IS}{4\pi r^2}(\boldsymbol{e}_z \times \boldsymbol{e}_r)$$

由于 $\boldsymbol{e}_z \times \boldsymbol{e}_r = \sin\theta\boldsymbol{e}_\alpha$，且磁偶极子的磁矩 $\boldsymbol{m}=I\boldsymbol{S}$，得

$$\boldsymbol{A} = \frac{\mu_0 m\sin\theta}{4\pi r^2}\boldsymbol{e}_\alpha = \frac{\mu_0 \boldsymbol{m} \times \boldsymbol{e}_r}{4\pi r^2}$$

$$\boldsymbol{B} = \nabla \times \boldsymbol{A} = \frac{\mu_0 m}{4\pi r^3}(2\cos\theta\boldsymbol{e}_r + \sin\theta\boldsymbol{e}_\theta)$$

【例 4-6】 空气中有一长度为 l、截面积为 S 的短铜线位于 z 轴上，电流密度 $\boldsymbol{J}=J\boldsymbol{e}_z$，如图 4-9 所示。利用矢量磁位 $\boldsymbol{A}$ 求距离很远处的磁感应强度 $\boldsymbol{B}$。

解 由于 $r\gg l$，r 可提到积分号前，且在横截面上 $I=JS$，故

$$\boldsymbol{A} = \frac{\mu_0}{4\pi}\int_{V'}\frac{\boldsymbol{J}}{r}\mathrm{d}V \approx \frac{\mu_0}{4\pi r}\int_{-\frac{l}{2}}^{+\frac{l}{2}}\left(\int_S J\,\mathrm{d}S\right)\mathrm{d}l\boldsymbol{e}_z = \frac{\mu_0 I}{4\pi r}\int_{-\frac{l}{2}}^{+\frac{l}{2}} I\mathrm{d}l\boldsymbol{e}_z = \frac{\mu_0 Il}{4\pi r}\boldsymbol{e}_z$$

$$r = \sqrt{x^2 + y^2 + z^2}$$

可见，等 $\boldsymbol{A}$ 面为以载流短铜线中心为球心的球面。距离很远处的磁感应强度为

$$\boldsymbol{B} = \nabla \times \boldsymbol{A} = \frac{\mu_0 Il}{4\pi}\begin{vmatrix} \boldsymbol{e}_x & \boldsymbol{e}_y & \boldsymbol{e}_z \\ \frac{\partial}{\partial x} & \frac{\partial}{\partial y} & \frac{\partial}{\partial z} \\ 0 & 0 & \frac{1}{r} \end{vmatrix} = \frac{\mu_0 Il}{4\pi r^2}\left(-\boldsymbol{e}_x\frac{y}{r} + \boldsymbol{e}_y\frac{x}{r}\right)$$

用球坐标系表示磁感应强度为

$$\boldsymbol{B} = \frac{\mu_0 Il}{4\pi r^2}\frac{\sqrt{x^2 + y^2}}{r}\boldsymbol{e}_\alpha = \frac{\mu_0 Il}{4\pi r^2}\sin\theta\boldsymbol{e}_\alpha$$

4-3-3 矢量磁位的衔接条件

围绕媒质分界面上任一点 P 取一矩形回路（如图 4-10 所示），令 $\Delta h\to 0$，则此回路所围成的面积（$\Delta l\Delta h$）上通过的磁通量 $\Phi=0$，由于

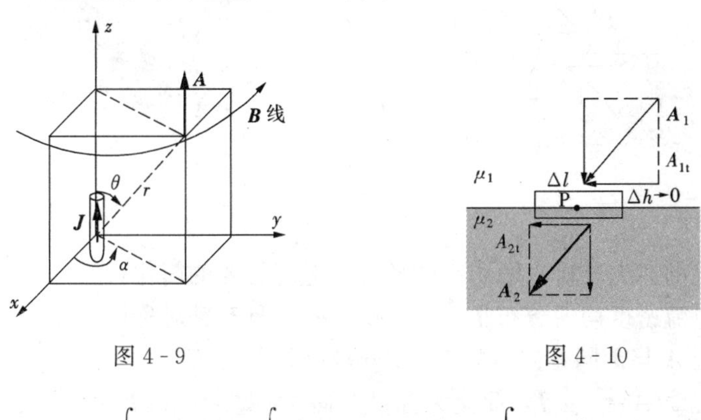

图 4-9　　图 4-10

$$\Phi = \int_S \boldsymbol{B}\cdot\mathrm{d}\boldsymbol{S} = \int_S(\nabla \times \boldsymbol{A})\cdot\mathrm{d}\boldsymbol{S} = \oint_l \boldsymbol{A}\cdot\mathrm{d}\boldsymbol{l} = 0$$

即

$$A_{1t}\Delta l - A_{2t}\Delta l = 0$$

可得

$$A_{1t} = A_{2t} \tag{4-23}$$

即矢量磁位 **A** 的切线分量在分界面上连续。

在分界面 P 点处作一个小圆柱（如图 4-11 所示），上下端面为 ΔS，高 $\Delta h \to 0$，由于 $\nabla \cdot \boldsymbol{A}=0$，所以

$$\int_V \nabla \cdot \boldsymbol{A} \mathrm{d}V = \oint_S \boldsymbol{A} \cdot \mathrm{d}\boldsymbol{S} = 0$$

即

$$A_{1n}\Delta S - A_{2n}\Delta S = 0$$

可得

$$A_{1n} = A_{2n} \tag{4-24}$$

即矢量磁位 **A** 的法线分量在分界面上也连续。

综合式（4-23）和式（4-24），得矢量磁位 **A** 在媒质分界面上的衔接条件为

$$\boldsymbol{A}_1 = \boldsymbol{A}_2 \tag{4-25}$$

另外，由 $H_{1t} - H_{2t} = K$ 和 $\boldsymbol{H} = \boldsymbol{B}/\mu = \nabla \times \boldsymbol{A}/\mu$，可得

$$\frac{1}{\mu_1}(\nabla \times \boldsymbol{A}_1)_t - \frac{1}{\mu_2}(\nabla \times \boldsymbol{A}_2)_t = \boldsymbol{K} \tag{4-26}$$

对于平行平面磁场，则为

$$A_1 = A_2 \tag{4-27}$$

$$\frac{1}{\mu_1}\frac{\partial A_1}{\partial n} - \frac{1}{\mu_2}\frac{\partial A_2}{\partial n} = K \tag{4-28}$$

矢量磁位满足的微分方程及其在媒质分界面上的衔接条件，与给定的场域边界条件一起构成了描述恒定磁场的边值问题。

【例 4-7】 半径为 R 的长直圆柱导体沿 z 轴通有电流 I，导体内外媒质的磁导率均为 μ_0，如图4-12 所示。求导体内外的矢量磁位 **A** 和磁感应强度 **B**。

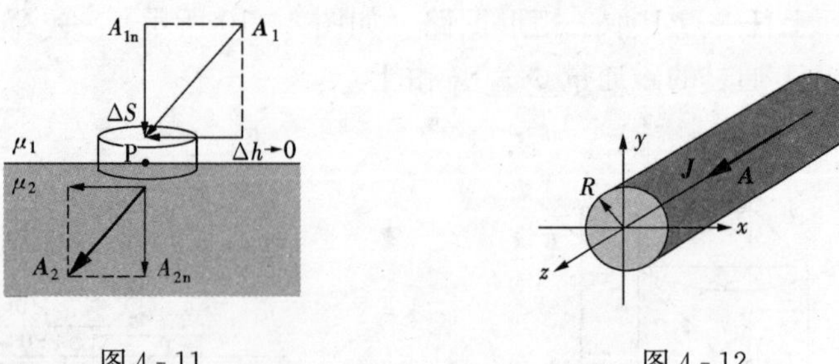

图 4-11　　图 4-12

解 在求解之前，先分析本题给定的条件，进行必要的简化：

（1）导体内电流密度均匀分布 $\boldsymbol{J} = (I/\pi R^2)\boldsymbol{e}_z$，具有轴对称性；

（2）矢量磁位 **A** 与 **J** 同方向，只有 A_z 分量；

（3）矢量方程 $\nabla^2 \boldsymbol{A} = -\mu_0 \boldsymbol{J}$，简化为标量方程 $\nabla^2 A_z = -\mu_0 J_z$；

（4）A_z 只与 r 有关，进一步简化为只含一个变量 r 的微分方程。

在导体内 $r<R$ 处，满足泊松方程，简化为

$$\frac{1}{r}\frac{\partial}{\partial r}\left(r\frac{\partial A_z}{\partial r}\right)=-\mu_0 J_z$$

通过不定积分求解，得

$$\frac{\partial A_1}{\partial r}=-\frac{\mu_0 Jr}{2}+\frac{C_1}{r}$$

通解为

$$A_1=-\frac{1}{4}\mu_0 Jr^2+C_1\ln r+C_2$$

在导体外 $r>R$ 处，满足拉氏方程，简化为

$$\frac{1}{r}\frac{\partial}{\partial r}\left(r\frac{\partial A_z}{\partial r}\right)=0$$

通过不定积分求解，得

$$\frac{\partial A_2}{\partial r}=\frac{C_3}{r}$$

通解为

$$A_2=C_3\ln r+C_4$$

由于 $r=0$ 处 $B=-\frac{\partial A_1}{\partial r}=\frac{\mu_0 Jr}{2}-\frac{C_1}{r}\neq\infty$，所以

$$C_1=0$$

设导线表面 $r=R$ 处为磁位参考点 $A_1=0$，则

$$C_2=\frac{1}{4}\mu_0 JR^2$$

由 $r=R$ 处分界面衔接条件 $\frac{1}{\mu_0}\frac{\partial A_1}{\partial r}=\frac{1}{\mu_0}\frac{\partial A_2}{\partial r}$，即$\frac{\mu_0 JR}{2}=\frac{C_3}{R}$，得

$$C_3=-\frac{1}{2}\mu_0 JR^2$$

由 $r=R$ 处 $A_1=A_2=0$，即 $C_3\ln R+C_4=0$，得

$$C_4=\frac{1}{2}\mu_0 JR^2\ln R$$

所以导体内外矢量磁位和磁感应强度分别为

$$\boldsymbol{A}_1=\frac{1}{4}\mu_0 J(R^2-r^2)\boldsymbol{e}_z=\frac{\mu_0 I}{4\pi R^2}(R^2-r^2)\boldsymbol{e}_z$$

$$\boldsymbol{B}_1=\nabla\times\boldsymbol{A}_1=-\frac{\partial A_1}{\partial r}\boldsymbol{e}_\alpha=\frac{\mu_0 Ir}{2\pi R^2}\boldsymbol{e}_\alpha$$

$$\boldsymbol{A}_2=\frac{1}{2}\mu_0 JR^2\ln\frac{R}{r}\boldsymbol{e}_z=\frac{\mu_0 I}{2\pi}\ln\frac{R}{r}\boldsymbol{e}_z$$

$$\boldsymbol{B}_2=\nabla\times\boldsymbol{A}_2=-\frac{\partial A_2}{\partial r}\boldsymbol{e}_\alpha=\frac{\mu_0 I}{2\pi r}\boldsymbol{e}_\alpha$$

4-3-4 磁感应线方程与等 A 面方程

恒定磁场中磁感应线（**B** 线）的微分方程为

$$\boldsymbol{B}\times d\boldsymbol{l}=0 \tag{4-29}$$

等 **A** 面方程为

$$\boldsymbol{A}(x,y,z) = \text{常矢量} \tag{4-30}$$

等 **A** 面的微分方程为

$$\mathrm{d}\boldsymbol{A} = \mathrm{d}A_x\boldsymbol{e}_x + \mathrm{d}A_y\boldsymbol{e}_y + \mathrm{d}A_z\boldsymbol{e}_z = 0 \tag{4-31}$$

在平行平面场中，若矢量磁位 $\boldsymbol{A}=A_z\boldsymbol{e}_z$，则 **B** 线的微分方程为

$$B_x\mathrm{d}y - B_y\mathrm{d}x = 0$$

因为 $\boldsymbol{B} = \nabla\times\boldsymbol{A} = \dfrac{\partial A_z}{\partial y}\boldsymbol{e}_x - \dfrac{\partial A_z}{\partial x}\boldsymbol{e}_y$，故 $B_x = \dfrac{\partial A_z}{\partial y}$，$B_y = -\dfrac{\partial A_z}{\partial x}$，代入上式得

$$\frac{\partial A_z}{\partial y}\mathrm{d}y + \frac{\partial A_z}{\partial x}\mathrm{d}x = 0$$

即

$$\mathrm{d}A_z = 0$$

这说明平行平面场中等 **A** 线就是 **B** 线。在［例 4-6］中，长直载流导线的等 **A** 面是一族同轴圆柱面，在 xoy 平面上等 **A** 线是一族同心圆，与 **B** 线重合。

4-4 磁场中的镜像法

4-4-1 一般媒质中的平面镜像

设两种媒质的磁导率分别为 μ_1 和 μ_2，在媒质 1 中有平行于分界面的无限长线电流 I，如图 4-13（a）所示。

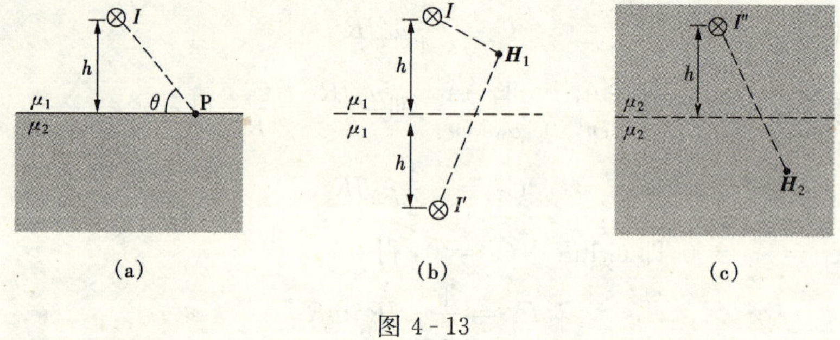

图 4-13

若要求解媒质 1 中的磁场，可设想整个场域都充满媒质 1，在与线电流 I 成平面镜像的位置放置镜像电流 I'，μ_1 中的磁场看为线电流 I 与镜像电流 I' 共同产生的，如图 4-13（b）所示。

同样，对于媒质 2 中的磁场，可设想为整个场域都充满媒质 2，在线电流的原来位置放置镜像电流 I''，μ_2 中的磁场看为镜像电流 I'' 产生的，如图 4-13（c）所示。

这样，无论 μ_1 还是 μ_2 区域，位函数所满足的方程都没有改变。可以根据两种媒质分界面上的衔接条件 $B_{1\mathrm{n}}=B_{2\mathrm{n}}$ 和 $H_{1\mathrm{t}}=H_{2\mathrm{t}}$ 来确定镜像电流 I' 和 I'' 的大小，则原来场中的一切条件都得到满足。

对于分界面上的 P 点，根据分界面上衔接条件 $H_{1\mathrm{t}}=H_{2\mathrm{t}}$，可得

$$\frac{I}{2\pi r_{\mathrm{P}}}\sin\theta - \frac{I'}{2\pi r_{\mathrm{P}}}\sin\theta = \frac{I''}{2\pi r_{\mathrm{P}}}\sin\theta$$

再由 $B_{1\mathrm{n}}=B_{2\mathrm{n}}$，可得

$$\frac{\mu_1 I}{2\pi r_P}\cos\theta+\frac{\mu_1 I'}{2\pi r_P}\cos\theta=\frac{\mu_2 I''}{2\pi r_P}\cos\theta$$

即

$$\begin{cases}I-I'=I''\\ \mu_1(I+I')=\mu_2 I''\end{cases}$$

联立求解，得

$$I'=\frac{\mu_2-\mu_1}{\mu_1+\mu_2}I \tag{4-32}$$

$$I''=\frac{2\mu_1}{\mu_1+\mu_2}I \tag{4-33}$$

注意：在以上两式中，I'和I''的参考方向都规定与 I 的参考方向一致。可以看出，I''总是正的，即它的方向总是与 I 的方向一致；但 I'的方向要看（$\mu_2-\mu_1$）的正负而定。

4-4-2　铁磁媒质的平面镜像

（1）如图 4-14 所示，设载流导线在空气媒质中（$\mu_1=\mu_0$），媒质 2 为铁磁媒质（$\mu_2\to\infty$）。根据式（4-34）和式（4-35）可得

$$I'=\frac{\mu_2-\mu_0}{\mu_0+\mu_2}I\approx I,I''=\frac{2\mu_0}{\mu_0+\mu_2}I\approx 0$$

此时铁磁媒质 μ_2 内的磁场强度 H_2 将处处为零，但不要认为磁感应强度 B_2 也处处为零。实际上

$$B_2=\mu_2 H_2=\mu_2\frac{I''}{2\pi r}=\mu_2\left(\frac{2\mu_0 I}{\mu_0+\mu_2}\right)\frac{1}{2\pi r}=\frac{\mu_0 I}{\pi r}$$

而且，铁磁媒质内的磁感应强度 $\boldsymbol{B}_2$ 与不存在铁磁媒质时相比较增大了 1 倍。

（2）如图 4-15 所示，设载流导线在铁磁媒质中（$\mu_1\to\infty$），媒质 2 为空气（$\mu_2=\mu_0$）。根据式（4-34）和式（4-35）可得

$$I'=\frac{\mu_0-\mu_1}{\mu_1+\mu_0}I\approx -I,I''=\frac{2\mu_1}{\mu_1+\mu_0}I\approx 2I$$

可见，空气中的磁感应强度 $\boldsymbol{B}_2$ 与不存在铁磁媒质时相比较增大了 1 倍（设两种情况下导线电流相等）。

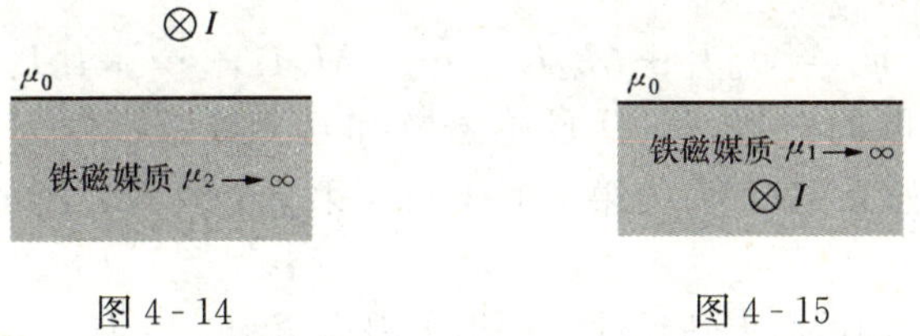

图 4-14　　　　图 4-15

4-5　电　　感

4-5-1　磁通与磁链

由于 $\boldsymbol{B}=\nabla\times\boldsymbol{A}$，因此穿过给定面积 S 的磁通既可以用 $\boldsymbol{B}$ 计算，也可用矢量磁位 $\boldsymbol{A}$ 计算，计算式为

$$\Phi=\int_S\boldsymbol{B}\cdot d\boldsymbol{S}=\oint_l\boldsymbol{A}\cdot d\boldsymbol{l}$$

上式中的闭合回路 l 是面积 S 的边缘线。如果边缘线恰好是一个导体线圈的回路，则穿过面积的磁通就是线圈所环绕的磁通。

由于这些磁通与回路相交链，所以又称磁链。但是，一般情况下线圈并非只有 1 匝，每匝所环绕的磁通也不尽相同。为此，定义线圈各匝所环绕的磁通的总合，称为线圈的磁链，用符号 $\boldsymbol{\psi}$ 表示，单位与磁通相同是 Wb。

密绕线圈各匝所环绕的磁通相同，则整个线圈的磁链为

$$\boldsymbol{\psi} = N\Phi$$

如果各匝线圈所环绕的磁通不同，则整个线圈的磁链为

$$\boldsymbol{\psi} = \sum_{k=1}^{N} \Phi_k$$

如果考虑到线圈导体截面的尺寸，某一部分磁通所环绕的线圈的匝数不足 1 匝，或者说这部分磁通所交链的电流不是 1 匝线圈中的全部电流。因此，匝数的概念应加以扩充。为了方便，将磁链分为内磁链 $\boldsymbol{\psi}_i$ 和外磁链 $\boldsymbol{\psi}_e$。外磁链是指被整匝电流环绕的磁链。内磁链是指分布在导体截面内的磁链。

假设导体截面通过的全部电流为 I，面积元 dS 中穿过的元磁通为 dΦ，而环绕 dΦ 的线圈匝数为$\dfrac{I'}{I}$，则整个线圈的磁链应由以下积分式求得

$$\boldsymbol{\psi} = \int_S \frac{I'}{I}\mathrm{d}\Phi = \int_S \frac{I'}{I}\boldsymbol{B} \cdot \mathrm{d}\boldsymbol{S}$$

对于 n 个载流线圈组成的电流回路系统，空间的磁场是由 n 个线圈中的电流产生的。在线性媒质情况下，空间的磁感应强度 $\boldsymbol{B}$ 与各线圈中的电流 I 呈线性关系，任一线圈的磁链 $\boldsymbol{\psi}$ 与空间磁场 $\boldsymbol{B}$ 成正比。因此，任一线圈中的磁链 $\boldsymbol{\psi}$ 与各线圈中的电流 I 有以下线性关系

$$\begin{cases} \boldsymbol{\psi}_1 = L_1 I_1 + M_{12} I_2 + \cdots + M_{1k} I_k + \cdots + M_{1n} I_n \\ \boldsymbol{\psi}_2 = M_{21} I_1 + L_2 I_2 + \cdots + M_{2k} I_k + \cdots + M_{2n} I_n \\ \cdots\cdots \\ \boldsymbol{\psi}_k = M_{k1} I_1 + M_{k2} I_2 + \cdots + L_k I_k + \cdots + M_{kn} I_n \\ \cdots\cdots \\ \boldsymbol{\psi}_n = M_{n1} I_1 + M_{n2} I_2 + \cdots + M_{nk} I_k + \cdots + L_n I_n \end{cases}$$

式中，$\boldsymbol{\psi}_k$ 为第 k 个线圈的磁链，包括自感磁链和互感磁链；I_k 为第 k 个线圈中的电流；L_k 为第 k 个线圈的自感系数；M_{ij} 为第 i 个线圈与第 j 个线圈之间的互感系数，统称电感系数。

假设一定的条件，即可由上述线性方程组求得自感和互感为

$$L_k = \frac{\boldsymbol{\psi}_k}{I_k}\bigg|_{I_1 = I_2 = \cdots = I_{k-1} = I_{k+1} = \cdots = I_n = 0}$$

$$M_{ij} = \frac{\boldsymbol{\psi}_{ii}}{I_j}\bigg|_{I_1 = I_2 = \cdots = I_{j-1} = I_{j+1} = \cdots = I_n = 0}$$

4-5-2 内电感和外电感

在各向同性的线性媒质中，与回路相交链的自感磁链与回路中的电流成正比，即

$$\boldsymbol{\psi}_L = LI$$

或

$$L = \frac{\Psi_L}{I} \tag{4-34}$$

式中，Ψ_L 为自感磁链；L 为自感系数，简称自感，在 SI 单位制中，自感的单位是 H。自感仅与回路的几何形状、尺寸及媒质的分布有关，而与电流及磁链的大小无关。

自感有内自感和外自感之分。如图 4 - 16 所示，在导线内部仅与部分电流交链的 **B** 线形成的磁通称为内磁通，对应的磁链称为内磁链，用 Ψ_i 表示，则内自感为

$$L_i = \frac{\Psi_i}{I} \tag{4-35}$$

同样，完全在导线外部闭合的 **B** 线形成的磁通称为外磁通，对应的磁链称为外磁链，用 Ψ_e 表示，则外自感为

$$L_e = \frac{\Psi_e}{I} \tag{4-36}$$

因而，自感为内自感与外自感之和，即

$$L = L_i + L_e \tag{4-37}$$

可以证明，对于平行平面场，单位长度的外自感 L_0 与单位长度的电容 C_0 之间具有下列简单关系

$$L_0 C_0 = \mu\varepsilon \tag{4-38}$$

【例 4 - 8】 求半径为 R 的长直圆柱形导线（如图 4 - 17 所示）的内自感。

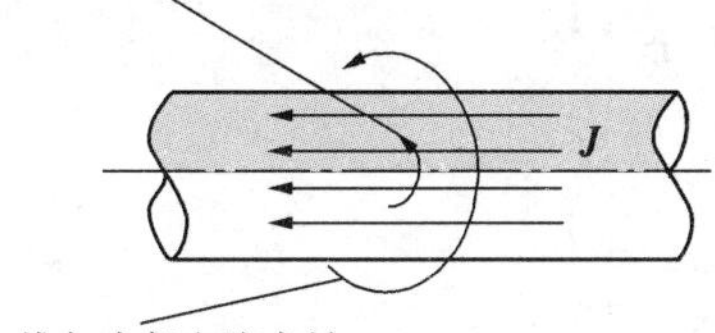

图 4 - 16

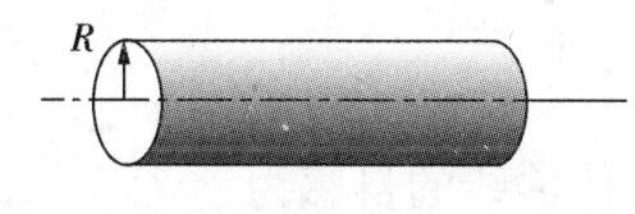

图 4 - 17

解 由安培环路定律可求得导线内

$$\boldsymbol{B}_1 = \frac{\mu I r}{2\pi R^2}\boldsymbol{e}_\alpha$$

穿过轴向长度为 l，宽度为 $\mathrm{d}r$ 的矩形面积上的元磁通

$$\mathrm{d}\Phi_i = B\mathrm{d}S = \frac{\mu I r}{2\pi R^2} l \mathrm{d}r$$

由于与 $\mathrm{d}\Phi_i$ 相交链的电流不是 I，仅是它的一部分，即 I' 为

$$I' = \frac{1}{\pi R^2}\pi r^2 = \frac{r^2}{R^2}I,$$

因此，与 $\mathrm{d}\Phi_i$ 对应的元磁链

$$\mathrm{d}\Psi_i = \frac{I'}{I}\mathrm{d}\Phi_i = \frac{r^2}{R^2}\,\frac{\mu I r}{2\pi R^2} l \mathrm{d}r = \frac{\mu I l}{2\pi R^4} r^3 \mathrm{d}r$$

导线内的自感磁链总量为

$$\Psi_i = \int \mathrm{d}\Psi_i = \int_0^R \frac{\mu I l}{2\pi R^4} r^3 \mathrm{d}r = \frac{\mu I l}{8\pi}$$

由此可得内自感为

$$L_i = \frac{\Psi_i}{I} = \frac{\mu l}{8\pi}$$

可见，对于圆柱形导体内自感的大小与其半径无关；其中 μ 为导体材料的磁导率。对于铜铝导线 $\mu=\mu_0=4\pi\times10^{-7}$（H/m），对应的内自感很小，一般可忽略不计；对于钢导线 $\mu\gg\mu_0$，则必须考虑其内自感。

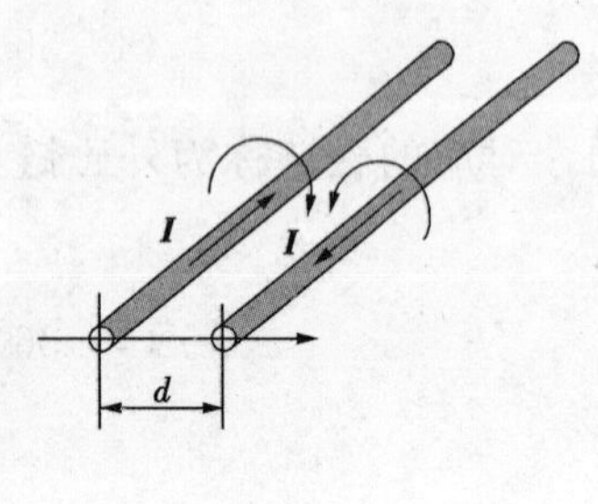

图 4-18

【例 4-9】 求图 4-18 所示双线传输线的自感。

解 在计算外磁链时可认为电流集中在几何轴线上。两个电流在两线之间产生的磁场强度方向相同，均为垂直进入纸平面。由叠加原理知，在距左轴线 x 远处的磁感应强度为

$$B = \frac{\mu_0 I}{2\pi x} + \frac{\mu_0 I}{2\pi(d-x)}$$

穿过元面积（$l\mathrm{d}x$）的元磁通 $\mathrm{d}\Phi_{21}=B(l\mathrm{d}x)$，故外磁链为

$$\Psi_e = \int \mathrm{d}\Phi = \int_R^{d-R} Bl\,\mathrm{d}x = \frac{\mu_0 Il}{\pi}\ln\frac{d-R}{R}$$

因而，外自感为

$$L_e = \frac{\Psi_e}{I} = \frac{\mu_0 l}{\pi}\ln\frac{d-R}{R}$$

一般情况下 $d\gg R$，故

$$L_e \approx \frac{\mu_0 l}{\pi}\ln\frac{d}{R}$$

由于两根导线的内自感为

$$L_i = 2\times\frac{\mu_0 l}{8\pi} = \frac{\mu_0 l}{4\pi}$$

所以得双线传输线的自感为

$$L = L_i + L_e = \frac{\mu_0 l}{4\pi} + \frac{\mu_0 l}{\pi}\ln\frac{d}{R} = \frac{\mu_0 l}{\pi}\left(\frac{1}{4}+\ln\frac{d}{R}\right)$$

4-5-3 互感与诺以曼公式

在线性媒质中，与回路 2 相交链的互感磁链 Ψ_{21}，与产生它的回路电流 I_1 成正比，即

$$\Psi_{21} = M_{21} I_1 \tag{4-39}$$

或

$$M_{21} = \frac{\Psi_{21}}{I_1} \tag{4-40}$$

式中，M_{21} 为回路 1 对回路 2 的互感。互感不仅与线圈或导线的几何形状、尺寸及周围媒质和导线材料的磁导率有关，还与两回路的相互位置有关。在 SI 中，互感的单位是 H。同理，回路 2 对回路 1 的互感可表示为

$$M_{12} = \frac{\Psi_{12}}{I_2}$$

可以证明，互感具有互易性

$$M_{12} = M_{21} \tag{4-41}$$

【例 4 - 10】 求图 4 - 19 所示长直导线与单匝矩形线圈之间的互感 M。

解 图 4 - 19 中标出的矩形线圈电流 i_2 具有很大迷惑性，若根据 i_2 求 B_2 和互感磁链 $\boldsymbol{\Psi}_{12}$ 计算量将很大。由于互感具有互易性 $M_{12}=M_{21}$，可假设长直导线中通电流 I_1，便能很简便地求得

$$\boldsymbol{B}_1=\frac{\mu_0 I_1}{2\pi r}\boldsymbol{e}_\alpha$$

互感磁链为

$$\boldsymbol{\Psi}_{21}=\boldsymbol{\Phi}_{21}=\int_S \boldsymbol{B}_1\cdot \mathrm{d}\boldsymbol{S}=\int_a^{a+b}\frac{\mu_0 I_1}{2\pi}\frac{c\mathrm{d}r}{r}=\frac{\mu_0 I_1 c}{2\pi}\ln\frac{a+b}{a}$$

可得互感为

$$M_{21}=\frac{\boldsymbol{\Psi}_{21}}{I_1}=\frac{\mu_0 c}{2\pi}\ln\frac{a+b}{a}$$

已知电流分布计算互感可分为三个步骤：

先由电流分布求得矢量磁位

$$\boldsymbol{A}_1=\frac{\mu_0 I_1}{4\pi}\oint_{l_1}\frac{\mathrm{d}\boldsymbol{l}_1}{r}$$

再计算磁通

$$\Phi_{21}=\int_S \boldsymbol{B}_1\cdot \mathrm{d}\boldsymbol{S}=\int_S(\nabla\times\boldsymbol{A}_1)\cdot \mathrm{d}\boldsymbol{S}=\oint_{l_2}\boldsymbol{A}_1\cdot \mathrm{d}\boldsymbol{l}_2$$

最后得到互感

$$M_{21}=\frac{\Phi_{21}}{I_1}=\frac{\mu_0}{4\pi}\oint_{l_1}\oint_{l_2}\frac{\mathrm{d}\boldsymbol{l}_1\cdot \mathrm{d}\boldsymbol{l}_2}{r}$$

若两回路的匝数分别为 N_1 和 N_2，则

$$M_{12}=M_{21}=\frac{N_1 N_2\mu_0}{4\pi}\oint_{l_1}\oint_{l_2}\frac{\mathrm{d}\boldsymbol{l}_1\cdot \mathrm{d}\boldsymbol{l}_2}{r} \tag{4 - 42}$$

这就是诺以曼公式，它实质上是把上述三个步骤合并为一个公式。应用诺以曼公式不但可以计算线圈的互感，也可以计算线圈的外自感。不过此时应把线圈的几何轴线和内侧边线分别当作回路 l_1 和 l_2（如图 4 - 20 所示），以避免公式中的 $r=0$，造成积分结果趋于无穷大。

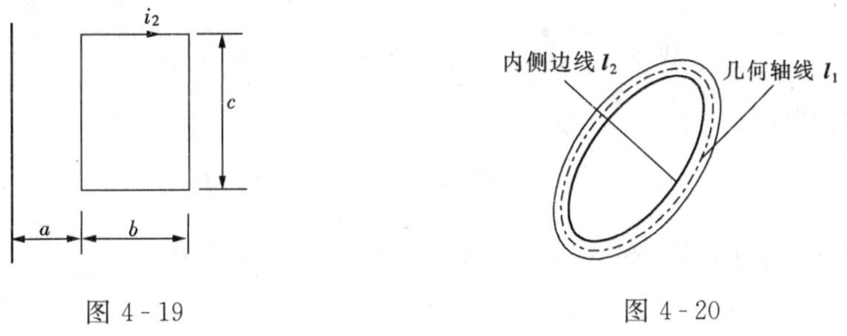

图 4 - 19　　图 4 - 20

4 - 6 磁场能量与磁场力

恒定磁场中储存的能量是在建立磁场的过程中外源做功转化而来的。本节将介绍磁场能量的计算及其分布方式，并在此基础上介绍计算磁场力的虚位移法和法拉第观点。

4 - 6 - 1 外源做功转化为磁场能量

假设电流和磁场的建立过程都是缓慢进行的，周围均为线性媒质，且没有电磁能量辐射

及其他损耗。这样外源所做的功都转变为磁场中储存的能量。

设图 4-21 所示回路 l_1 中通入电流 i_1，当电流的增量为 $\mathrm{d}i_1$ 时，使自感磁链 $\boldsymbol{\psi}_{11}$ 发生变化，产生增量 $\mathrm{d}\boldsymbol{\psi}_{11}=L_1\mathrm{d}i_1$，将在自身回路 l_1 中产生感应电动势 $e_1=-\mathrm{d}\boldsymbol{\psi}_{11}/\mathrm{d}t$，企图产生感应电流磁通阻碍原磁通的变化。因此，外源要施加电压 $u_1=-e_1$ 克服感应电动势做功。在 $\mathrm{d}t$ 时间内，外源所做的功为

$$\mathrm{d}A_1=u_1i_1\mathrm{d}t=\frac{\mathrm{d}\boldsymbol{\psi}_{11}}{\mathrm{d}t}i_1\mathrm{d}t=L_1\frac{\mathrm{d}i_1}{\mathrm{d}t}i_1\mathrm{d}t=L_1i_1\mathrm{d}i_1$$

在电流 i_1 由 $0\to I_1$ 的过程中，外源所做的功为

$$W_{11}=\int\mathrm{d}A_1=\int_0^{I_1}Li\,\mathrm{d}i=\frac{1}{2}L_1I_1^2 \tag{4-43}$$

上式表明磁场能量只与回路电流的最终状态有关，而与电流建立的过程无关。

当如图 4-22 所示线性媒质中有两个回路时，在第二个回路 l_2 中通电流 i_2 的过程中，两个回路中的外源都要做功。其中，回路 2 中的外源在自身回路中建立电流 I_2 时要做功

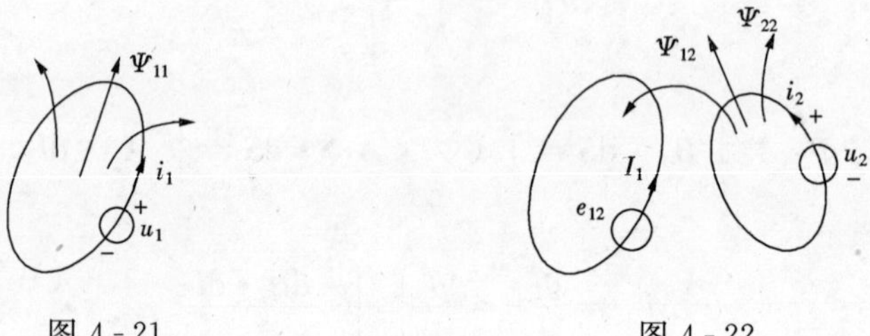

图 4-21　　图 4-22

$$W_{22}=\frac{1}{2}L_2I_2^2$$

此外，与回路 1 交链的互感磁链增量 $\mathrm{d}\boldsymbol{\psi}_{12}=M_{12}\mathrm{d}i_2$，将产生感应电动势 $e_{12}=-\mathrm{d}\boldsymbol{\psi}_{12}/\mathrm{d}t$。为了抵制其对电流 I_1 的影响，回路 1 中的外源也要做功。

$$\mathrm{d}A_{12}=u_1'I_1\mathrm{d}t=\frac{\mathrm{d}\boldsymbol{\psi}_{12}}{\mathrm{d}t}I_1\mathrm{d}t=M_{12}\frac{\mathrm{d}i_2}{\mathrm{d}t}I_1\mathrm{d}t=M_{12}I_1\mathrm{d}i_2$$

$$W_{12}=\int\mathrm{d}A_{12}=\int_0^{I_2}M_{12}I_1\mathrm{d}i_2=M_{12}I_1I_2$$

两个外源做功之和为

$$W_2=W_{22}+W_{12}=\frac{1}{2}L_2I_2^2+M_{12}I_1I_2 \tag{4-44}$$

因此，对于两个电流回路组成的系统，外源做功转化的磁场能量为

$$\begin{aligned}W_\mathrm{m}&=W_1+W_2=\frac{1}{2}L_1I_1^2+\frac{1}{2}L_2I_2^2+M_{12}I_1I_2\\&=\frac{1}{2}I_1(L_1I_1+M_{12}I_2)+\frac{1}{2}I_2(L_2I_2+M_{12}I_1)\\&=\frac{1}{2}\boldsymbol{\psi}_1I_1+\frac{1}{2}\boldsymbol{\psi}_2I_2\end{aligned}$$

式中，$\frac{1}{2}L_1I_1^2$ 和 $\frac{1}{2}L_2I_2^2$ 分别与回路 1 和回路 2 的电流和自感系数有关，称为自有能；$M_{12}I_1I_2$ 与两个回路的电流及互感系数有关，故称为两个电流回路之间的相互作用能；$\boldsymbol{\psi}_1$ 和 $\boldsymbol{\psi}_2$

分别为两个电流回路的总磁链。

对于 n 个电流回路组成的系统，外源做功转化的磁场能量则为

$$W_m = \frac{1}{2}\sum_{k=1}^{n}\boldsymbol{\psi}_k I_k \tag{4-45}$$

在 n 个电流回路的磁场中，第 k 号回路的磁链可表示为

$$\boldsymbol{\psi}_k = \int_{S_k}\boldsymbol{B}\cdot \mathrm{d}\boldsymbol{S} = \oint_{l_k}\boldsymbol{A}\cdot \mathrm{d}\boldsymbol{l}$$

代入式（4-45），可得

$$W_m = \frac{1}{2}\sum_{k=1}^{n}\oint_{l_k} I_k\boldsymbol{A}\cdot \mathrm{d}\boldsymbol{l} \tag{4-46}$$

【例 4-11】 双线传输线导体半径均为 R，几何轴间距离为 d，通过电流为 I，如图 4-23 所示。求单位长度储存的磁场能量。

解 可由叠加原理求得两线间的磁感应强度为

$$B = B_1 + B_2 = \frac{\mu_0 I}{2\pi}\left(\frac{1}{r} + \frac{1}{d-r}\right)$$

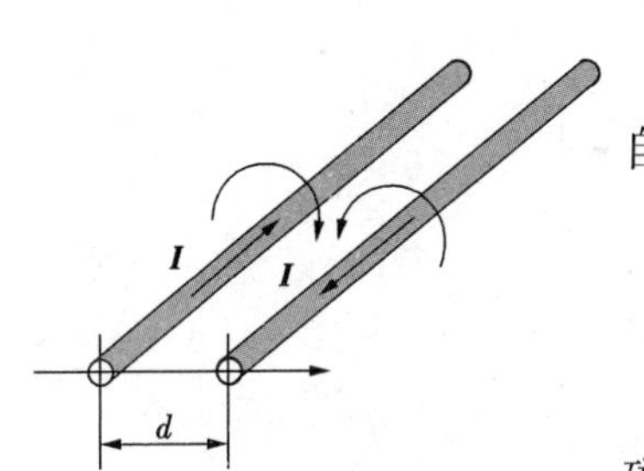

图 4-23

自感磁链为

$$\boldsymbol{\psi}_L = \int_S \boldsymbol{B}\cdot \mathrm{d}\boldsymbol{S} = \frac{\mu_0 I}{2\pi}\int_R^{d-R}\left(\frac{1}{r} + \frac{1}{d-r}\right)\mathrm{d}r = \frac{\mu_0 I}{2\pi}\ln\left(\frac{d-R}{R}\right)^2$$

磁场能量为

$$W_m = \frac{1}{2}\boldsymbol{\psi}_L I = \frac{1}{2}\frac{\mu_0 I^2}{2\pi}\ln\left(\frac{d-R}{R}\right)^2 = \frac{\mu_0 I^2}{2\pi}\ln\frac{d-R}{R}$$

4-6-2　磁场能量分布及其密度

以上导出的磁场能量的电流积分公式，只能计算磁场中储存的总能量，以下研究磁场能量在场域中的具体分布情况。

对于更普遍的情况，电流不是限制在线形导体内，而是分布在导电媒质内，即用 $J\mathrm{d}V$ 代替 $I\mathrm{d}l$，用体积分代替线积分，并可将积分范围从存在电流的区域扩大到包含整个场域，于是得

$$W_m = \frac{1}{2}\int_V \boldsymbol{A}\cdot \boldsymbol{J}\mathrm{d}V = \frac{1}{2}\int_V \boldsymbol{A}\cdot(\nabla\times\boldsymbol{H})\mathrm{d}V$$

利用矢量恒等式 $\nabla\cdot(\boldsymbol{H}\times\boldsymbol{A}) = \boldsymbol{A}\cdot(\nabla\times\boldsymbol{H}) - \boldsymbol{H}\cdot(\nabla\times\boldsymbol{A})$，上式成为

$$W_m = \frac{1}{2}\int_V \nabla\cdot(\boldsymbol{H}\times\boldsymbol{A})\mathrm{d}V + \frac{1}{2}\int_V \boldsymbol{H}\cdot(\nabla\times\boldsymbol{A})\mathrm{d}V$$

再利用散度定理及 $\boldsymbol{B}=\nabla\times\boldsymbol{A}$ 的关系，得

$$W_m = \frac{1}{2}\oint_S(\boldsymbol{H}\times\boldsymbol{A})\cdot \mathrm{d}\boldsymbol{S} + \frac{1}{2}\int_V \boldsymbol{H}\cdot\boldsymbol{B}\mathrm{d}V$$

式中，等号右端第一项中的闭合面 S 是包围整个体积 V 的。当所有电流回路都分布在有限范围内，而 S 面取得离电流回路很远时，$\boldsymbol{H}$ 与 r^2 成反比，$\boldsymbol{A}$ 与 r 成反比，面积 S 与 r^2 成正比。故当 $r\to\infty$ 时，第一项的闭合面积分应等于零，因而

$$W_m = \frac{1}{2}\int_V \boldsymbol{H}\cdot\boldsymbol{B}\mathrm{d}V \tag{4-47}$$

这一结果与静电场能量表达式完全类似，并可由此得到磁场能量体密度为

$$w'_m = \frac{1}{2}\boldsymbol{H}\cdot\boldsymbol{B} \tag{4-48}$$

单位是 J/m^3。对于各向同性的线性媒质还可写为

$$w'_m = \frac{1}{2}\mu H^2 = \frac{B^2}{2\mu} \tag{4-49}$$

图 4-24

【例 4-12】 图 4-24 所示同轴电缆内外导体半径分别为 R_1 和 R_2，长度为 l，导体的磁导率为 μ_1，媒质的磁导率为 μ_2，通恒定电流 I。求同轴电缆储存的磁场能量（外导体厚度忽略不计）。

解 内导体中有

$$\boldsymbol{H}_1 = \frac{Ir}{2\pi R^2}\boldsymbol{e}_\alpha$$

$$W_{m1} = \frac{1}{2}\int_0^{R_1}\mu_1\left(\frac{Ir}{2\pi R^2}\right)^2\mathrm{d}V = \frac{\mu_1 I^2}{8\pi^2 R^4}\int_0^{R_1} r^2(2\pi rl)\mathrm{d}r = \frac{\mu_1 I^2 l}{16\pi}$$

内外导体之间的媒质中有

$$\boldsymbol{H}_2 = \frac{I}{2\pi r}\boldsymbol{e}_\alpha$$

$$W_{m2} = \frac{1}{2}\int_{R_1}^{R_2}\mu_2\left(\frac{I}{2\pi r}\right)^2\mathrm{d}V = \frac{\mu_1 I^2}{8\pi^2}\int_{R_1}^{R_2}\frac{1}{r^2}(2\pi rl)\mathrm{d}r = \frac{\mu_2 I^2 l}{4\pi}\ln\frac{R_2}{R_1}$$

长度为 l 的同轴电缆储存的磁场总能量为

$$W_m = W_{m1} + W_{m2} = \left(\frac{\mu_1}{16\pi} + \frac{\mu_2}{4\pi}\ln\frac{R_2}{R_1}\right)I^2 l$$

顺便指出，利用磁场能量来计算单一回路的自感很方便。本例中，同轴电缆单位长度的自感为

$$L_0 = \frac{2W_m}{I^2 l} = \frac{\mu_1}{8\pi} + \frac{\mu_2}{2\pi}\ln\frac{R_2}{R_1}$$

4-6-3 虚位移法求磁场力

载流导体或运动电荷在磁场中所受的力称为磁场力或电磁力。工程中许多仪表就是利用电磁力进行设计的，电力工程设计中也常需要校验导体或绝缘子承受的电磁力。

磁场对运动电荷的作用力可用 $\boldsymbol{F}=q\boldsymbol{v}\times\boldsymbol{B}$ 进行计算。磁场作用于载流回路的力为 $\boldsymbol{F}=\oint_l I\mathrm{d}\boldsymbol{l}\times\boldsymbol{B}$。由于矢量积分很复杂，通常应用虚位移法来计算磁场力，将使很多问题得到简化。

设有 n 个载流回路所构成的系统，分别与外源相连，通有电流 I_1，I_2，…，I_n。假设除了第 p 号回路外，其余都固定不动；而且回路 p 也仅有一个广义坐标 g 发生变化。这时系统中发生的功能过程为

$$\mathrm{d}W = \mathrm{d}W_m + f\mathrm{d}g \tag{4-50}$$

即所有电源提供的能量 $\mathrm{d}W$ 等于磁场能量的增量 $\mathrm{d}W_m$ 与磁场力所作的功 $f\mathrm{d}g$ 之和。其中

$$\mathrm{d}W = \sum_1^n I_k u_k \mathrm{d}t = \sum_1^n I_k\frac{\mathrm{d}\boldsymbol{\psi}_k}{\mathrm{d}t}\mathrm{d}t = \sum_1^n I_k\mathrm{d}\boldsymbol{\psi}_k \tag{4-51}$$

以下分两种情况来讨论：

（1）假定各回路中的电流保持不变，即 I_k＝常量。根据式（4-45）和式（4-51），有

$$\mathrm{d}W_{\mathrm{m}}\Big|_{I_k=\text{常量}} = \frac{1}{2}\sum_{1}^{n} I_k \mathrm{d}\boldsymbol{\psi}_k = \frac{1}{2}\mathrm{d}W$$

可见，外源提供的能量，有一半作为磁场能量的增量，另一半用于做机械功，即

$$f\mathrm{d}g = \mathrm{d}W_{\mathrm{m}}\big|_{I_k=\text{常量}}$$

由此得广义力为

$$f = \frac{\mathrm{d}W_{\mathrm{m}}}{\mathrm{d}g}\bigg|_{I_k=\text{常量}} = \frac{\partial W_{\mathrm{m}}}{\partial g}\bigg|_{I_k=\text{常量}} \tag{4-52}$$

（2）假定与各回路交链的磁链保持不变，即 $\boldsymbol{\psi}_k$＝常量，$\mathrm{d}\boldsymbol{\psi}_k=0$。这时外源提供的能量 $\mathrm{d}W$ 也为零。根据式（4-50），有

$$f\mathrm{d}g = -\mathrm{d}W_{\mathrm{m}}\big|_{I_k=\text{常量}}$$

可见，磁场力作功只有靠减少系统内的磁场能量来完成，从而得广义力为

$$f = -\frac{\mathrm{d}W_{\mathrm{m}}}{\mathrm{d}g}\bigg|_{\psi_k=\text{常量}} = -\frac{\partial W_{\mathrm{m}}}{\partial g}\bigg|_{\psi_k=\text{常量}} \tag{4-53}$$

必须指出，在磁场中的载流回路虽然受到磁场力作用，但实际上并没有移动（虚位移），应用式（4-52）或式（4-53）所得的都是在当时的电流和磁链情况下的磁场力，因此两者是一致的。

在许多实际问题中，往往只要求计算系统的相互作用力。这时只要写出它们的相互作用能表达式，然后求偏导数即可。

【例 4-13】 在图 4-25 所示均匀外磁场 $\boldsymbol{B}$ 中，有一个平面线圈面积为 S，通电流为 I_1，其法线方向与外磁场 $\boldsymbol{B}$ 夹角为 α。求线圈所受到的力矩。

解 由于这一系统的相互作用能为

$$W_{\mathrm{mM}} = I_1\boldsymbol{\psi}_{\mathrm{M}} = I_1 BS\cos\alpha$$

选取线圈法线与外磁场的夹角 α 为广义坐标，则对应的广义力为力矩。其值为

$$T = \frac{\partial W_{\mathrm{mM}}}{\partial \alpha}\bigg|_{I=\text{常量}} = -I_1 BS\sin\alpha$$

式中的负号表示力矩企图使广义坐标 α 减小。可见，载流回路所受的力距作用趋势是使该回路包围尽可能多的磁通。本例的结果是电磁式电表的工作原理。

【例 4-14】 图 4-26 所示细长螺线管共有 N 匝，长度为 L，截面积为 S，通有恒定电流 I，现将一根磁导率为 μ 的铁棒沿轴向插入一部分，另一部分留在管外。求铁棒在水平方向所受的力。

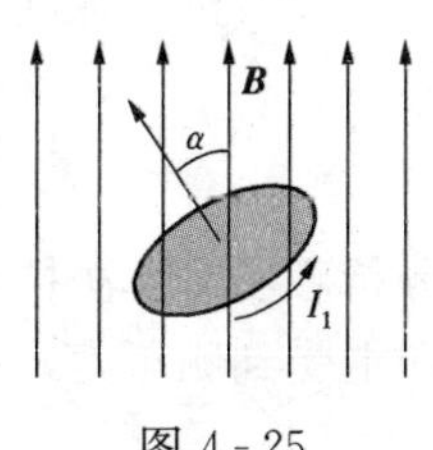

图 4-25

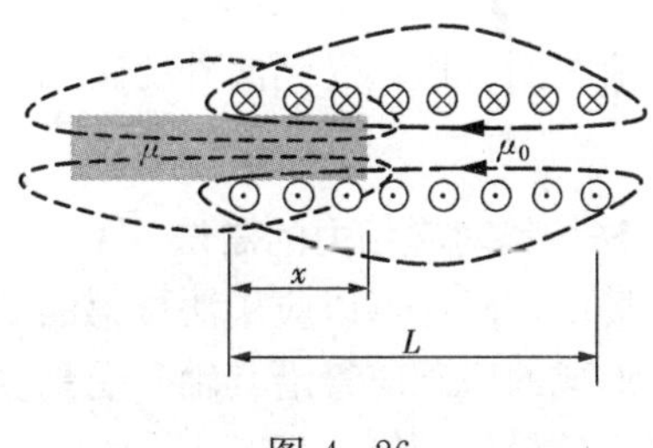

图 4-26

解 取铁棒插入深度 x 为广义坐标。当铁棒受力右移 $\mathrm{d}x$ 时，铁棒中的均匀场域增大 $\mathrm{d}V=S\mathrm{d}x$，同时，空心螺线管的均匀场域减小 $\mathrm{d}V=-S\mathrm{d}x$。由于空心螺线管和铁棒的中间部位可看为均匀场，且

$$H_1=H_2=\frac{NI}{L}$$

则位移前后磁场能量变化为

$$\begin{aligned}\mathrm{d}W_{\mathrm{m}}&=\frac{1}{2}\mu H_1^2\mathrm{d}V-\frac{1}{2}\mu_0 H_2^2\mathrm{d}V\\&=\frac{1}{2}(\mu-\mu_0)\left(\frac{NI}{L}\right)^2 S\mathrm{d}x\end{aligned}$$

故铁棒受力为

$$f=\left.\frac{\partial W_{\mathrm{m}}}{\partial x}\right|_{I=\text{常量}}=\frac{1}{2}(\mu-\mu_0)\left(\frac{NI}{L}\right)^2 S$$

由于铁棒的磁导率 μ 远大于空气的磁导率 μ_0，因此 $f>0$，电磁力使广义坐标 x 增加。也就是说，铁棒将被自动吸入螺线管内。

【例 4-15】 图 4-27 所示矩形线圈与长直导线在同一平面上，设导线中通电流 I_1，线圈中通电流 I_2，求直导线电流对矩形线圈的各边的作用力。

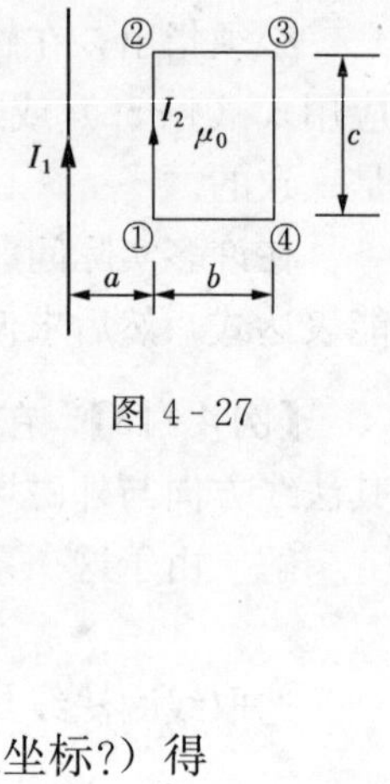

图 4-27

解 长直导线产生的磁感应强度为

$$\boldsymbol{B}_1=\frac{\mu_0 I_1}{2\pi r}\boldsymbol{e}_\alpha$$

穿过矩形线圈的磁通为

$$\Phi=\int_S \boldsymbol{B}\cdot\mathrm{d}\boldsymbol{S}=\frac{\mu_0 I_1}{2\pi}\int_a^{a+b}\frac{1}{r}(c\mathrm{d}r)=\frac{\mu_0 I_1 c}{2\pi}\ln\frac{a+b}{a}$$

令 $X_1=a$，$X_2=a+b$，则相互作用能为

$$W_{\mathrm{mM}}=\boldsymbol{\psi}_{21}I_2=\frac{\mu_0 I_1 I_2 c}{2\pi}\ln\frac{a+b}{a}=\frac{\mu_0 I_1 I_2 c}{2\pi}\ln\frac{X_2}{X_1}$$

求线圈的①②边受力时，取 X_1 为广义坐标（思考：为何不选取 a 为广义坐标?）得

$$f_{12}=\left.\frac{\partial W_{\mathrm{mM}}}{\partial X_1}\right|_{I=\text{常量}}=\frac{\partial}{\partial X_1}\left(\frac{\mu_0 I_1 I_2 c}{2\pi}\ln\frac{X_2}{X_1}\right)=-\frac{\mu_0 I_1 I_2 c}{2\pi X_1}=-\frac{\mu_0 I_1 I_2 c}{2\pi a}$$

求线圈的③④边受力时，取 X_2 为广义坐标得

$$f_{34}=\left.\frac{\partial W_{\mathrm{mM}}}{\partial X_2}\right|_{I=\text{常量}}=\frac{\partial}{\partial X_2}\left(\frac{\mu_0 I_1 I_2 c}{2\pi}\ln\frac{X_2}{X_1}\right)=\frac{\mu_0 I_1 I_2 c}{2\pi X_2}=\frac{\mu_0 I_1 I_2 c}{2\pi(a+b)}$$

求线圈的②③和④①边受力时，取 c 为广义坐标得

$$f_{23}=-f_{41}=\left.\frac{\partial W_{\mathrm{mM}}}{\partial c}\right|_{I=\text{常量}}=\frac{\partial}{\partial c}\left(\frac{\mu_0 I_1 I_2 c}{2\pi}\ln\frac{a+b}{a}\right)=\frac{\mu_0 I_1 I_2}{2\pi}\ln\frac{a+b}{a}$$

可见，载流线圈各边都受到向外的磁场力，若外加磁场很强，导线机械强度不够，线圈将被挣断。

4-6-4 法拉第对磁场力的看法

在恒定电场中，同样可以应用法拉第的看法简便地计算和分析磁场力。法拉第认为，每一束磁力线所形成的磁感应管沿其轴向受到纵张力，在垂直方向上受到侧压力，每单位面积上的张力和压力的量值相等，都等于

$$f' = \frac{1}{2}\boldsymbol{B} \cdot \boldsymbol{H} = \frac{1}{2}\mu H^2 = \frac{B^2}{2\mu} \tag{4-54}$$

【例 4-16】 求图 4-28 所示电磁铁的起重力（设空气隙中的磁场均匀分布）。

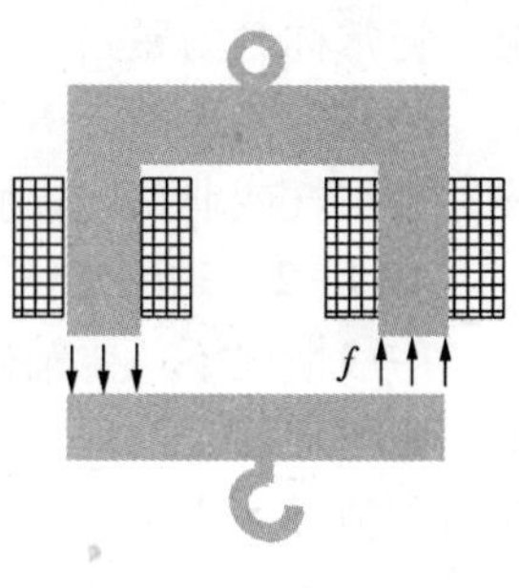

图 4-28

解 由法拉第的看法可定性地得知，空气隙中的 $\boldsymbol{B}$ 管有沿轴向收缩的趋势，因而在空气隙的铁心表面上表现为吸力。

由法拉第的看法还可定量地计算空气隙中铁心表面的电磁力大小。

由于空气隙中的磁通与铁心中的磁通相等 $\Phi_1 = \Phi_2$，或由分界面衔接条件知 $B_{1n} = B_{2n}$。而铁心的磁导率 μ_∞ 远大于气隙的磁导率 μ_0，因而铁心内 $\boldsymbol{H}_1 = \boldsymbol{B}_1/\mu_\infty$ 远远小于空气隙中的 $\boldsymbol{H}_2 = \boldsymbol{B}_2/\mu_0$，故可近似认为 $\boldsymbol{H}_1 \approx 0$。由式（4-54）知，作用于衔铁的起重力仅为两个空气隙中的 $\boldsymbol{B}$ 管沿轴向收缩的吸力，即

$$f = 2f' \cdot S = 2 \times \frac{B_2^2}{2\mu_0} S = \frac{B^2 S}{\mu_0}$$

4-7 磁路及其计算

工程中为获得较大的磁通，常应用磁导率极高的铁磁材料，由于其 μ 远远大于一般材料的 μ_0，甚至达到几千几万倍，因而显著地影响并改变磁场的分布。求解这类问题一般是很复杂的。因而常把此类问题简化为磁路问题进行近似计算。

4-7-1 铁磁材料中的 B 线

前面曾讨论过两种导磁媒质分界面上没有电流时的衔接条件和折射定律为

$$\frac{\tan\beta_1}{\tan\beta_2} = \frac{\mu_1}{\mu_2} = \frac{\mu_{r1}}{\mu_{r2}}$$

由此得知，若分界面一侧为非铁磁材料 $\mu_{r1} = 1$，另一侧为铁磁材料 μ_{r2} 达几千甚至数十万，则除了 $\beta_1 = \beta_2 = 0$ 的特殊情况外，一般总有 β_1 远远小于 β_2，而且常常是 $\beta_2 \approx 90°$，$\beta_1 \approx 0°$，如图 4-29 所示。这样，铁磁材料内的 $\boldsymbol{B}$ 线几乎与分界面平行，而且非常密集，漏到外面的磁通极小，内部的磁通远大于其外部。

图 4-30 所示为一个没有铁心的载流线圈产生的 $\boldsymbol{B}$ 线是弥散在整个空间的。在电气工程和无线电技术中，很多需要较强磁场或较大磁通的设备，载流线圈都是绕在一个闭合或基本闭合的铁心上（如图 4-31、图 4-32 所示）。

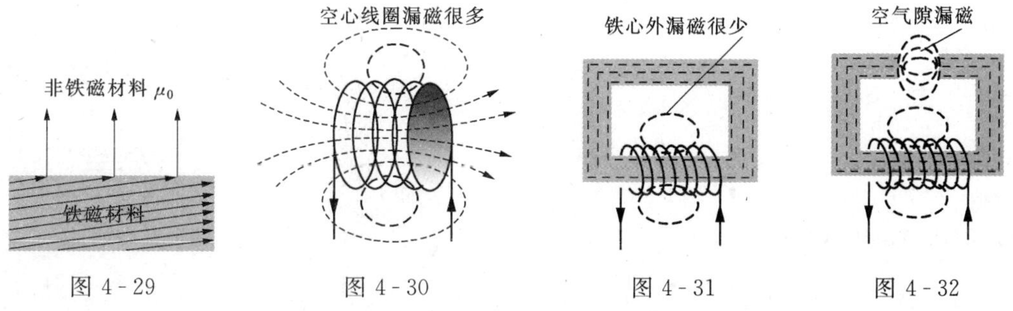

图 4-29　图 4-30　图 4-31　图 4-32

这样，不仅会使绝大多数 **B** 线集中于铁心内部，并沿着铁心走向分布；而且通有较小的电流便能得到较强的磁通。因此，闭合的铁心或开有狭窄空气隙的铁心是 **B** 线的主要通路，通常称其为磁路。

磁路中绝大部分 **B** 线是通过磁路闭合的，磁路中的磁通称为主磁通。极少量 **B** 线经过磁路外空气或非铁磁媒质而闭合，相应的磁通称为漏磁通。

4-7-2 磁路定律

一般情况下，要精确计算铁心中的磁场分布比较困难，因为磁场的分布与线圈和铁心的形状密切相关。工程上一般根据磁场的基本方程推导出磁路定律，然后利用类似于电路的方法近似地计算主磁通。

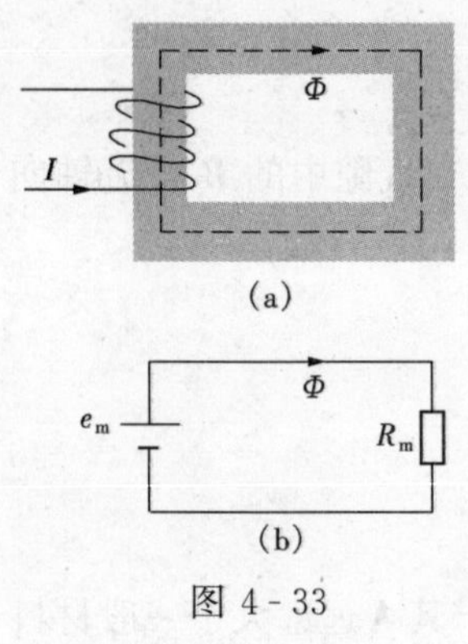

图 4-33

先来讨论简单的无分支闭合铁心的磁路。设图 4-33（a）所示线圈的电流为 I，匝数为 N，对于铁心中的一条闭合 **B** 线，有

$$\oint_l \boldsymbol{H} \cdot \mathrm{d}\boldsymbol{l} = NI$$

由于积分路径上的 **H** 与 d**l** 平行，被积函数可写为

$$\boldsymbol{H} \cdot \mathrm{d}\boldsymbol{l} = \frac{\boldsymbol{B}}{\mu} \cdot \mathrm{d}\boldsymbol{l} = \frac{B}{\mu}\mathrm{d}l = \Phi\frac{\mathrm{d}l}{\mu S}$$

由于铁心各横截面 S 上通过的磁通 Φ 相等，得

$$\Phi\oint_l \frac{\mathrm{d}l}{\mu S} = NI$$

仿照一般导体的电阻公式 $R=\int\frac{\mathrm{d}l}{\gamma S}$，定义无分支闭合磁路的磁阻为

$$R_m = \oint_l \frac{\mathrm{d}l}{\mu S}$$

仿照全电路欧姆定律 $IR=e$，定义 $e_m=NI$，称为磁路的磁动势，单位是安匝。因此有

$$\Phi \cdot R_m = e_m \qquad (4-55)$$

上式称为无分支闭合磁路的欧姆定律。可见，引入磁阻 R_m 和磁动势 e_m 之后，磁路中的 Φ、R_m 和 e_m 三者之间的关系，与电路中的欧姆定律完全相似。铁心线圈的磁路对应于最简单的电路——无分支闭合电路，如图 4-33（b）所示。

【例 4-17】 如图 4-34 所示的线圈匝数 $N=300$，铁心横截面积 $S=3\times10^{-3}\,\mathrm{m}^2$，平均长度 $l=1\mathrm{m}$，铁磁媒质的 $\mu_r=2600$。欲在铁心中激发 3×10^{-3} Wb 的磁通，线圈应通过多大电流？

解 磁路的总磁阻为

$$R_m = \frac{l}{\mu S} = \frac{1}{2600\times4\pi\times10^{-7}\times(3\times10^{-3})} = 10^5(1/\mathrm{H})$$

磁路的磁动势为

$$e_m = \Phi R_m = (3\times10^{-3})\times10^5 = 300(\text{安匝})$$

因此，应通过的电流为

$$I = e_m/N = 300/300 = 1(\mathrm{A})$$

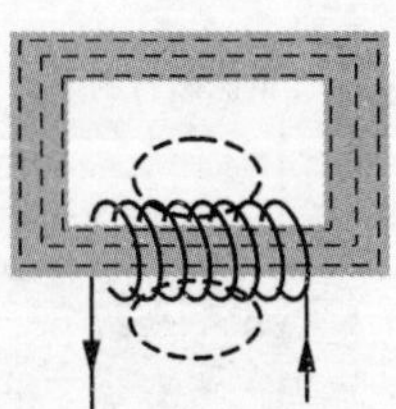
图 4-34

当磁路存在分支时，一般说来各分支的磁通不相同。如果忽略从铁心侧面漏出的 **B** 线，由磁通连续性原理

$$\oint_S \boldsymbol{B} \cdot \mathrm{d}\boldsymbol{S} = 0$$

不难得知，连接同一节点的各支路磁通的代数和为零，即

$$\Phi = \Phi_1 + \Phi_2$$

对于任意复杂的磁路，每一个分支点上所连接各支路的磁通代数和等于零，即

$$\Sigma \Phi_k = 0 \tag{4-56}$$

这一关系与电路中的基尔霍夫第一定律相对应。

对于磁路的任意闭合回路，则有

$$\Sigma \Phi_k R_{mk} = \Sigma e_{mk} \tag{4-57}$$

上式表明，在磁路的任意闭合回路中，各段磁路上的磁压（$\Phi_k R_{mk}$）的代数和，等于闭合回路中磁动势（e_{mk}）的代数和。这一关系与电路中的基尔霍夫第二定律相对应。

磁路与电路的对应关系，使我们将熟悉的电路计算方法移植过来计算磁路。为此，先画出简化的磁路图，例如，对于图 4-35（a）所示的有分支磁路，相应的磁路图是串并联磁阻与磁动势构成的磁路，如图 4-35（b）所示。

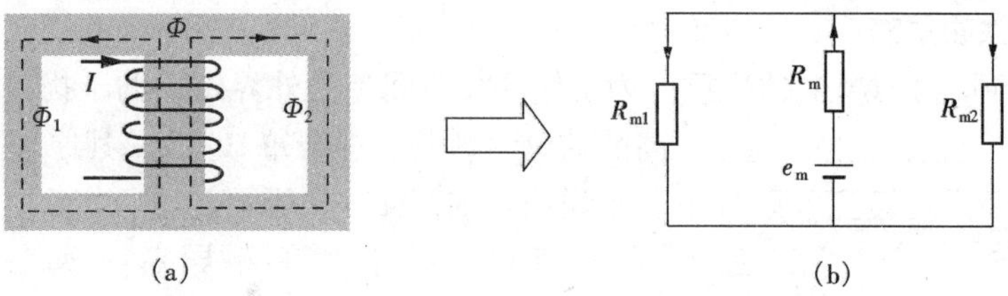

图 4-35

应当指出，由磁场的基本方程——安培环路定理和磁通连续性原理推导上述磁路定律时是作了许多近似而得到的。例如认为 **B** 线是沿着铁心轴线走向，铁心截面上的 **B** 均匀分布，不计漏磁等。因此磁路定律实际上只是一种估算，这种估算对有关工程技术问题是十分必要的。另外，以上讨论未涉及含有永磁体的磁路。永磁体本身也能激发磁场，相当于一个磁动势，因此，含有永磁体的问题将复杂一些。

【例 4-18】 在［例 4-17］给出的铁心上开一空气隙，长 $l_2=2\text{mm}$，假设 **B** 线穿过气隙时所占面积扩展为 $S_2=4\times10^{-3}\text{m}^2$，如图 4-36 所示。欲维持铁心内磁通 $\Phi=3\times10^{-3}\text{Wb}$，线圈电流应增为多少？

解 图 4-36 的等值电路见图 4-37。在［例 4-17］中，铁心的横截面积 $S=3\times10^{-3}\text{m}^2$，平均长度 $l=1\text{m}$，铁磁媒质的 $\mu_r=2600$，线圈匝数 $N=300$。

图 4-36　　　　图 4-37

空气隙后铁心长度变化很小，可以认为铁心的磁阻与［例4-17］相等，即

$$R_{m1}=10^5\ (1/H)$$

空气隙的磁阻为

$$R_{m2}=\frac{l_2}{\mu_0 S_2}=\frac{2\times10^{-3}}{4\pi\times10^{-7}\times4\times10^{-3}}=4\times10^5(1/H)$$

总磁阻为

$$R_m=R_{m1}+R_{m2}=10^5+4\times10^5=5\times10^5\ (1/H)$$

磁动势为

$$e_m=\Phi R_m=(3\times10^{-3})\times(5\times10^5)=1500\ (安匝)$$

因此，电流应增为

$$I=e_m/N=1500/300=5\ (A)$$

本例说明，虽然气隙只占铁心长度的0.2%，但使总磁阻提高到原来的5倍。这是由于空气的磁导率比铁心磁导率小很多所致。如果气隙再大，磁阻必将更高，为激发同样大的磁通所需电流也必然更大。因此，变压器及一般铁心线圈都使用闭合铁心，只有当特殊需要时（例如日光灯镇流器）线圈的铁心上才开一个小气隙。电机的转子和定子之间的气隙不可避免，但尽量制作得很小。

4-7-3 铁磁屏蔽

目前电磁环境污染越来越严重。为了使部分空间免受外界磁场的干扰，常利用磁导率很高的铁磁材料制成屏蔽罩（室）。其原理可借助磁阻的并联来说明，如图4-38所示。

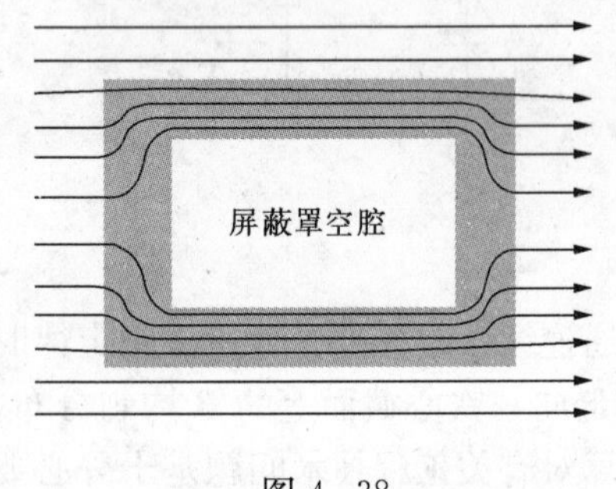

图4-38

由于屏蔽罩内空腔的磁导率 μ_0 远小于铁磁材料的磁导率 μ，其磁阻远大于与其“并联”的屏蔽罩磁阻。于是，来自外界的 **B** 线绝大部分将集中沿着空腔外部的屏蔽罩侧壁通过，进入空腔内部的很少，因此可达到一定的屏蔽效果。但是，仅用一层较薄的铁磁材料制成的屏蔽罩内部，磁场并不为零。为提高屏蔽效果，可选用较厚的铁磁材料或采用多层屏蔽的办法。

习 题 四

基本方程：

4-1 已知无限大平面上均匀分布面电流，密度为 $K\boldsymbol{e}_z$。试用安培环路定理微分形式，求载流平面外的磁场强度 H。

衔接条件：

4-2 如图4-39所示，设 $z=0$ 平面为两种磁媒质分界面，在 $z>0$ 区域 $\mu_{r1}=4$；在 $z<0$ 区域 $\mu_{r2}=1$。已知 $x=0$ 处的磁感应强度 $\boldsymbol{B}_1$ 为 $1\mathrm{Wb/m^2}$，其方向为 $\alpha=45°$，$\theta=60°$，分界面上无电流。求该点的 $\boldsymbol{B}_2$ 和 $\boldsymbol{H}_2$。

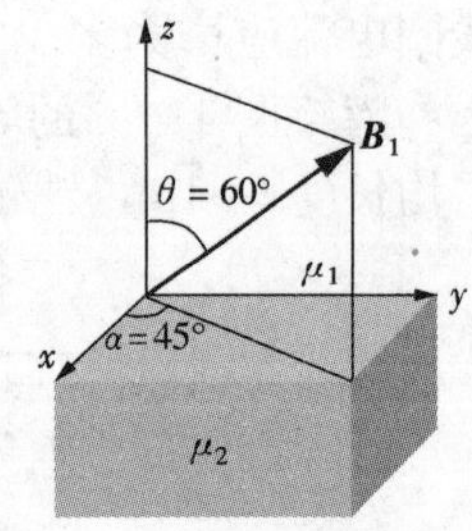

图4-39

磁位：

4-3 真空中在 $x=\pm2\text{m}$ 处分别有沿 z 轴正、反方向的线电流 6mA。设坐标原点磁位为零，求 y 轴上任一点的磁位 φ_m。

4-4 已知场域中矢量磁位 $\boldsymbol{A}=5x^3\boldsymbol{e}_z$。求电流密度 $\boldsymbol{J}$ 的分布。

4-5 已知电流密度 $\boldsymbol{J}=J_0r\boldsymbol{e}_z$ $(r\leqslant a)$。求矢量磁位 $\boldsymbol{A}$（参考点选在 $r=r_0>a$ 处）和磁感应强度 $\boldsymbol{B}$。

镜像法：

4-6 在磁导率 $\mu_1=5000\mu_0$ 的铁磁媒质中，有一平行于媒质分界面的长直线电流 $I=1\text{A}$ 距媒质分界面 2cm。求媒质分界面另一侧空气中距分界面 1cm 处的磁感应强度 $\boldsymbol{B}$。

4-7 空气中有一平行于媒质分界面的长直线电流 $I=10\text{A}$，距分界面 1m。已知分界面另一侧的媒质磁导率 $\mu_1\approx5\mu_0$，求图 4-40 所示矩形面积穿过的磁通 Φ。

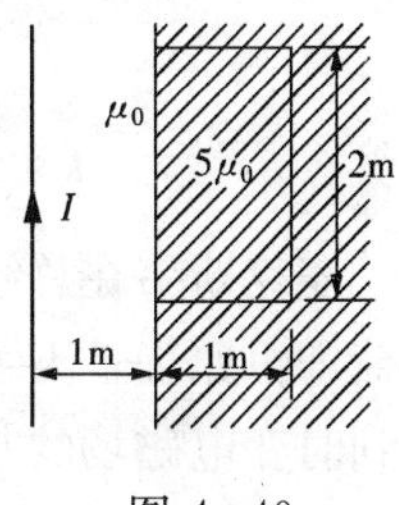

图 4-40

自感与互感：

4-8 已知同轴电缆内外导体半径分别为 R_1 和 R_2（外导体的横截面忽略不计），导体的磁导率为 μ_0，媒质的磁导率为 μ。求单位长度的自感。

4-9 空气中甲、乙两对双线传输线之间的相对位置如图 4-41 所示。求两者之间沿纵向单位长度的互感。

磁场力：

4-10 图 4-42 所示铁心横截面为矩形，磁导率为 μ，均匀密绕 N 匝的螺线管通电流 I。求其储存的磁场能量。

4-11 双线传输线导体半径均为 R，几何轴间距离为 d，通过电流为 I。求：

（1）单位长度储存的能量；

（2）单位长度所受的磁场力。

磁路：

4-12 已知铁心的形状如图 4-43 所示，三段磁路 a、b、c 的长度和截面积都相等，空气隙长 $l=2.0\text{mm}$，气隙的磁阻比它们每段的磁阻大 30 倍，线圈共 1000 匝，电流为 1.8A。忽略漏磁通及左右边框的磁阻，求气隙内的磁感应强度 $\boldsymbol{B}$ 为多少？

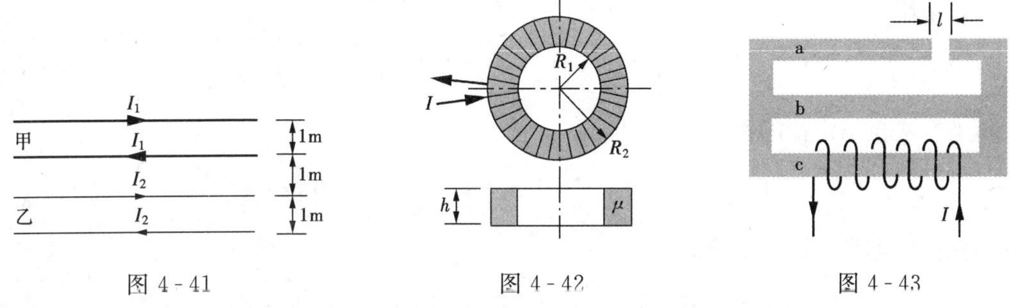

图 4-41　　图 4-42　　图 4-43

第五章 时变电磁场

本章讨论随时间变化的电磁场，在时变电磁场基本方程组的基础上，导出电磁场的能量守恒和转化定律——坡印亭定理，并引入描述电磁能量流动的物理量——坡印亭矢量；介绍动态位函数及其达朗贝尔方程解答的波动性，正弦电磁场中麦克斯韦方程组及坡印亭矢量的复数形式，讨论单元偶极子天线的近区和远区的辐射特性。

5-1 电磁场基本方程组

麦克斯韦在总结前人研究成果——库仑定律、安培力定律和法拉第定律的基础上，根据电荷守恒原理，天才地提出了位移电流的假设，将静电场和恒定磁场的基本方程加以扩展，得到时变电磁场的基本方程组，通常称之为"麦克斯韦方程组"。

5-1-1 麦克斯韦方程组的微分形式

由麦克斯韦方程组的积分形式，利用高斯散度定理和斯托克斯定理，不难得到相应的微分形式。

首先我们来看全电流定律的积分形式

$$\oint_l \boldsymbol{H}\cdot \mathrm{d}\boldsymbol{l} = \int_S \left(\boldsymbol{J}_C + \frac{\partial \boldsymbol{D}}{\partial t} + \rho A v\right)\cdot \mathrm{d}\boldsymbol{S}$$

根据斯托克斯定理，上式变换为

$$\int_S (\nabla \times \boldsymbol{H})\cdot \mathrm{d}\boldsymbol{S} = \int_S \left(\boldsymbol{J}_C + \frac{\partial \boldsymbol{D}}{\partial t} + \rho v\right)\cdot \mathrm{d}\boldsymbol{S}$$

由于传导电流只存在于导电媒质中，而运流电流只存在于真空或惰性气体中，两者不可能在空间的同一点上共存。因此，全电流定律微分形式为

$$\nabla \times \boldsymbol{H} = \boldsymbol{J}_C + \frac{\partial \boldsymbol{D}}{\partial t} \quad 或 \quad \nabla \times \boldsymbol{H} = \rho v + \frac{\partial \boldsymbol{D}}{\partial t}$$

本教材不研究与运流电流相关的电磁场问题。因此全电流定律（麦克斯韦第一方程）的微分形式采用

$$\nabla \times \boldsymbol{H} = \boldsymbol{J}_C + \frac{\partial \boldsymbol{D}}{\partial t} \tag{5-1}$$

再来看法拉第定律的积分形式

$$\oint_l \boldsymbol{E}_i \cdot \mathrm{d}\boldsymbol{l} = -\int_S \frac{\partial \boldsymbol{B}}{\partial t}\cdot \mathrm{d}\boldsymbol{S} + \oint_S (\nabla \times v \times \boldsymbol{B})\cdot \mathrm{d}\boldsymbol{S}$$

根据斯托克斯定理，上式变换为

$$\int_S (\nabla \times \boldsymbol{E})\cdot \mathrm{d}\boldsymbol{S} = -\int_S \frac{\partial \boldsymbol{B}}{\partial t}\cdot \mathrm{d}\boldsymbol{S} + \oint_l (v \times \boldsymbol{B})\cdot \mathrm{d}\boldsymbol{l}$$

由于本教材重点研究随时间变化的电磁场，不涉及导体在恒定磁场中运动产生感应电场问题。故法拉第定律（麦克斯韦第二方程）的微分形式采用

$$\nabla \times \boldsymbol{E} = -\frac{\partial \boldsymbol{B}}{\partial t} \tag{5-2}$$

根据高斯散度定理，不难得到磁通连续性和高斯通量定律的微分形式为

$$\oint_S \boldsymbol{B} \cdot \mathrm{d}\boldsymbol{S} = 0 \quad \Rightarrow \quad \nabla \cdot \boldsymbol{B} = 0 \tag{5-3}$$

$$\oint_S \boldsymbol{D} \cdot \mathrm{d}\boldsymbol{S} = \int_V \rho \mathrm{d}V \quad \Rightarrow \quad \nabla \cdot \boldsymbol{D} = \rho \tag{5-4}$$

以上导出的四个微分方程共同组成微分形式的麦克斯韦方程组。从矢量场的散度和旋度特性出发，可以对麦克斯韦方程组的物理意义给出进一步的全面解释。

式（5-2）和式（5-4）表明，时变电场是有散、有旋场。它不仅有散度源（时变电荷），而且时变磁场是其旋度源。

式（5-1）和式（5-3）表明，时变磁场是无散、有旋场。传导电流和时变电场都是时变磁场的旋度源。

两个旋度方程表明了时变电场与时变磁场有不可分割、互为因果的关联性。既使在不存在电荷和电流的无源区域，自行闭合的 $\boldsymbol{B}$ 线和 $\boldsymbol{E}$ 线相互交链、相互激发，在空间形成由近及远传播的电磁波。

【例 5-1】 已知无限大自由空间中电场强度为

$$\boldsymbol{E}(z,t) = 10^{-3}\sin\left(10^8 t - \frac{z}{3}\right)\boldsymbol{e}_x$$

试用麦克斯韦方程求磁场强度 $\boldsymbol{H}$。

解法一： 时变电场产生的位移电流密度为

$$\boldsymbol{J}_D = \varepsilon_0 \frac{\partial \boldsymbol{E}}{\partial t} = \varepsilon_0 \frac{\partial}{\partial t}\left[10^{-3}\sin\left(10^8 t - \frac{z}{3}\right)\boldsymbol{e}_x\right] = 10^5 \varepsilon_0 \cos\left(10^8 t - \frac{z}{3}\right)\boldsymbol{e}_x$$

由于

$$\nabla \times \boldsymbol{H} = \begin{vmatrix} \boldsymbol{e}_x & \boldsymbol{e}_y & \boldsymbol{e}_z \\ \frac{\partial}{\partial x} & \frac{\partial}{\partial y} & \frac{\partial}{\partial z} \\ H_x & H_y & H_z \end{vmatrix} = \begin{vmatrix} \boldsymbol{e}_x & \boldsymbol{e}_y & \boldsymbol{e}_z \\ 0 & 0 & \frac{\partial}{\partial z} \\ 0 & H_y & 0 \end{vmatrix} = -\frac{\partial H_y}{\partial z}\boldsymbol{e}_x$$

自由空间没有传导电流，只有位移电流。由麦克斯韦第一方程 $\nabla \times \boldsymbol{H} = \boldsymbol{J}_C + \varepsilon_0 \frac{\partial \boldsymbol{E}}{\partial t}$ 可知

$$\frac{\partial H_y}{\partial z} = -10^5 \varepsilon_0 \cos\left(10^8 t - \frac{z}{3}\right)$$

对空间坐标 z 进行不定积分，可得

$$H_y = 3 \times 10^5 \varepsilon_0 \sin\left(10^8 t - \frac{z}{3}\right) + C$$

式中，C 为由边界条件确定的积分常数，在无限大空间情况下可取 $C=0$，故得

$$\boldsymbol{H}(z,t) = 3 \times 10^5 \varepsilon_0 \sin\left(10^8 t - \frac{z}{3}\right)\boldsymbol{e}_y$$

$$= \frac{10^{-3}}{120\pi}\sin\left(10^8 t - \frac{z}{3}\right)\boldsymbol{e}_y$$

解法二： 由麦克斯韦第二方程 $\nabla \times \boldsymbol{E} = -\mu_0 \frac{\partial \boldsymbol{H}}{\partial t}$，也可求得磁场强度 $\boldsymbol{H}$。由于

$$\nabla\times\boldsymbol{E}=\begin{vmatrix}\boldsymbol{e}_x & \boldsymbol{e}_y & \boldsymbol{e}_z\\ \dfrac{\partial}{\partial x} & \dfrac{\partial}{\partial y} & \dfrac{\partial}{\partial z}\\ E_x & E_y & E_z\end{vmatrix}=\begin{vmatrix}\boldsymbol{e}_x & \boldsymbol{e}_y & \boldsymbol{e}_z\\ 0 & 0 & \dfrac{\partial}{\partial z}\\ E_x & 0 & 0\end{vmatrix}=\frac{\partial E_x}{\partial z}\boldsymbol{e}_y=-\frac{10^{-3}}{3}\cos\left(10^8 t-\frac{z}{3}\right)\boldsymbol{e}_y$$

即

$$-\mu_0\frac{\partial H_y}{\partial t}=-\frac{10^{-3}}{3}\cos\left(10^8 t-\frac{z}{3}\right)$$

对时间变量 t 进行不定积分，可得

$$H_y=\frac{10^{-11}}{3\mu_0}\sin\left(10^8 t-\frac{z}{3}\right)+C$$

式中，C 为由初始条件确定的积分常数，在正弦稳态情况下可取 $C=0$，故得

$$\boldsymbol{H}(z,t)=\frac{10^{-11}}{3\mu_0}\sin\left(10^8 t-\frac{z}{3}\right)\boldsymbol{e}_y=\frac{10^{-3}}{120\pi}\sin\left(10^8 t-\frac{z}{3}\right)\boldsymbol{e}_y$$

5-1-2 时变电磁场的分界面衔接条件

时变电磁场的分界面衔接条件与静态场相同，在此仅以电场强度 $\boldsymbol{E}$ 和 $\boldsymbol{H}$ 的衔接条件为例推导如下：

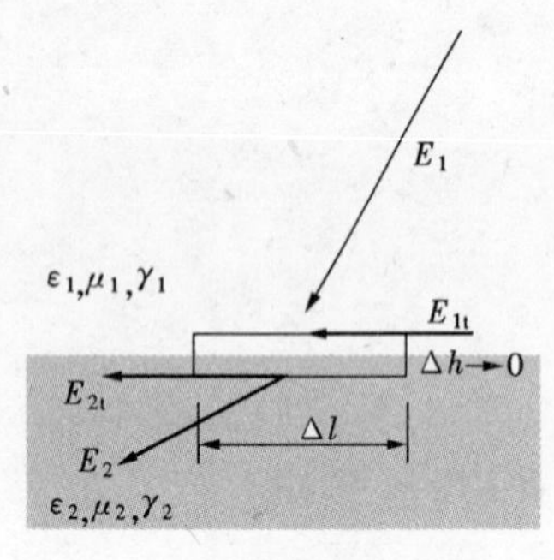

图 5-1

如图 5-1 所示，在媒质分界面上取一个边长分别为 Δl 和 Δh 的矩形闭合回路，其中 $\Delta h\to 0$。由于 $\boldsymbol{B}$ 为有限值，穿过矩形回路围成面积的磁通 $B\cdot(\Delta l\Delta h)\to 0$，由麦克斯韦第二方程

$$\oint_l \boldsymbol{E}\cdot \mathrm{d}\boldsymbol{l}=-\int_S\frac{\partial \boldsymbol{B}}{\partial t}\cdot \mathrm{d}\boldsymbol{S}$$

得到

$$E_{1t}\Delta l-E_{2t}\Delta l=\lim_{\Delta h\to 0}\left[\left(-\frac{\partial B}{\partial t}\right)_{\mathrm{n}}\Delta l\Delta h\right]=0$$

因此

$$E_{1t}=E_{2t} \tag{5-5}$$

同理，由于 $\boldsymbol{D}$ 为有限值，穿过回路围成面积的电通量 $D\cdot(\Delta l\Delta h)\to 0$，由麦克斯韦第一方程

$$\oint_l \boldsymbol{H}\cdot \mathrm{d}\boldsymbol{l}=\int_S\left(\boldsymbol{J}_C+\frac{\partial \boldsymbol{D}}{\partial t}\right)\cdot \mathrm{d}\boldsymbol{S}$$

得到

$$H_{1t}\Delta l-H_{2t}\Delta l=\lim_{\Delta h\to 0}\left[\left(J_C+\frac{\partial D}{\partial t}\right)_{\mathrm{n}}\Delta l\Delta h\right]=0$$

即

$$H_{1t}-H_{2t}=K \tag{5-6}$$

当分界面上没有面电流时，$K=0$，则 $H_{1t}=H_{2t}$。

由图 5-2 可推导出场量 $\boldsymbol{D}$ 和 $\boldsymbol{B}$ 的分界面衔接条件为

$$B_{1n}=B_{2n} \tag{5-7}$$

$$D_{2n}-D_{1n}=\sigma \tag{5-8}$$

当分界面上没有自由电荷时，$\sigma=0$，则 $D_{1n}=D_{2n}$。

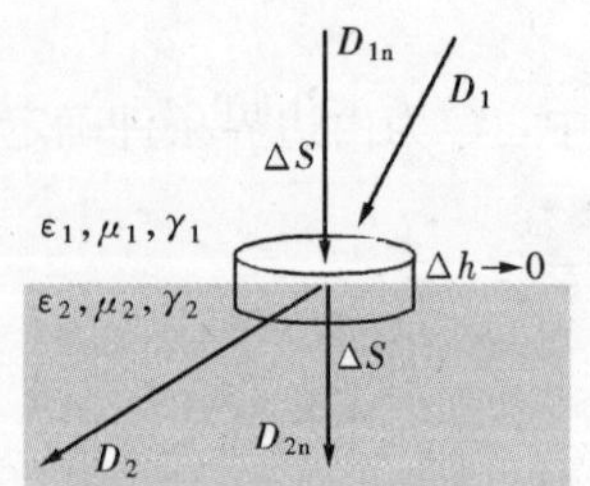

图 5-2

当分界面不存在自由面电荷 σ 和传导面电流 K 时，同样可

以得到电磁场的折射定律为

$$\frac{\tan\alpha_1}{\tan\alpha_2}=\frac{\varepsilon_1}{\varepsilon_2}$$

$$\frac{\tan\beta_1}{\tan\beta_2}=\frac{\mu_1}{\mu_2}$$

若第一种媒质为理想导体，由于 $\gamma_1\to\infty$，则理想导体内部 $\boldsymbol{E}_1=0$，由麦克斯韦第二方程知

$$-\frac{\partial \boldsymbol{B}_1}{\partial t}=\nabla\times\boldsymbol{E}_1=0$$

因此，理想导体内部的磁场 $\boldsymbol{B}_1$ 为与时间无关的常数，可取 $\boldsymbol{B}_1=0$。理想导体表面存在自由电荷积累形成的面电荷和沿导体表流动的面电流

$$D_{2n}=\sigma,\qquad H_{2t}=K$$

且有

$$E_{2t}=0,\qquad B_{2n}=0$$

上述衔接条件表明，在理想导体外表面附近的介质中，$\boldsymbol{E}$ 线与其表面垂直，$\boldsymbol{B}$ 线则平行于其表面。

5-2 坡印亭定理与坡印亭矢量

麦克斯韦除了提出位移电流的假设之外，还提出了时变电磁场的能量体密度等于电场能量密度与磁场能量密度之和的基本假设，即

$$w'=w'_e+w'_m=\frac{1}{2}\boldsymbol{D}\cdot\boldsymbol{E}+\frac{1}{2}\boldsymbol{B}\cdot\boldsymbol{H}\tag{5-9}$$

时变电磁场作为一种特殊形态的物质，也应遵循自然界一切物质运动过程的普遍规律——能量守恒和转化定律。我们下面根据麦克斯韦方程来导出电磁场的能量守恒和转化定律——坡印亭定理，并引入一个描述电磁能量流动的物理量——坡印亭矢量。

5-2-1 坡印亭定理

由于电场和磁场都随时间变化，因此每一场点的电磁能量密度 $w(t)$ 也随时间变化。在线性、各向同性媒质中其变化率为

$$\frac{\partial w}{\partial t}=\frac{\partial}{\partial t}\left(\frac{1}{2}\varepsilon E^2+\frac{1}{2}\mu H^2\right)=\boldsymbol{E}\cdot\frac{\partial \boldsymbol{D}}{\partial t}+\boldsymbol{H}\cdot\frac{\partial \boldsymbol{B}}{\partial t}\tag{5-10}$$

由麦克斯韦第一、第二方程，知

$$\frac{\partial \boldsymbol{D}}{\partial t}=\nabla\times\boldsymbol{H}-\boldsymbol{J},\qquad\frac{\partial \boldsymbol{B}}{\partial t}=-\nabla\times\boldsymbol{E}$$

代入式（5-10），得

$$\frac{\partial w}{\partial t}=\boldsymbol{E}\cdot\nabla\times\boldsymbol{H}-\boldsymbol{E}\cdot\boldsymbol{J}-\boldsymbol{H}\cdot(\nabla\times\boldsymbol{E})$$

则任一体积 V 中的电磁能量变化率为

$$\frac{\partial W}{\partial t}=\int_V(\boldsymbol{E}\cdot\nabla\times\boldsymbol{H}-\boldsymbol{H}\cdot\nabla\times\boldsymbol{E}-\boldsymbol{E}\cdot\boldsymbol{J})\mathrm{d}V\tag{5-11}$$

利用矢量恒等式 $\nabla\cdot(\boldsymbol{E}\times\boldsymbol{H})=\boldsymbol{H}\cdot\nabla\times\boldsymbol{E}-\boldsymbol{E}\cdot\nabla\times\boldsymbol{H}$，上式可改写为

$$-\frac{\partial W}{\partial t}=\int_V\nabla\cdot(\boldsymbol{E}\times\boldsymbol{H})\mathrm{d}V+\int_V\boldsymbol{E}\cdot\boldsymbol{J}\mathrm{d}V$$

设 S 为限定体积 V 的闭合面，利用高斯散度定理上式又改写为

$$-\frac{\partial W}{\partial t}=\oint_S(\boldsymbol{E}\times\boldsymbol{H})\cdot\mathrm{d}\boldsymbol{S}+\int_V\boldsymbol{E}\cdot\boldsymbol{J}\mathrm{d}V \tag{5-12}$$

如果考虑到体积 V 中含有电源，设 $\boldsymbol{E}_e$ 为局外场强，由于

$$\boldsymbol{J}=\gamma(\boldsymbol{E}+\boldsymbol{E}_e),\qquad \boldsymbol{E}=\frac{\boldsymbol{J}}{\gamma}-\boldsymbol{E}_e$$

代入式（5 - 12），则有

$$\int_V\boldsymbol{E}_e\cdot\boldsymbol{J}\mathrm{d}V=\frac{\partial W}{\partial t}+\int_V\frac{\boldsymbol{J}^2}{\gamma}\mathrm{d}V+\oint_S(\boldsymbol{E}\times\boldsymbol{H})\cdot\mathrm{d}\boldsymbol{S} \tag{5-13}$$

上式中每一项都具有功率的量纲：等号左边为电源提供的电磁功率（VA）；等号右边第一项为电磁场储存能量的增加率（J/s）；右边第二项为电磁场在导电媒质内消耗的电磁功率（W）；右边第三项表示流出闭合面 S 的电磁功率（VA）。因此式（5 - 13）的物理意义为时变电磁场的电磁功率平衡方程，实际上是能量守恒定律的陈述。为纪念坡印亭（JohnH. Poynting）特将上式称为坡印亭定理。

对于静态场，电磁能量对时间的偏导数为零。如果没有电源，不存在局外场强 E_e，且体积 V 中充满导电媒质，便可得到静态场中的电磁功率平衡方程为

$$\int_V\frac{\boldsymbol{J}^2}{\gamma}\mathrm{d}V=-\oint_S(\boldsymbol{E}\times\boldsymbol{H})\cdot\mathrm{d}\boldsymbol{S}$$

上式表明，电流在导电媒质中消耗的焦耳功率是通过其表面 S 由外部进入的电磁能流提供的。

【例 5 - 2】 已知自由空间中有

$$\boldsymbol{E}(z,t)=1000\cos(2\times10^7t-0.42z)\boldsymbol{e}_x$$
$$\boldsymbol{H}(z,t)=2.65\cos(2\times10^7t-0.42z)\boldsymbol{e}_y$$

求流入平行六面体（长 1m，横截面 0.25m²，如图 5 - 3 所示）中的净功率流。

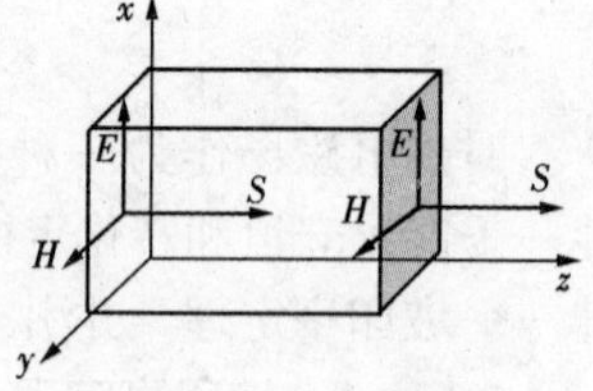

图 5 - 3

解 先来计算

$$\begin{aligned}&\boldsymbol{E}(z,t)\times\boldsymbol{H}(z,t)\\&=1000\cos(2\pi ft-0.42z)\times2.65\cos(2\pi ft-0.42z)(\boldsymbol{e}_x\times\boldsymbol{e}_y)\\&=2650\cos^2(2\pi ft-0.42z)\boldsymbol{e}_z\\&=1325[1+\cos(4\pi ft-0.84z)]\boldsymbol{e}_z\end{aligned}$$

由于 $\boldsymbol{E}\times\boldsymbol{H}$ 结果为 z 轴方向，仅在平行六面体的 $z=0$ 平面有功率流入，$z=1$ 平面有功率流出，四个侧面没有功率进出。因此，进入平行六面体的净电磁功率为

$$\begin{aligned}&-\oint_S(\boldsymbol{E}\times\boldsymbol{H})\cdot\mathrm{d}\boldsymbol{S}\\&=0.25\times1325[1+\cos(4\pi ft)]-0.25\times1325[1+\cos(4\pi ft-0.84\times1)]\\&=331.25[\cos(4\pi ft)-\cos(4\pi ft-0.84)]\\&=-331.25\times2[\sin(4\pi ft-0.42)\cdot\sin0.42]\\&=-270.14\sin(4\times10^7t-0.42)\end{aligned}$$

由于自由空间中没有电源，也没有传导电流，故进入该体积的净电磁功率提供电磁场储存能量的增量为

$$-\oint_S (\boldsymbol{E}\times\boldsymbol{H})\cdot d\boldsymbol{S}=\frac{\partial W}{\partial t}$$

5-2-2　坡印亭矢量

$\oint_S (\boldsymbol{E}\times\boldsymbol{H})\cdot d\boldsymbol{S}$ 的物理意义为穿出闭合面 S 的电磁功率，定义

$$\boldsymbol{S}=\boldsymbol{E}\times\boldsymbol{H} \tag{5-14}$$

称为坡印亭矢量。它具有功率密度的量纲，单位是 W/m^2，表示在垂直于能量传播方向的单位面积上穿过的电磁功率密度。其方向与 $\boldsymbol{E}$ 和 $\boldsymbol{H}$ 垂直，表示电磁能量传播或流动的方向，如图 5-4 所示。常用坡印亭矢量 $\boldsymbol{S}$ 分析电磁场中的能量传播或流动情况。

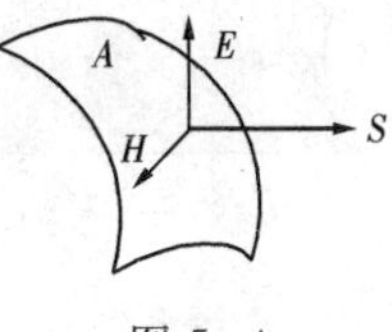

图 5-4

【例 5-3】　图 5-5 所示同轴电缆内外导体均为理想导体，半径分别为 a 和 b，导体之间为理想介质。设内外导体间电压为 U，通过电流为 I，求穿过电缆介质横截面的电磁功率。

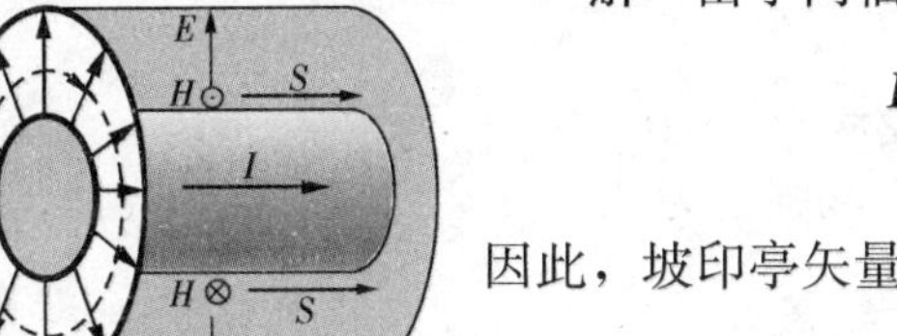

图 5-5

解　由于同轴电缆介质中的电场强度和磁场强度分别为

$$\boldsymbol{E}=\frac{U}{r\cdot\ln\dfrac{b}{a}}\boldsymbol{e}_r,\qquad \boldsymbol{H}=\frac{I}{2\pi r}\boldsymbol{e}_\alpha$$

因此，坡印亭矢量为

$$\boldsymbol{S}=\boldsymbol{E}\times\boldsymbol{H}=\frac{UI}{2\pi r\ln\dfrac{b}{a}}(\boldsymbol{e}_r\times\boldsymbol{e}_\alpha)=\frac{UI}{2\pi r\ln\dfrac{b}{a}}\boldsymbol{e}_z$$

上式说明，电磁能量在内外导体之间的介质中沿 Z 轴方向流动，故穿过介质横截面的电磁功率

$$\int_S (\boldsymbol{E}\times\boldsymbol{H})\cdot d\boldsymbol{S}=\int_a^b \frac{UI}{2\pi\ln\dfrac{b}{a}}(2\pi r)\frac{1}{r^2}dr=UI$$

可见，穿过介质横截面的电磁功率正好等于电源的输出功率 UI。这与电路理论分析中的结果一致。

应该注意到，积分是在内外导体之外的介质横截面上进行的，并不包括导体内部。这说明电缆传输的电磁能量不是在导体内部进行的，而是在内外导体之间介质中，由电磁场构成的功率流传递的。因此，载流导体只是起到定向引导能量流动的作用。但是不应忽视导体的作用，正是由于导体上的电荷、电流分布，才使得介质中存在电磁场，才能引导电磁能量沿一定途径定向传输。

当导体不是理想导体时，载流导体内部存在沿电流方向的电场 $\boldsymbol{E}_1=\boldsymbol{J}/\gamma$。根据分界面衔接条件可知，载流导体外表面电场具有切线分量 $E_{2z}=E_{1z}$，因而导体外表面的电场强度 $\boldsymbol{E}_2$ 不再垂直于导体表面（如图 5-6 所示），即

$$\boldsymbol{E}_2=E_{2z}\boldsymbol{e}_z+E_{2r}\boldsymbol{e}_r$$

导体外的坡印亭矢量为

$$\begin{aligned}\boldsymbol{S}_2=\boldsymbol{E}_2\times\boldsymbol{H}_2&=(E_{2z}\boldsymbol{e}_z+E_{2r}\boldsymbol{e}_r)\times H_2\boldsymbol{e}_\alpha\\&=(E_{2z}H_2)(-\boldsymbol{e}_r)+(E_{2r}H_2)\boldsymbol{e}_z\end{aligned}$$

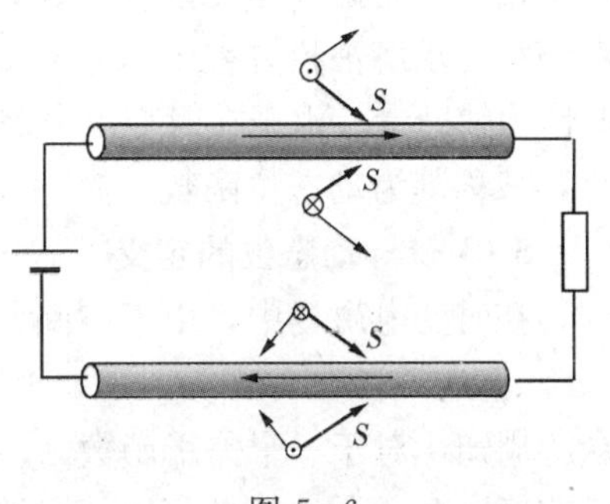

图 5-6

因此，导体外表面的坡印亭矢量既有沿电流方向的轴向分量 $\boldsymbol{S}_{2z}=E_{2r}H_2\boldsymbol{e}_z$，也有指向导体内部的径向分量 $\boldsymbol{S}_{2r}=E_{2z}H_2(-\boldsymbol{e}_r)$。也就是说，在电磁能量由电源向负载传输的过程中，部分能量由导体外部穿过表面进入导体内部，并在向深部传输过程中逐渐转换为焦耳热消耗掉。

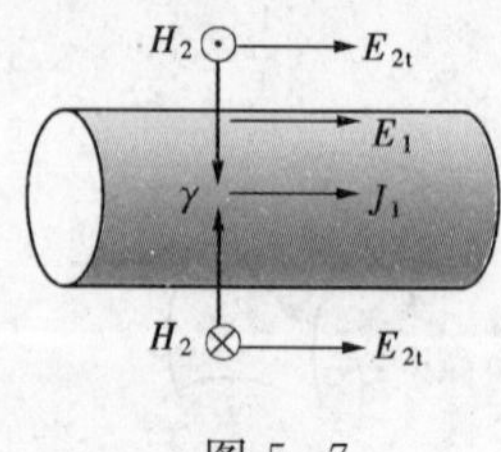

图 5-7

【例 5-4】 已知图 5-7 所示长直导线半径为 a，电导率为 γ，其中通过恒定电流 I。求：

(1) 单位长度导线体积消耗的功率；

(2) 进入单位长度导线的电磁功率。

解 (1) 由于导线内的传导电流密度 $\boldsymbol{J}=\dfrac{I}{\pi a^2}\boldsymbol{e}_z$，因此，单位长度导线内消耗的功率为

$$P=\int_V\frac{J^2}{\gamma}\mathrm{d}V=\left(\frac{I}{\pi a^2}\right)^2\frac{1}{\gamma}\pi a^2\times 1=I^2\left(\frac{1}{\gamma\pi a^2}\right)=I^2R_0$$

由分界面衔接条件知，导线外表面电场强度的切线分量等于导线内的电场强度，即

$$\boldsymbol{E}_{2z}=\boldsymbol{E}_{1z}=\frac{I}{\gamma\pi a^2}\boldsymbol{e}_z$$

由安培环路定理知，载流导线外表面环绕导线的磁场强度为

$$\boldsymbol{H}_{2\alpha}=\frac{I}{2\pi a}\boldsymbol{e}_\alpha$$

(2) 由于 $\boldsymbol{e}_z\times\boldsymbol{e}_\alpha=-\boldsymbol{e}_r$ 为导线外表面单位矢量的反方向，故从导线侧面进入导线内的电磁功率为

$$-\oint_S(\boldsymbol{E}_{2z}\times\boldsymbol{H}_2)\cdot\mathrm{d}\boldsymbol{S}=\left(\frac{I}{\gamma\pi a^2}\right)\left(\frac{I}{2\pi a}\right)\cdot(2\pi a\times 1)\cdot(\boldsymbol{e}_z\times\boldsymbol{e}_\alpha)\cdot(-\boldsymbol{e}_r)$$

$$=I^2\left(\frac{1}{\gamma\pi a^2}\right)=I^2R_0$$

式中，R 为单位长度导线的电阻值。

可见，导线内消耗的功率是由导线外进入导线内的电磁功率。

5-3 动态位及其波动方程

由于静电场是无旋场，处处 $\nabla\times\boldsymbol{E}=0$，因而引入标量位 φ，从而把静电场的边值问题归结为求解泊松方程 $\nabla^2\varphi=-\rho/\varepsilon$ 问题。

由于恒定磁场是无散场，处处 $\nabla\cdot\boldsymbol{B}=0$，因而引入矢量位 $\boldsymbol{A}$，从而把恒定磁场的边值问题归结为求解泊松方程 $\nabla^2\boldsymbol{A}=-\mu\boldsymbol{J}$ 问题。在时变电磁场中，也可以引入标量位 φ 和矢量位 $\boldsymbol{A}$ 作为辅助量。由于在时变电磁场中 φ 和 $\boldsymbol{A}$ 不仅都是空间坐标的函数，同时又都随时间变化，故称其为动态位函数，简称动态位。

5-3-1 动态位的定义

在时变电磁场中，由于空间各点的磁场都满足 $\nabla\cdot\boldsymbol{B}=0$，因而引入矢量位 $\boldsymbol{A}$，定义为

$$\boldsymbol{B}=\nabla\times\boldsymbol{A} \tag{5-15}$$

众所周知，对于一个矢量函数 $\boldsymbol{A}$，不但要规定它的旋度，还要规定它的散度。由于 $\nabla\cdot\boldsymbol{A}$ 与它的旋度 $\boldsymbol{B}$ 无关，因此可以任意规定它的散度。在恒定磁场中为了简便起见，曾规定 $\nabla\cdot\boldsymbol{A}=$

0；在时变情况下，为了简便起见，通常规定

$$\nabla \cdot \boldsymbol{A} = -\mu\varepsilon \frac{\partial \varphi}{\partial t} \tag{5-16}$$

称为洛仑兹条件。

在时变电磁场中，由于空间各点的电场满足$\nabla \times \boldsymbol{E} = -\partial \boldsymbol{B}/\partial t \neq 0$，因此不能像静电场那样引入标量位$\varphi$。如果将$\boldsymbol{B} = \nabla \times \boldsymbol{A}$代入麦克斯韦第二方程，可得

$$\nabla \times \boldsymbol{E} = -\frac{\partial(\nabla \times \boldsymbol{A})}{\partial t} = -\nabla \times \left(\frac{\partial \boldsymbol{A}}{\partial t}\right)$$

即

$$\nabla \times \left(\boldsymbol{E} + \frac{\partial \boldsymbol{A}}{\partial t}\right) = 0$$

则可定义标量位φ为

$$\boldsymbol{E} + \frac{\partial \boldsymbol{A}}{\partial t} = -\nabla \varphi \tag{5-17}$$

也可写成

$$\boldsymbol{E} = -\nabla \varphi - \frac{\partial \boldsymbol{A}}{\partial t} \tag{5-18}$$

上式的物理意义在于，表明时变电磁场中的电场强度有两个分量：电荷产生的库仑场强分量$-\nabla\varphi$和变化磁场产生的感应场强分量$-\partial \boldsymbol{A}/\partial t$。

【例 5-5】 已知自由空间中矢量位$\boldsymbol{A} = A_{\mathrm{m}}\sin(\omega t - \beta z)\boldsymbol{e}_x$。求磁感应强度$\boldsymbol{B}$、电场强度$\boldsymbol{E}$和坡印亭矢量$\boldsymbol{S}$。

解 $\boldsymbol{B} = \nabla \times \boldsymbol{A} = \frac{\partial A_x}{\partial z}\boldsymbol{e}_y = \frac{\partial}{\partial z}[A_{\mathrm{m}}\sin(\omega t - \beta z)]\boldsymbol{e}_y = -\beta A_{\mathrm{m}}\cos(\omega t - \beta z)\boldsymbol{e}_y$

$$\boldsymbol{H} = \frac{\boldsymbol{B}}{\mu} = -\frac{\beta}{\omega}A_{\mathrm{m}}\cos(\omega t - \beta z)\boldsymbol{e}_y$$

由洛仑兹条件$\nabla \cdot \boldsymbol{A} + \mu\varepsilon\frac{\partial \varphi}{\partial t} = 0$，知

$$\mu\varepsilon\frac{\partial \varphi}{\partial t} = -\nabla \cdot \boldsymbol{A} = -\frac{\partial A_x}{\partial x} = 0$$

因此，得

$$\varphi = C(x, y, z)$$

在时变电磁场中不考虑静电场，取$\varphi = 0$，则$\nabla\varphi = 0$，所以有

$$\boldsymbol{E} = -\nabla\varphi - \frac{\partial \boldsymbol{A}}{\partial t} = 0 - \frac{\partial}{\partial t}[A_{\mathrm{m}}\sin(\omega t - \beta z)\boldsymbol{e}_x] = -\omega A_{\mathrm{m}}\cos(\omega t - \beta z)\boldsymbol{e}_x$$

$$\boldsymbol{S} = \boldsymbol{E} \times \boldsymbol{H} = -\omega A_{\mathrm{m}}\cos(\omega t - \beta z)\left(-\frac{\beta}{\mu}\right)A_{\mathrm{m}}\cos(\omega t - \beta z)(\boldsymbol{e}_x \times \boldsymbol{e}_y)$$

$$= \frac{\omega\beta}{\mu}A_{\mathrm{m}}^2\cos^2(\omega t - \beta z)\boldsymbol{e}_z$$

5-3-2 达朗贝尔方程

在线性、各向同性媒质中，将

$$\boldsymbol{H} = \frac{B}{\mu} = \frac{\nabla \times \boldsymbol{A}}{\mu} \text{ 和 } \boldsymbol{E} = -\nabla\varphi - \frac{\partial \boldsymbol{A}}{\partial t}$$

代入麦克斯韦第一方程

$$\nabla\times\boldsymbol{H}=\boldsymbol{J}+\varepsilon\frac{\partial\boldsymbol{E}}{\partial t}$$

得

$$\nabla\times\nabla\times\boldsymbol{A}=\mu\boldsymbol{J}+\mu\varepsilon\frac{\partial}{\partial t}\left(-\nabla\varphi-\frac{\partial\boldsymbol{A}}{\partial t}\right)$$

由矢量恒等式改写为

$$\nabla(\nabla\cdot\boldsymbol{A})-\nabla^2\boldsymbol{A}=\mu\boldsymbol{J}-\nabla\left(\mu\varepsilon\frac{\partial\varphi}{\partial t}\right)-\mu\varepsilon\frac{\partial^2\boldsymbol{A}}{\partial t^2}$$

将洛仑兹条件$\nabla\cdot\boldsymbol{A}=-\mu\varepsilon\dfrac{\partial\varphi}{\partial t}$代入上式，得

$$\nabla^2\boldsymbol{A}-\mu\varepsilon\frac{\partial^2\boldsymbol{A}}{\partial t^2}=-\mu\boldsymbol{J} \tag{5-19}$$

将$\boldsymbol{E}=-\nabla\varphi-\dfrac{\partial\boldsymbol{A}}{\partial t}$代入麦克斯韦第二方程$\nabla\cdot\boldsymbol{E}=\dfrac{\rho}{\varepsilon}$，得

$$\nabla\cdot\left(-\nabla\varphi-\frac{\partial\boldsymbol{A}}{\partial t}\right)=\frac{\rho}{\varepsilon}$$

即

$$\nabla^2\varphi+\frac{\partial}{\partial t}(\nabla\cdot\boldsymbol{A})=-\frac{\rho}{\varepsilon}$$

将洛仑兹条件$\nabla\cdot\boldsymbol{A}=-\mu\varepsilon\dfrac{\partial\varphi}{\partial t}$代入上式，得

$$\nabla^2\varphi-\mu\varepsilon\frac{\partial^2\varphi}{\partial t^2}=-\frac{\rho}{\varepsilon} \tag{5-20}$$

式（5-19）和式（5-20）都是非齐次的波动方程，通常称为动态位的达朗贝尔方程。

比较以上两式，可见具有以下特点：

（1）动态位$\boldsymbol{A}$单独地由传导电流密度$\boldsymbol{J}$决定；动态位φ单独地由自由电荷体密度ρ决定。因此，当已知激励源ρ，无需给定电流密度$\boldsymbol{J}$，便可求得动态位φ。

（2）由于两个方程的数学结构形式相同，动态位$\boldsymbol{A}$和φ的解答结构形式也应相同。因此，当已求得动态位φ的解答，便可仿照它写出动态位$\boldsymbol{A}$的解答；反之亦可。

（3）静电场和恒定磁场中的泊松方程和拉普拉斯方程都是达朗贝尔方程在静态情况下或无源区域的特例，见表5-1。

表5-1　达朗贝尔方程与泊松方程、拉普拉斯方程

	有源区		无源区	
时变场	$\nabla^2\boldsymbol{A}-\mu\varepsilon\dfrac{\partial^2\boldsymbol{A}}{\partial t^2}=-\mu\boldsymbol{J}$ $\nabla^2\varphi-\mu\varepsilon\dfrac{\partial^2\varphi}{\partial t^2}=-\dfrac{\rho}{\varepsilon}$		$\nabla^2\boldsymbol{A}-\mu\varepsilon\dfrac{\partial^2\boldsymbol{A}}{\partial t^2}=0$ $\nabla^2\varphi-\mu\varepsilon\dfrac{\partial^2\varphi}{\partial t^2}=0$	
静态场	$\nabla^2\boldsymbol{A}=-\mu\boldsymbol{J}$ $\nabla^2\varphi=-\dfrac{\rho}{\varepsilon}$	泊松方程	$\nabla^2\boldsymbol{A}=0$ $\nabla^2\varphi=0$	拉普拉斯方程

5-3-3 达朗贝尔方程的解

设电荷 ρ 分布在有限区域 V' 之中，如图 5-8 所示。在远离场源 V' 的场点 P (r, α, θ)，由于 φ 的分布具有球对称性，φ 只与 r 有关，而与 α、θ 无关，即

$$\varphi = \varphi(r,t)$$

且满足齐次波动方程

$$\nabla^2\varphi - \mu\varepsilon\frac{\partial^2\varphi}{\partial t^2} = 0 \tag{5-21}$$

在球坐标系中，展开为

$$\frac{\partial^2\varphi(r,t)}{\partial r^2} = \frac{1}{v^2}\frac{\partial^2\varphi(r,t)}{\partial t^2}$$

式中，$v=1/\sqrt{\mu\varepsilon}$。这是 $\varphi(r, t)$ 的一维波动方程，其通解为

$$\varphi = \frac{F_1(r-vt)}{r} + \frac{F_2(r-vt)}{r}$$

或

$$\varphi = \frac{f_1\left(t-\frac{r}{v}\right)}{r} + \frac{f_2\left(t+\frac{r}{v}\right)}{r} \tag{5-22}$$

式中，f_1 和 f_2 为具有二阶连续偏导数的两个任意函数，其特解形式由电荷的变化规律及周围媒质的情况而定。

首先，讨论式（5-22）等号右端第一项因子 $f_1\left(t-\frac{r}{v}\right)$的物理意义（见图 5-9）。如果时间由 t 增加到 $t+\Delta t$，而空间坐标由 r 增加到 $r+\Delta r$，则因子 f_1 的自变量保持不变，即有

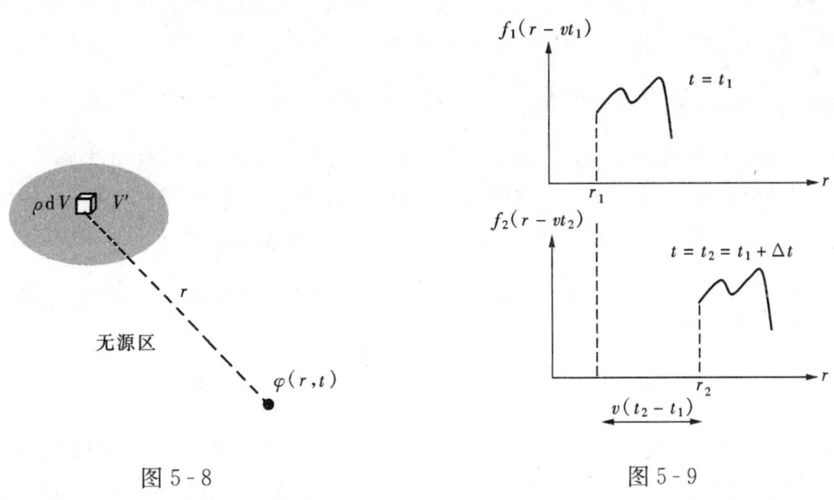

图 5-8 图 5-9

$$f_1\left(t+\Delta t-\frac{r+\Delta r}{v}\right) = f_1\left(t+\Delta t-\frac{r}{v}-\Delta t\right) = f_1\left(t-\frac{r}{v}\right)$$

换句话说，如果在时刻 t，距离原点为 r 处 f_1 为某个值，则经过时间 Δt 后，f_1 的这个数值在比 r 远一段距离 $v\Delta t$ 的位置重复出现。这意味着，$f_1\left(t-\frac{r}{v}\right)$ 表示从源点出发，以速度 v

向$+r$方向行进的波，称为入射波。

同理，第二项因子$f_2\left(t+\frac{r}{v}\right)$表示以速度$v$向（$-r$）方向，即源点方向行进的波，称为反射波。它是由于电磁波在行进途中遇到不同媒质分界面而产生的。

当电磁波在无限大均匀媒质中传播时，只有入射波，没有反射波，即$f_2=0$，则

$$\varphi(r,t)=\frac{1}{r}f_1\left(t-\frac{r}{v}\right)$$

根据静电场中点电荷产生的电位

$$\varphi=\frac{q}{4\pi\varepsilon r}$$

可推断，位于坐标原点的时变点电荷$q(t)$在离它r远处产生的动态标量位

$$\varphi=\frac{q\left(t-\frac{r}{v}\right)}{4\pi\varepsilon r}$$

对于体积V'中的任意体电荷分布$\rho(x',y',z',t)$在场点（x，y，z）产生的动态标量位

$$\varphi(x,y,z,t)=\frac{1}{4\pi\varepsilon}\int_{V'}\frac{\rho\left(x',y',z',t-\frac{R}{v}\right)}{R}\mathrm{d}V \tag{5-23}$$

式中，$R=[(x-x')^2+(y-y')^2+(z-z')^2]^{1/2}$是源点到场点的距离。

同理，体积V'中的任意体电流分布$\boldsymbol{J}(x',y',z',t)$在场点（$x$，$y$，$z$）产生的动态矢量位

$$\mathbf{A}(x,y,z,t)=\frac{\mu}{4\pi}\int_{V'}\frac{\boldsymbol{J}\left((x',y',z',t-\frac{r}{v}\right)}{R}\mathrm{d}V \tag{5-24}$$

式（5-23）和式（5-24）就是达朗贝尔方程的积分解。它们表明，电磁场中某一位置（x，y，z），时刻t的动态位φ和$\boldsymbol{A}$（以及场量$\boldsymbol{E}$和$\boldsymbol{H}$），并不是决定于该时刻激励源ρ和$\boldsymbol{J}$的情况，而是决定于在此之前的某一时刻$\left(t-\frac{R}{v}\right)$的激励源情况。

换句话说，激励源在时刻t的作用，要经过一定的推迟时间才能到达离它R远处的场点。这一推迟时间（R/v）就是电磁波传播所需要的时间。由于空间各点的动态位φ和$\boldsymbol{A}$随时间的变化总是落后于激励源的变化，所以通常又称φ和$\boldsymbol{A}$为推迟位。

推迟效应说明，电磁波是以有限速度$v=1/\sqrt{\mu\varepsilon}$向远处传播的，这个速度称为电磁波的波速。它由媒质的特性决定，在真空中为

$$v=\frac{1}{\sqrt{\mu_0\varepsilon_0}}=\frac{1}{\sqrt{4\pi\times10^{-7}\times10^{-9}/36\pi}}=3\times10^8(\mathrm{m/s})$$

由于空间电磁场并不取决于同一时刻的场源的特性，即便在某一时刻场源已经消失，它们原来释放的电磁能量仍在远方以电磁波的形式向更远的地方传播。也就是说，电磁能量可以脱离场源而单独存在于空间中，这种现象称为电磁辐射。

5-4 正弦电磁场

在正弦电磁场中，场源和场量除了是空间坐标的函数，还是时间的函数。以一定频率

随时间作正弦规律变化的电磁场，称为正弦电磁场。即使非正弦变化的电磁场，也可以采用傅里叶分析将其分解成各次谐波分量来研究。因此，研究正弦电磁场具有非常重要的意义。

5-4-1 麦克斯韦方程组的复数形式

分析正弦电磁场的有效工具就是交流电路分析中所采用的相量（复数）方法。例如，时变电场中电场强度为

$$\boldsymbol{E}(x,y,z,t)=\sqrt{2}E\cos(\omega t+\psi)\boldsymbol{e}_x$$

相应的复数（相量）形式为

$$\dot{\boldsymbol{E}}(x,y,z)=E\angle\psi\boldsymbol{e}_x=E\mathrm{e}^{\mathrm{j}\psi}\boldsymbol{e}_x$$

式中，E 是正弦量的有效值；ψ 是正弦量的初相角。

复数法使对时间的求导运算转化为乘积运算。求某个正弦量对时间的一阶导数，简化为相应的复数形式乘以因子 $\mathrm{j}\omega$。

因此，由麦克斯韦方程组的微分形式可得相应的复数形式为

$$\nabla\times\boldsymbol{H}=\boldsymbol{J}+\frac{\partial\boldsymbol{D}}{\partial t}\Rightarrow\nabla\times\dot{\boldsymbol{H}}=\dot{\boldsymbol{J}}+\mathrm{j}\omega\dot{\boldsymbol{D}} \tag{5-25}$$

$$\nabla\times\boldsymbol{E}=-\frac{\partial\boldsymbol{B}}{\partial t}\Rightarrow\nabla\times\dot{\boldsymbol{E}}=-\mathrm{j}\omega\dot{\boldsymbol{B}} \tag{5-26}$$

$$\nabla\cdot\boldsymbol{B}=0\Rightarrow\nabla\cdot\dot{\boldsymbol{B}}=0 \tag{5-27}$$

$$\nabla\cdot\boldsymbol{D}=\rho\Rightarrow\nabla\cdot\dot{\boldsymbol{D}}=\dot{\rho} \tag{5-28}$$

同理，线性、各向同性媒质构成关系的复数形式为

$$\dot{\boldsymbol{D}}=\varepsilon\dot{\boldsymbol{E}},\qquad \dot{\boldsymbol{B}}=\mu\dot{\boldsymbol{H}},\qquad \dot{\boldsymbol{J}}=\gamma\dot{\boldsymbol{E}} \tag{5-29}$$

5-4-2 坡印亭矢量的复数形式

在电路理论中，复功率的定义为

$$\tilde{S}=\dot{U}\dot{I}^{*}=UI\angle(\psi_{\mathrm{u}}-\psi_{\mathrm{i}})=UI\angle\varphi$$

注意，定义中未使用电流相量 $\dot{I}$ 本身，而使用电流相量的共轭复数 $\dot{I}^{*}$ 。其目的是为了利用 $\dot{U}$ 与 $\dot{I}$ 的相位差 $\varphi=\psi_{\mathrm{u}}-\psi_{\mathrm{i}}$，从而得到

$$\tilde{S}=UI\cos\varphi+\mathrm{j}UI\sin\varphi=P+\mathrm{j}Q$$

因此，复功率的定义具有明显的物理意义：实部为有功功率 P，虚部为无功功率 Q。

同理，在正弦电磁场中，坡印亭矢量复数形式可表示为

$$\tilde{\boldsymbol{S}}=\dot{\boldsymbol{E}}\times\dot{\boldsymbol{H}}^{*} \tag{5-30}$$

设 $\dot{\boldsymbol{E}}$ 为电场强度的相量形式，$\dot{\boldsymbol{E}}=E\mathrm{e}^{\mathrm{j}\varphi_E}$；$\dot{\boldsymbol{H}}^{*}$ 为磁场强度相量的共轭复数，$\dot{\boldsymbol{H}}^{*}=H\mathrm{e}^{-\mathrm{j}\varphi_H}$。

上式可写为

$$\begin{aligned}\tilde{\boldsymbol{S}}&=\dot{\boldsymbol{E}}\times\dot{\boldsymbol{H}}^{*}=\boldsymbol{E}\mathrm{e}^{\mathrm{j}\psi_E}\times\boldsymbol{H}\mathrm{e}^{-\mathrm{j}\psi_H}=(\boldsymbol{E}\times\boldsymbol{H})\mathrm{e}^{\mathrm{j}(\psi_E-\psi_H)}\\&=(\boldsymbol{E}\times\boldsymbol{H})\cos(\psi_E-\psi_H)+\mathrm{j}(\boldsymbol{E}\times\boldsymbol{H})\sin(\psi_E-\psi_H)\end{aligned}$$

由于坡印亭矢量在一个周期 T 内的平均值为

$$\boldsymbol{S}_{\mathrm{av}}=\frac{1}{T}\int_0^T\boldsymbol{S}(t)\mathrm{d}t$$

$$=\frac{1}{T}\int_0^T[\sqrt{2}\boldsymbol{E}\cos(\omega t+\psi_E)\times\sqrt{2}\boldsymbol{H}\cos(\omega t+\psi_H)]\mathrm{d}t$$

$$=\boldsymbol{E}\times\boldsymbol{H}\cos(\psi_E-\psi_H)=\mathrm{Re}[\dot{\boldsymbol{E}}\times\dot{\boldsymbol{H}}^*]$$

可见，式（5-30）的实部为坡印亭矢量的平均值，表示有功功率密度的流动；虚部为无功功率密度，表示电磁能量的交换。

为了推导坡印亭定理的复数形式，将式（5-30）两边取散度并展开为

$$\nabla\cdot(\dot{\boldsymbol{E}}\times\dot{\boldsymbol{H}}^*)=\dot{\boldsymbol{H}}^*\cdot(\nabla\times\dot{\boldsymbol{E}})-\dot{\boldsymbol{E}}\cdot(\nabla\times\dot{\boldsymbol{H}}^*)\tag{5-31}$$

注意等式右边第二项中含有麦克斯韦第一方程的共轭

$$\nabla\times\dot{\boldsymbol{H}}^*=\dot{\boldsymbol{J}}^*-\mathrm{j}\omega\varepsilon\dot{\boldsymbol{E}}^*\tag{5-32}$$

将式（5-26）和式（5-32）代入式（5-31），可得

$$\nabla\cdot(\dot{\boldsymbol{E}}\times\dot{\boldsymbol{H}}^*)=-\mathrm{j}\omega\mu(\dot{\boldsymbol{H}}\cdot\dot{\boldsymbol{H}}^*)-\dot{\boldsymbol{E}}\cdot\dot{\boldsymbol{J}}^*+\mathrm{j}\omega\varepsilon(\dot{\boldsymbol{E}}\cdot\dot{\boldsymbol{E}}^*)$$

$$=-\mathrm{j}\omega(\mu H^2-\varepsilon E^2)-\left(\frac{\dot{\boldsymbol{J}}}{\gamma}-\dot{\boldsymbol{E}}_{\mathrm{e}}\right)\cdot\dot{\boldsymbol{J}}^*$$

对上式进行体积分，并利用高斯通量定理，得

$$-\oint_S(\dot{\boldsymbol{E}}\times\dot{\boldsymbol{H}}^*)\cdot\mathrm{d}\boldsymbol{S}=\int_V\frac{J^2}{\gamma}\mathrm{d}V+\mathrm{j}\omega\int_V(\mu H^2-\varepsilon E^2)\mathrm{d}V-\int_V\dot{\boldsymbol{E}}_{\mathrm{e}}\cdot\dot{\boldsymbol{J}}^*\mathrm{d}V\tag{5-33}$$

这就是坡印亭定理的复数形式。式（5-33）左边表示流入闭合面 S 的复功率；右边第一项表示体积 V 内导电媒质消耗的功率，即有功功率 P；右边第二项表示体积 V 内电磁能量的平均值，即无功功率 Q；右边最后一项表示体积 V 内电源提供的复功率。

若体积 V 内部不包含电源，则为

$$-\oint_S(\dot{\boldsymbol{E}}\times\dot{\boldsymbol{H}}^*)\cdot\mathrm{d}\boldsymbol{S}=P+\mathrm{j}Q\tag{5-34}$$

5-4-3 达朗贝尔方程的复数形式

由达朗贝尔方程的瞬时值形式式（5-19）和式（5-20），可写出相应的复数形式为

$$\nabla^2\boldsymbol{A}-\mu\varepsilon\frac{\partial^2\boldsymbol{A}}{\partial t^2}=-\mu\boldsymbol{J}\Rightarrow\nabla^2\dot{\boldsymbol{A}}-(\mathrm{j}\omega)^2\mu\varepsilon\dot{\boldsymbol{A}}=-\mu\dot{\boldsymbol{J}}$$

$$\nabla^2\varphi-\mu\varepsilon\frac{\partial^2\varphi}{\partial t^2}=-\frac{\rho}{\varepsilon}\Rightarrow\nabla^2\dot{\varphi}^2-(\mathrm{j}\omega)^2\mu\varepsilon\dot{\varphi}^2=-\frac{\dot{\rho}}{\varepsilon}$$

定义 $\beta=\omega\sqrt{\mu\varepsilon}$，则为

$$\nabla^2\dot{\boldsymbol{A}}+\beta^2\dot{\boldsymbol{A}}=-\mu\dot{\boldsymbol{J}}\tag{5-35}$$

$$\nabla^2\dot{\varphi}^2+\beta^2\dot{\varphi}=-\frac{\dot{\rho}}{\varepsilon}\tag{5-36}$$

由式（5-23）和式（5-24），可得到动态位解的复数形式为

$$\dot{\boldsymbol{A}}(x,y,z)=\frac{\mu}{4\pi}\int_{V'}\frac{\dot{\boldsymbol{J}}(x',y',z')\mathrm{e}^{-\mathrm{j}\beta R}}{R}\mathrm{d}V\tag{5-37}$$

$$\dot{\varphi}(x,y,z)=\frac{1}{4\pi\varepsilon}\int_{V'}\frac{\dot{\rho}(x',y',z')\mathrm{e}^{-\mathrm{j}\beta R}}{R}\mathrm{d}V\tag{5-38}$$

与其瞬时形式的解式（5-23）和式（5-24）相比较，可见，电磁波传播 R 距离之后，动态位在时间上推迟 R/v（单位为 s），在相位上滞后（$\omega R/v$）$=\beta R$（单位为 rad）。由于传播波

长距离 λ，相位改变 2πrad，因此，

$$\beta=\frac{2\pi}{\lambda} \tag{5-39}$$

β 表示电磁波在传播方向上每前进 1m，其相位改变的弧度，称为相位常数，单位为 1/m。

5-4-4 洛仑兹条件的复数形式

洛仑兹条件的复数形式可表示为

$$\nabla\cdot\boldsymbol{A}=-\mu\varepsilon\frac{\partial\varphi}{\partial t}\Rightarrow\nabla\cdot\dot{\boldsymbol{A}}=-\mathrm{j}\omega\mu\varepsilon\dot{\varphi} \tag{5-40}$$

将上式两边取梯度

$$\nabla(\nabla\cdot\dot{\boldsymbol{A}})=-\mathrm{j}\omega\mu\varepsilon\nabla\dot{\boldsymbol{\varphi}}$$

得到

$$\nabla\dot{\varphi}=\frac{\nabla(\nabla\cdot\dot{\boldsymbol{A}})}{-\mathrm{j}\omega\mu\varepsilon}=\frac{\nabla^2\dot{\boldsymbol{A}}+\nabla\times\nabla\times\dot{\boldsymbol{A}}}{-\mathrm{j}\omega\mu\varepsilon}$$

因此，电场 $\dot{\boldsymbol{E}}$、磁场 $\dot{\boldsymbol{H}}$ 与动态位 $\dot{\boldsymbol{A}}$、$\dot{\varphi}$ 的关系可用复矢量表示为

$$\dot{\boldsymbol{E}}=-\nabla\dot{\varphi}-\mathrm{j}\omega\dot{\boldsymbol{A}}=-\mathrm{j}\frac{\omega}{\beta^2}(\nabla^2\dot{\boldsymbol{A}}+\nabla\times\nabla\times\dot{\boldsymbol{A}})-\mathrm{j}\omega\dot{\boldsymbol{A}} \tag{5-41}$$

$$\dot{\boldsymbol{B}}=\nabla\times\dot{\boldsymbol{A}} \tag{5-42}$$

如前所述，场点的动态位与激励源在时间上的差异，也就是电磁波从激励源传播到该场点所需的时间。如果激励源变化得很快，则这种推迟现象就比较明显；如果变化不快，则在电磁波从激励源传播到场点这段时间内，激励源并未发生明显的变化，此时虽然仍有推迟作用，但对场量的影响不太大，有时可以忽略不计。电气工程中的许多实际问题便属于这样的问题。

5-5 电磁辐射

由达朗贝尔方程解得的动态位特性，我们已经看到空间电磁场并不取决于同一时刻的场源特性。这说明即便当前时刻的场源已经消失，但前一时刻它释放出的电磁能量仍然单独存在于空间电磁场中，并以电磁波的形式按一定的速度在空间传播，这种现象称为电磁辐射。

本节研究最简单的天线——单元偶极子在近区和远区两种情况下的辐射特性。实际的线形天线可以看成由许多单元偶极子天线串联而成，整个天线所辐射的电磁场就是所有单元偶极子天线所辐射的电磁场的叠加。

5-5-1 单元偶极子的辐射

单元偶极子天线是一段很短的载流细导线，如图 5-10 所示。设单元偶极子中的电流为

$$i(t)=\sqrt{2}I\cos(\omega t+\psi)$$

相应的复数形式为

$$\dot{I}=I\mathrm{e}^{\mathrm{j}\psi}$$

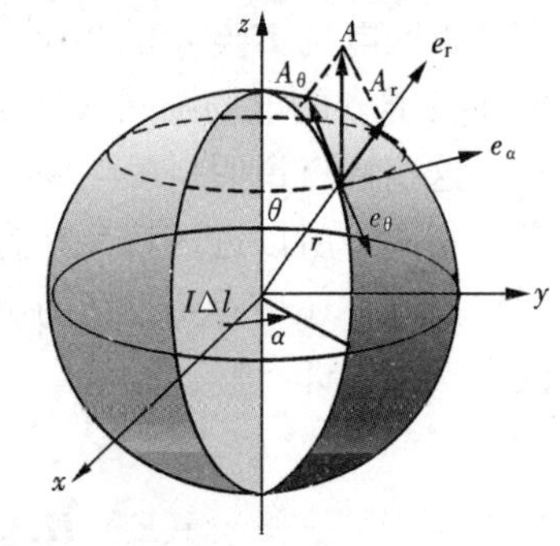

图 5-10

由于单元偶极子的长度 Δl 远远小于电流的波长 λ 和它与观察点间的距离 R，且 $R\approx r$。由式（5-37）知，它在自由空

间产生的动态矢量磁位为

$$\dot{\boldsymbol{A}}(r)=\frac{\mu_0}{4\pi}\int_{\Delta l}\frac{\dot{I}\,\mathrm{e}^{\mathrm{j}\beta R}}{R}\mathrm{d}\boldsymbol{l}'=\frac{\mu_0\dot{I}\Delta l}{4\pi r}\mathrm{e}^{-\mathrm{j}\beta r}\boldsymbol{e}_z \tag{5-43}$$

用球坐标表示，则为

$$\dot{\boldsymbol{A}}(r,\theta,\alpha)=\frac{\mu_0\dot{I}\Delta l}{4\pi r}\mathrm{e}^{-\mathrm{j}\beta r}(\cos\theta\boldsymbol{e}_r-\sin\theta\boldsymbol{e}_\theta) \tag{5-44}$$

由上式可得

$$\dot{\boldsymbol{H}}=\frac{\nabla\times\dot{\boldsymbol{A}}}{\mu_0}=\frac{\dot{I}\Delta l}{4\pi r^2}\mathrm{e}^{-\mathrm{j}\beta r}(1+\mathrm{j}\beta r)\sin\theta\boldsymbol{e}_\alpha \tag{5-45}$$

$$\dot{\boldsymbol{E}}=\frac{\nabla\times\dot{\boldsymbol{H}}}{\mathrm{j}\omega\varepsilon_0}=-\mathrm{j}\frac{\dot{I}\Delta l}{2\pi\omega\varepsilon_0 r^3}\mathrm{e}^{-\mathrm{j}\beta r}(1+\mathrm{j}\beta r)\cos\theta\boldsymbol{e}_r$$

$$-\mathrm{j}\frac{\dot{I}\Delta l}{4\pi\omega\varepsilon_0 r^3}\mathrm{e}^{-\mathrm{j}\beta r}(1+\mathrm{j}\beta r-\beta^2r^2)\sin\theta\boldsymbol{e}_\theta \tag{5-46}$$

可见，单元偶极子天线的 $\boldsymbol{H}$ 和 $\boldsymbol{E}$ 均由（βr）不同幂次的多项式组成。随（βr）值不同，各项所起的作用不同。我们分别讨论近区和远区两种情况下的特性。

5-5-2 近区场的特性

满足条件 $\beta r\ll 1$（相当于 $r\ll\lambda$）的区域，称为近区场。此时因子 $\mathrm{e}^{-j\beta r}\approx\mathrm{e}^0=1$，意味着在近区场中推迟效应可忽略不计。在 $\boldsymbol{H}$ 表达式（5-45）中，含（βr）的一项相对较小忽略不计，只保留括号内的常数项，则有

$$\dot{H}_\alpha\approx\frac{\dot{I}\Delta l}{4\pi r^2}\sin\theta \tag{5-47}$$

同理，在 $\boldsymbol{E}$ 的表达式（5-46）中，含（βr）和（β^2r^2）的两项相对较小忽略不计，只保留括号内的常数项。而且，考虑到 $\dot{I}=\mathrm{j}\omega\dot{q}$，电偶极子 $\dot{p}=\dot{q}\Delta l$，因此得

$$\dot{E}_\alpha\approx-\mathrm{j}\frac{\dot{I}\Delta l}{2\pi\omega\varepsilon_0 r^3}\cos\theta=\frac{2\dot{p}\cos\theta}{4\pi\varepsilon_0 r^3} \tag{5-48}$$

$$\dot{E}_\theta\approx-\mathrm{j}\frac{\dot{I}\Delta l}{4\pi\omega\varepsilon_0 r^3}\sin\theta=\frac{\dot{p}\sin\theta}{4\pi\varepsilon_0 r^3} \tag{5-49}$$

由式（5-47）、式（5-48）和式（5-49）可见，单元偶极子天线的近区场有以下特点：

近区磁场 $\boldsymbol{H}$ 与 i 的相位完全相同，$\boldsymbol{H}$ 表达式（5-47）与恒定磁场中求得的电流元 $I\Delta\boldsymbol{l}$ 的磁场相同（见［例 4-6］）。

近区电场 $\boldsymbol{E}$ 与 q 的相位完全相同，$\boldsymbol{E}$ 表达式（5-48）和式（5-49）与静电场中求得的电偶极子 p 的电场相同（见［例 2-4］）。

这些特点说明，虽然场源随时间变化，但它产生的近区场无滞后效应，与静态场的特性完全相同，所以近区场又称为似稳场。

此外，还可看到近区的电场与磁场相位差为 90°，因此坡印亭矢量复数形式只有虚部，没有实部，即

$$\begin{aligned}\tilde{\boldsymbol{S}}&=\dot{\boldsymbol{E}}\times\dot{\boldsymbol{H}}^*=(\boldsymbol{E}\times\boldsymbol{H})\cos(\psi_E-\psi_H)+\mathrm{j}(\boldsymbol{E}\times\boldsymbol{H})\sin(\psi_E-\psi_H)\\&=\mathrm{j}(\boldsymbol{E}\times\boldsymbol{H})\end{aligned}$$

也就是说，坡印亭矢量的平均值（有功功率密度）为零。这似乎表明在近区内，只有电能和

磁能的交换（无功功率密度），而不向外辐射电磁能量。其实，这是由于在推导过程中，近区忽略了含（βr）和（$\beta^2 r^2$）的高幂次项所造成的。实际上，在近区内也有平均功率在传播，而且正是这部分功率提供了远区的辐射电磁能量，只是相对于存储在近区的电磁能量来说，这一部分很小被忽略了。

5-5-3 远区场的特性

满足条件 $\beta r \gg 1$（相当于 $r \gg \lambda$）的区域，称为远区场。此时，在 $\boldsymbol{H}$ 表达式（5-45）中，常数项相对较小忽略不计，只保留括号内的含（βr）的一项，则有

$$\dot{\boldsymbol{H}} \approx \mathrm{j}\,\frac{\Delta l \beta}{4\pi r}\dot{I}\mathrm{e}^{-\mathrm{j}\beta r}\sin\theta \boldsymbol{e}_{\alpha} \tag{5-50}$$

相应的瞬时值形式为

$$\boldsymbol{H}(r,\theta,\alpha,t) = \frac{\Delta l \beta \sin\theta}{4\pi r}\sqrt{2}I\sin(\omega t - \beta r + \psi)\boldsymbol{e}_{\alpha} \tag{5-51}$$

同理，在 $\boldsymbol{E}$ 的表达式（5-46）中，常数项和含（βr）的一项相对较小忽略不计，只保留含（$\beta^2 r^2$）的一项，因此有

$$\dot{\boldsymbol{E}} \approx \mathrm{j}\,\frac{\Delta l \beta^2}{4\pi\omega\varepsilon_0 r}\dot{I}\mathrm{e}^{-\mathrm{j}\beta r}\sin\theta \boldsymbol{e}_{\theta} \tag{5-52}$$

$$\boldsymbol{E}(r,\theta,\alpha,t) = \sqrt{\frac{\mu}{\varepsilon}}\,\frac{\Delta l \beta \sin\theta}{4\pi r}\sqrt{2}I\sin(\omega t - \beta r + \psi)\boldsymbol{e}_{\theta} \tag{5-53}$$

可见，单元偶极子天线远区场中的 E_{θ} 和 H_{α} 具有以下特点：①在空间上相互垂直；②都与球面相切；③而且同相位；④其振幅均与 r 成反比；⑤两者之比定义为介质的特性阻抗，又称为波阻抗，记为 Z_0，在自由空间中其值为

$$Z_0 = \frac{E_{\theta}}{H_{\alpha}} = \frac{E_{\theta}}{H_{\alpha}} = \frac{\beta}{\omega\varepsilon_0} = \sqrt{\frac{\mu_0}{\varepsilon_0}} = 120\pi \approx 377\Omega \tag{5-54}$$

由 $\boldsymbol{E}$ 和 $\boldsymbol{H}$ 的瞬时值表达式（5-53）和式（5-51）可得，远区中任一场点的坡印亭矢量平均值为

$$\boldsymbol{S}_{\mathrm{av}} = \frac{1}{T}\int_0^T (\boldsymbol{E}\times\boldsymbol{H})\cdot \mathrm{d}t = Z_0\left(\frac{I\Delta l}{2\lambda r}\sin\theta\right)^2 \boldsymbol{e}_r \tag{5-55}$$

可见，远区的电磁能量以电磁波的形式向无限远空间辐射，因此称之为辐射场。

穿过以波源为中心、半径为 r 的球面向外辐射的总功率为

$$P = \oint_S \boldsymbol{S}_{\mathrm{av}}\cdot \mathrm{d}\boldsymbol{S} = I^2\left[80\pi^2\left(\frac{\Delta l}{\lambda}\right)^2\right] \tag{5-56}$$

由于穿过任意球面向外辐射的电磁功率是相同的，这表明电磁能量没有在空间停留，而是不断地从波源向外传播出去。辐射功率 P 若看作是场源向电阻输出的功率，则由 $P=I^2R_{\mathrm{e}}$ 和式（5-56），可得单元偶极子天线的等效辐射电阻为

$$R_{\mathrm{e}} = 80\pi^2\left(\frac{\Delta l}{\lambda}\right)^2 \tag{5-57}$$

由式（5-56）可知，若想增大天线的辐射功率有三个途径：①增加天线长度；②减少波长，增大频率；③增大发射机的电流。

由式（5-53）和式（5-51）可见，电场 $\boldsymbol{E}$ 和磁场 $\boldsymbol{H}$ 的振幅不仅与距离 r 有关，而且与观察点所处位置的 θ 角也有关，也就是说，单元偶极子天线辐射出的电磁波具有一定的方向性。在天线的正上方（即 $\theta=0$ 处）辐射为零，在垂直于天线的方向（即 $\theta=90°$ 处）辐射最

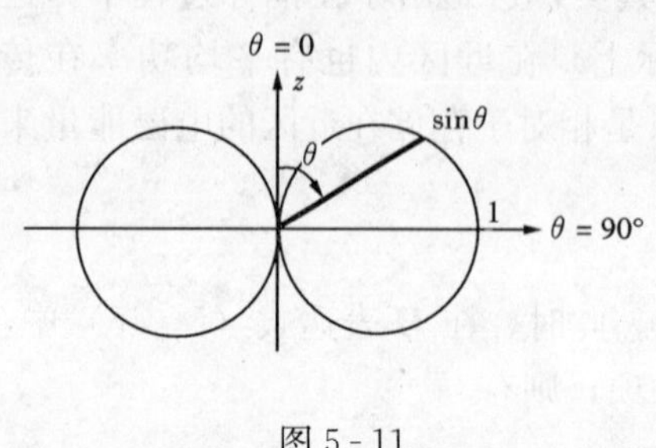

图 5 - 11

强。辐射场强随 θ 和 α 角度变化的函数 $f(\theta, \alpha)$ 称为天线的方向图因子。根据 $f(\theta, \alpha)$ 画出的描述天线辐射场强在空间分布情况的图形称为天线的方向图。单元偶极子天线的方向图因子为 $f(\theta, \alpha)=\sin\theta$。相应的方向图是位于子午面 z 轴两侧的单位圆，如图 5 - 11 所示。

【例 5 - 6】 GSM 系统双频移动电话天线的发射功率，当 $f=900$MHz 时为 0.1～2W；当 $f=1800$MHz 时为 0.1～1W。若将移动电话天线近似看作为单元偶极子天线，试分别计算距移动电话 3cm 处的最大功率密度。

解 由于 900MHz 电磁波的 $\lambda=33.3$cm，而 1800MHz 电磁波的 $\lambda=16.7$cm，因此，移动电话的天线长度不符合单元偶极子天线（$\Delta l \ll \lambda$）的条件；场点距离 $r=3$cm 也不符合远区场（$r \gg \lambda$）的条件。因此本例只能近似计算。为了计算方便，先将坡印亭矢量用辐射功率表示为

$$S_{av}=Z_0\left(\frac{I\Delta l}{2\lambda r}\sin\theta\right)^2=\frac{3P}{8\pi r^2}\sin^2\theta$$

由于最大功率面密度出现在 $\theta=90°$ 位置，因此，

当 $f=900$MHz 时，$S_{av\,max}=\dfrac{3\times 2}{8\pi(0.03)^2}=265.2\text{W/m}^2=26.52\text{mW/cm}^2$；

当 $f=1800$MHz 时，$S_{av\,max}=\dfrac{3\times 1}{8\pi(0.03)^2}=132.6\text{W/m}^2=13.26\text{mW/cm}^2$。

应该指出，由于 1～3GHz 频率范围的电磁波能够被皮肤、脂肪和肌肉吸收，使人体深处的细胞加热，导致内部器官损伤。因此，世界各国均对功率面密度限值作了规定，如美国 IEEE/ANSI 标准规定功率面密度限值为 1mW/cm^2。本例的计算结果已远远超过标准限值，因此从健康的角度考虑，不应长时间使用移动电话。

5-5-4 似稳条件与似稳场

对于理想介质中的时变电磁场来说，如果满足似稳条件；可以不计推迟效应，称作似稳场（近区）。似稳条件是：

（1）推迟时间 $t=r/v \ll$ 周期 $T=1/f$；

（2）场点距离 $r \ll$ 波长 $\lambda=vT$；

（3）滞后相位 $\beta r \ll 1$，$e^{-j\beta r}\approx e^0=1$。

显然，似稳场是一个相对的概念。例如，在工频 $f=50$Hz 情况下，波长 $\lambda=6000$km，对于一条长度 $l=100$km 的输电线路 $l \ll \lambda$；两端的相位差 $\beta l \approx 0.001046 \ll 1$，推迟作用一般可以忽略不计。但在广播、电视、通信领域中，频率 f 高达数千赫、数 M 赫，甚至数吉赫，波长 λ 只有几百米、几米，甚至只有几毫米。因此，是否可以忽略推迟作用按似稳场处理，应视具体情况区分对待。

似稳场可以看为磁准静态场（详见第六章准静态场）。动态位积分解的复数形式为

$$\dot{\mathbf{A}}(x,y,z)=\frac{\mu}{4\pi}\int_{V'}\frac{\dot{\mathbf{J}}(x',y',z')}{R}\mathrm{d}V \tag{5-58}$$

$$\dot{\varphi}(x,y,z)=\frac{1}{4\pi\varepsilon}\int_{V'}\frac{\rho(x',y',z')}{R}\mathrm{d}V \tag{5-59}$$

相应的瞬时值形式为

$$\boldsymbol{A}(x,y,z,t)=\frac{\mu}{4\pi}\int_{V'}\frac{\boldsymbol{J}(x',y',z',t)}{R}\mathrm{d}V \tag{5-60}$$

$$\varphi(x,y,z,t)=\frac{1}{4\pi\varepsilon}\int_{V'}\frac{\rho(x',y',z',t)}{R}\mathrm{d}V \tag{5-61}$$

可见，虽然 $\boldsymbol{A}$ 和 φ 都是随时间变化的，但准静态场却遵循静态场的规律。因此，在计算 $\boldsymbol{A}$ 和 φ 时，只要已知电流和电荷的分布，就完全可以利用静态情况下的公式。也就是说，可以略去电磁场的波动性，认为场量与场源之间具有类似于静态场的瞬时对应关系。

习 题 五

麦克斯韦方程组：

5-1 设同轴电缆中位移电流密度为 $J_D(r,z,t)=\frac{10^5}{r}\sin(\omega t-\beta z)\boldsymbol{e}_r$，理想介质参数分别为 $2\varepsilon_0$、μ_0、$\gamma=0$。求电场强度 $\boldsymbol{E}$ 和磁场强度 $\boldsymbol{H}$。

5-2 已知自由空间中的磁场强度 $\boldsymbol{H}(z,t)=2.65\cos(\omega t-\beta z)\boldsymbol{e}_y$。求电场强度和位移电流密度。

5-3 已知媒质的 $\gamma=10^3\mathrm{S/m}$，$\varepsilon=6.5\varepsilon_0$，传导电流密度 $J=0.02\sin10^9t$。求位移电流密度和单位体积消耗的功率。

5-4 如图 5-12 所示 $z=0$ 处为空气与理想导体的分界面，已知分界面上的磁场强度 $\boldsymbol{H}(x,y,0,t)=H_0\sin\beta x\cdot\cos(\omega t-\beta y)\boldsymbol{e}_x$。求理想导体表面上的电流分布和分界面上的电场强度 $\boldsymbol{E}$。

坡印亭矢量：

5-5 图 5-13 所示平板电容器极板是半径为 R 的圆金属片，极间距离为 d，电压为 U，中间介质的参数分别为 ε、γ 和 μ。求介质中消耗的功率和介质中的坡印亭矢量。

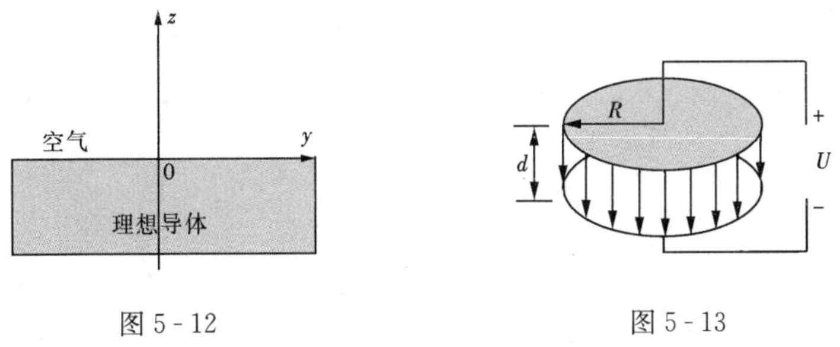

图 5-12　　　图 5-13

5-6 已知自由空间中 $\boldsymbol{E}(z,t)=50\cos(\omega t-\beta z)\boldsymbol{e}_x$ (V/m)。求穿过 z 为常数的平面上，半径为 2.5m 的圆面积的瞬时功率和平均功率。

动态位：

5-7 已知某媒质中，动态磁位 $\boldsymbol{A}(z,t)=A_m e^{-\alpha z}\sin(\omega t-\beta z)\boldsymbol{e}_x$。求：

(1) A 的散度和旋度；

(2) 磁感应强度 $\boldsymbol{B}(z,t)$ 和电场强度 $\boldsymbol{E}(z,t)$。

5-8 已知自由空间中，动态磁位 $\boldsymbol{A}(z,t)=10^5\sin(10^8t-z/3)\boldsymbol{e}_x$。求磁场强度 $\boldsymbol{H}(z,t)$、电场强度 $\boldsymbol{E}(z,t)$ 和坡印亭矢量。

正弦电磁场：

5-9 改写下列电场或磁场的表达式：

(1) 将瞬时形式改写为复数形式

$$\boldsymbol{E}=E_{\mathrm{m}}\cos 2x\sin\omega t\boldsymbol{e}_x$$

$$\boldsymbol{H}=H_{\mathrm{m}}\mathrm{e}^{-\alpha x}\cos(\omega t-\beta x)\boldsymbol{e}_y$$

(2) 将复数形式改写为瞬时形式

$$\dot{\boldsymbol{E}}=E\sin\frac{\pi y}{a}\mathrm{e}^{-(\alpha+\mathrm{j}\beta)}\boldsymbol{e}_x$$

$$\dot{\boldsymbol{H}}=\mathrm{j}H\cos\beta z\boldsymbol{e}_y$$

5-10 已知无限大均匀媒质中，$\boldsymbol{E}(x,y,z,t)=E_{\mathrm{m}}\mathrm{e}^{-\alpha z}\cos(\omega t-\beta z+\psi_{\mathrm{E}})\boldsymbol{e}_x$，$\boldsymbol{H}(x,y,z,t)=H_{\mathrm{m}}\mathrm{e}^{-\alpha z}\cos(\omega t-\beta z+\psi_H)\boldsymbol{e}_y$。求：

(1) $\boldsymbol{E}$ 和 H 的复数形式；

(2) 坡印亭矢量 $\boldsymbol{S}$ 的平均值。

5-11 设导电媒质参数分别为 ε、μ 和 γ，已知电场强度 $\boldsymbol{E}(z,t)=E_{\mathrm{m}}\mathrm{e}^{-\alpha z}\cos(\omega t-\beta z)\boldsymbol{e}_x$。求：

(1) $\boldsymbol{E}$ 的复数形式；

(2) 传导电流密度的复数形式；

(3) 位移电流密度的复数形式；

(4) 传导电流密度与位移电流密度的比值。

电磁辐射：

5-12 设有一垂直放置的单元偶极子作为辐射天线，已知 $q_{\max}=3\times10^{-7}\mathrm{C}$，$f=5\mathrm{MHz}$，$\Delta l=0.5\mathrm{m}$。求：与地面成 40°夹角，距离单元偶极子天线中心分别为 5m 和 5km 位置的 $\boldsymbol{E}$ 和 $\boldsymbol{H}$ 的表达式。

第六章 准静态电磁场

本章首先介绍电准静态场和磁准静态场的条件及其基本方程；在导出电磁场扩散方程的基础上，讨论电气工程中经常遇到的集肤效应、邻近效应、涡流损耗和电磁屏蔽等问题；由电磁场理论导出基尔霍夫电流定律和电压定律，讨论交流电路的电阻和内电感。

6-1 电准静态场

各种宏观电磁现象都可用特定条件下的麦克斯韦方程组来描述。当电磁场随时间变化较缓慢时，在不影响工程计算精度的前提下，往往可以忽略麦克斯韦方程组中的$\frac{\partial \boldsymbol{B}}{\partial t}$或$\frac{\partial \boldsymbol{D}}{\partial t}$，简化后的电磁场称为准静态电磁场。根据忽略$\frac{\partial \boldsymbol{B}}{\partial t}$或$\frac{\partial \boldsymbol{D}}{\partial t}$的不同，准静态场分作电准静态场和磁准静态场两类。它们的特点是都属时变电磁场，但具有静态场的一些性质。

6-1-1 电准静态场（EQS）的定义

时变电场由时变电荷 $q(t)$ 产生的库仑电场和时变磁场 $\partial \boldsymbol{B}/\partial t$ 产生的感应电场两部分组成。当感应电场远远小于库仑电场时，$\partial \boldsymbol{B}/\partial t$ 可以忽略不计，则时变电场满足

$$\begin{cases} \nabla \times \boldsymbol{E} = \dfrac{\partial \boldsymbol{B}}{\partial t} \approx 0 & (6-1) \\ \nabla \cdot \boldsymbol{D} = \rho & (6-2) \end{cases}$$

称为电准静态场，记作 EQS（Electro-quasi-static）。也就是说，在忽略电磁感应的前提下，电准静态场具有与静电场类同的有源、无旋性，可以定义标量电位

$$\boldsymbol{E}(t) = -\nabla \varphi(t) \tag{6-3}$$

同时满足泊松方程

$$\nabla^2 \varphi(t) = -\frac{\rho(t)}{\varepsilon} \tag{6-4}$$

因此，电准静态场与静电场的计算方法相同。此时的 $\boldsymbol{E}$ 和 $\boldsymbol{D}$ 仍是时间的函数，但它们与场源 $\rho(t)$ 之间具有瞬时对应关系。

但是，在电准静态场 EQS 近似下，时变磁场还须考虑位移电流 $\partial \boldsymbol{D}/\partial t$ 的作用，仍满足

$$\begin{cases} \nabla \times \boldsymbol{H} = \boldsymbol{J} + \dfrac{\partial \boldsymbol{D}}{\partial t} & (6-5) \\ \nabla \cdot \boldsymbol{B} = 0 & (6-6) \end{cases}$$

因此，只要已知电荷或电压分布，就可以仿照静电场的方法先确定 $\boldsymbol{E}$ 和 $\boldsymbol{D}$，然后根据式(6-5)求得 $\boldsymbol{H}$ 和 $\boldsymbol{B}$。

电力系统和电气装置中由时变磁场产生的感应电场，相对于高电压产生的库仑电场很小，可忽略不计，因此属于电准静态场问题。低频电工电子设备中的感应电场相对于库仑电场可能不小，但其旋度$\nabla \times \boldsymbol{E}_i$ 很小时，$\nabla \times \boldsymbol{E} = \nabla \times (\boldsymbol{E}_c + \boldsymbol{E}_i) \approx \nabla \times \boldsymbol{E}_c = 0$ 成立，也可按电

准静态场考虑。例如低频交流线圈导线中的电场可按恒定电场考虑，认为感应电场并不影响电流密度 $\boldsymbol{J}$ 的均匀分布。

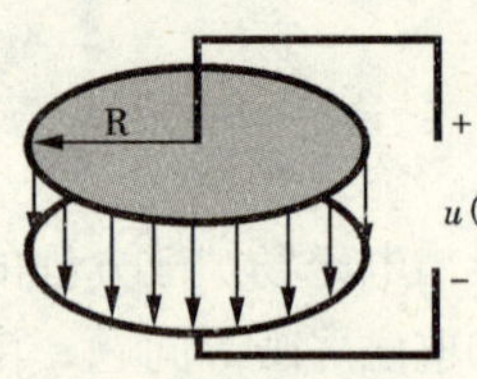

图 6-1

【例 6-1】 图 6-1 所示平板电容器极板为半径 10cm 的圆金属片，极间距离为 1cm，理想介质的介电常数为 $2\varepsilon_0$，外接缓变电压为 $u(t)=220\sqrt{2}\sin 314t$，求：

(1) 介质中的时变电场强度 $\boldsymbol{E}(t)$；

(2) 介质中的时变磁场强度 $\boldsymbol{H}(t)$。

解 由于电压 $u(t)$ 随时间变化缓慢，可近似为电准静态场。

(1) 仿照静电场求得介质中的电场强度为

$$\boldsymbol{E}(t)=\frac{u(t)}{d}\boldsymbol{e}_z=\frac{U_\mathrm{m}}{d}\sin\omega t\boldsymbol{e}_z$$

(2) 理想介质中没有传导电流，位移电流密度为

$$\frac{\partial \boldsymbol{D}}{\partial t}=\varepsilon\frac{\partial \boldsymbol{E}}{\partial t}=\varepsilon\frac{\partial}{\partial t}(E_\mathrm{m}\sin\omega t)\boldsymbol{e}_z=\frac{\omega\varepsilon}{d}U_\mathrm{m}\cos\omega t\boldsymbol{e}_z$$

在介质中取半径为 $r<R$ 的同心圆 l 为闭合回路，由

$$\oint_l \boldsymbol{H}\cdot \mathrm{d}\boldsymbol{l}=\int_S \frac{\partial \boldsymbol{D}}{\partial t}\cdot \mathrm{d}\boldsymbol{S}$$

得

$$H\times 2\pi r=\pi r^2\frac{\omega\varepsilon}{d}U_\mathrm{m}\cos\omega t$$

则

$$\boldsymbol{H}(t)=\frac{r\omega\varepsilon}{2d}U_\mathrm{m}\cos\omega t\boldsymbol{e}_\alpha$$

6-1-2 电荷在导体中的弛豫过程

在均匀导电媒质中，对麦克斯韦第一方程两边取散度得

$$\nabla\cdot(\nabla\times\boldsymbol{H})=\nabla\cdot\boldsymbol{J}+\frac{\partial}{\partial t}\nabla\cdot\boldsymbol{D}$$

根据矢量恒等式，并将 $\boldsymbol{J}=\gamma\boldsymbol{E}$ 和 $\boldsymbol{D}=\varepsilon\boldsymbol{E}$ 代入，则有

$$\gamma\nabla\cdot\boldsymbol{E}+\varepsilon\frac{\partial}{\partial t}\nabla\cdot\boldsymbol{E}=0$$

设导电媒质中的电荷密度为 ρ，由于 $\rho=\nabla\cdot\boldsymbol{D}=\varepsilon\nabla\cdot\boldsymbol{E}$，则有

$$\frac{\partial\rho}{\partial t}+\frac{\gamma}{\varepsilon}\rho=0 \tag{6-7}$$

上述一阶常微分方程的解为

$$\rho=\rho_0(x,y,z)\cdot \mathrm{e}^{-t/\tau} \tag{6-8}$$

式中，$\rho_0(x, y, z)$ 为电荷密度初始值，$\tau=\varepsilon/\gamma$ 称为弛豫时间。

上述结果表明，导体中的自由电荷密度随时间按指数规律衰减，其衰减快慢决定于弛豫时间。电荷密度的衰减过程称为电荷的弛豫。

非理想介质的电导率很小，弛豫时间较长；良导体的电导率很大，弛豫时间 $\tau=\varepsilon/\gamma$ 远远小于 1。例如，聚苯乙烯的 $\varepsilon=2.55\varepsilon_0$ F/m，$\gamma=10^{-16}$ S/m，弛豫时间 $\tau=2.25\times10^3$ s；铜的 $\varepsilon=\varepsilon_0=8.85\times10^{-12}$ F/m，$\gamma=5.80\times10^7$ S/m，弛豫时间 $\tau=1.52\times10^{-19}$ s。所以，一般可认

为良导体内部没有电荷积累，即 $\rho=0$。

由于在电准静态场 EQS 近似下 $\nabla\times\boldsymbol{E}\approx0$，因此可以定义电位函数 $\boldsymbol{E}=-\nabla\varphi$，有

$$\nabla^2\varphi=-\frac{\rho_0}{\varepsilon}\mathrm{e}^{-t/\tau} \tag{6-9}$$

当无限空间充满同一种导电媒质的情况，其解为

$$\varphi(x,y,z,t)=\int_V\frac{\rho_0}{4\pi\varepsilon r}\mathrm{e}^{-t/\tau}\mathrm{d}V=\varphi_0(x,y,z)\mathrm{e}^{-t/\tau} \tag{6-10}$$

这一结果表明，导电媒质中的电位分布也按指数规律衰减，其衰减快慢同样决定于弛豫时间 τ。

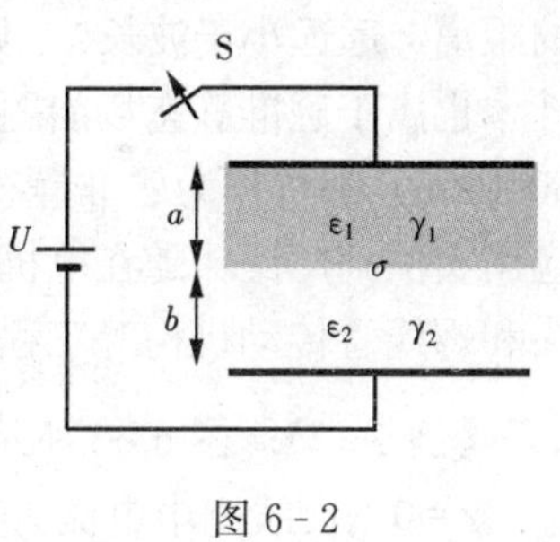

图 6-2

可以证明，图 6-2 所示具有两层非理想介质的平板电容器，当它与直流电压源 U 接通的过渡过程中，自由电荷将逐渐积累在其分界面上，其面密度为

$$\sigma=\frac{\varepsilon_1\gamma_2-\varepsilon_2\gamma_1}{b\gamma_1+a\gamma_2}U(1-\mathrm{e}^{-t/\tau})$$

其中弛豫时间为

$$\tau=\frac{b\varepsilon_1+a\varepsilon_2}{b\gamma_1+a\gamma_2}$$

6-2 磁准静态场

6-2-1 磁准静态场的定义

时变磁场由传导电流 $\boldsymbol{J}(t)$ 和位移电流 $\partial\boldsymbol{D}/\partial t$ 产生，当位移电流远远小于传导电流时，$\partial\boldsymbol{D}/\partial t$ 可以忽略不计，则时变磁场满足

$$\begin{cases}\nabla\times\boldsymbol{H}=\boldsymbol{J}+\dfrac{\partial\boldsymbol{D}}{\partial t}\approx\boldsymbol{J} & (6-11)\\ \nabla\cdot\boldsymbol{B}=0 & (6-12)\end{cases}$$

称为磁准静态场，记作 MQS（Magneto-quasi-static）。也就是说，在忽略位移电流的前提下，磁准静态场具有与恒定磁场类同的无源、有旋性，可以定义矢量磁位为

$$\boldsymbol{B}(t)=\nabla\times\boldsymbol{A}(t) \tag{6-13}$$

同样满足泊松方程

$$\nabla^2\boldsymbol{A}(t)=-\mu\boldsymbol{J}(t) \tag{6-14}$$

因此，磁准静态场与恒定磁场的计算方法相同。此时的 $\boldsymbol{B}$ 和 $\boldsymbol{H}$ 仍是时间的函数，但它们与场源 $\boldsymbol{J}(t)$ 之间具有瞬时对应关系。

但是，在磁准静态场 MQS 近似下，时变电场还须考虑电磁感应 $\partial\boldsymbol{B}/\partial t$ 的作用，仍满足

$$\begin{cases}\nabla\times\boldsymbol{E}=-\dfrac{\partial\boldsymbol{B}}{\partial t} & (6-15)\\ \nabla\cdot\boldsymbol{D}=\rho & (6-16)\end{cases}$$

因此，只要已知传导电流分布，就可以仿照恒定磁场的方法先确定 $\boldsymbol{H}$ 和 $\boldsymbol{B}$，然后，根据式(6-15)求得时变电场 $\boldsymbol{E}$ 和 $\boldsymbol{D}$。

若导体满足条件 $(\omega\varepsilon/\gamma)\ll1$ 或 $\omega\varepsilon\ll\gamma$，意味着导体中的位移电流远远小于传导电流，则

可看为良导体，位移电流可以忽略不计，属于磁准静态场问题。若理想介质中的场点到源点的距离 r 远远小于波长 λ，则处于时变电磁场的近区范围（似稳场），推迟作用可以忽略不计，也属于磁准静态场问题。电力传输线的长度和电工设备中线圈的尺寸远远小于工频波长 6000km，都可作为磁准静态场问题处理。电工技术中的涡流问题是磁准静态场问题的典型应用实例，广泛伴随在电机、变压器、感应加热装置、磁悬浮系统、电磁测量仪表、磁记录头和螺线管传动机构等工程问题之中。

【例 6-2】 图 6-3 所示细长空心螺线管半径为 a，单位长度 N 匝，媒质参数分别为 μ_0、ε_0、$\gamma=0$。设线圈中电流为 $i(t)=I_0\mathrm{e}^{-t/\tau}$，求螺线管内媒质中的：

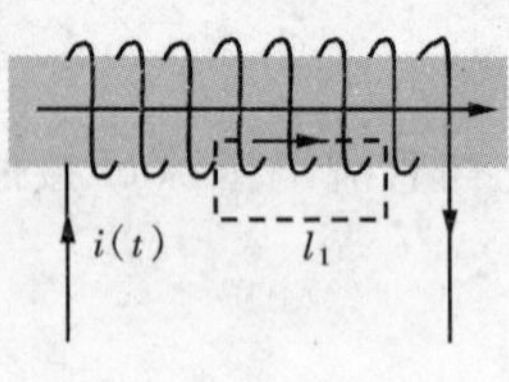

图 6-3

（1）磁场强度 $\boldsymbol{H}(t)$；

（2）电场强度 $\boldsymbol{E}(t)$；

（3）坡印亭矢量 $\boldsymbol{S}(t)$。

解 线圈电流变化缓慢，可忽略位移电流，近似为磁准静态场。

（1）仿照恒定磁场求 $\boldsymbol{H}$，取图 6-3 所示矩形回路 l_1，由于螺线管可看为无限长，因此管外磁场为零，由 $\oint_l \boldsymbol{H}\cdot \mathrm{d}\boldsymbol{l}\approx\sum i(t)$ 可得螺线管内磁场为

$$\boldsymbol{H}(t)=Ni(t)\boldsymbol{e}_z=NI_0\mathrm{e}^{-t/\tau}\boldsymbol{e}_z$$

（2）在螺旋管内取同心圆 l_2，由

$$\oint_{l_2}\boldsymbol{E}\cdot \mathrm{d}l=-\int_S\mu_0\frac{\partial \boldsymbol{H}}{\partial t}\cdot \mathrm{d}\boldsymbol{S}$$

得

$$E\times 2\pi r=\frac{1}{\tau}\mu_0 NI_0\mathrm{e}^{-t/\tau}\pi r^2$$

$$\boldsymbol{E}=\frac{r}{2\tau}\mu_0 NI_0\mathrm{e}^{-t/\tau}\boldsymbol{e}_\alpha$$

（3）坡印亭矢量为

$$\boldsymbol{S}=\boldsymbol{E}\times\boldsymbol{H}=\left(\frac{r}{2\tau}\mu_0 NI_0\mathrm{e}^{-t/\tau}\right)(NI_0\mathrm{e}^{-t/\tau})(\boldsymbol{e}_\alpha\times\boldsymbol{e}_z)$$

$$=\frac{r}{2\tau}\mu_0 N^2 I_0^2\mathrm{e}^{-2t/\tau}\boldsymbol{e}_r$$

可见，电磁功率由螺线管线圈内部沿半径向外传输。

6-2-2 电磁场的扩散方程

在磁准静态场 MQS 近似中，导体中的位移电流 $\partial \boldsymbol{D}/\partial t$ 忽略不计，全电流方程简化为 $\nabla\times\boldsymbol{H}\approx\boldsymbol{J}$.若将其两边取旋度，并运用矢量恒等式，得

$$\nabla\times\nabla\times\boldsymbol{H}=\nabla(\nabla\cdot\boldsymbol{H})-\nabla^2\boldsymbol{H}=\nabla\times\boldsymbol{J}$$

由于 $\nabla\cdot\boldsymbol{H}=0$，$\boldsymbol{J}=\gamma\boldsymbol{E}$，因而

$$\nabla^2\boldsymbol{H}=-\gamma\nabla\times\boldsymbol{E}$$

将 $\nabla\times\boldsymbol{E}=-\mu\partial\boldsymbol{H}/\partial t$ 代入，得

$$\nabla^2\boldsymbol{H}=\mu\gamma\frac{\partial \boldsymbol{H}}{\partial t} \tag{6-17}$$

由于导体中 $\rho=0$，同理可得

$$\nabla^2 \boldsymbol{E} = \mu\gamma \frac{\partial \boldsymbol{E}}{\partial t} \tag{6-18}$$

上式两边同乘 γ，则得到

$$\nabla^2 \boldsymbol{J} = \mu\gamma \frac{\partial \boldsymbol{J}}{\partial t} \tag{6-19}$$

这就是在 MQS 近似下，导体中任一点的 $\boldsymbol{E}$、$\boldsymbol{H}$ 和 $\boldsymbol{J}$ 所满足的微分方程，称为电磁场的扩散方程。相应的复数形式为

$$\nabla^2 \dot{\boldsymbol{H}} = \mathrm{j}\omega\mu\gamma\dot{\boldsymbol{H}} = k^2\dot{\boldsymbol{H}} \tag{6-20}$$

$$\nabla^2 \dot{\boldsymbol{E}} = \mathrm{j}\omega\mu\gamma\dot{\boldsymbol{E}} = k^2\dot{\boldsymbol{E}} \tag{6-21}$$

$$\nabla^2 \dot{\boldsymbol{J}} = \mathrm{j}\omega\mu\gamma\dot{\boldsymbol{J}} = k^2\dot{\boldsymbol{J}} \tag{6-22}$$

式中，$k = \sqrt{\mathrm{j}\omega\mu\gamma} = \alpha + \mathrm{j}\beta, \alpha = \beta = \sqrt{\omega\mu\gamma/2}$。

电磁场扩散方程是研究准静态情况下集肤效应、邻近效应和涡流问题的基础。

6-3 集肤效应与邻近效应

本节从推导电磁场的扩散方程入手，分析载有电流的导体，在自身电磁场作用下产生的集肤效应，以及在外部电磁场作用下产生的邻近效应。

6-3-1 集肤效应

假设图 6-4 中 $x>0$ 的半无限大空间为导体，其中有正弦电流 i 沿 y 方向流过，电流密度 $\boldsymbol{J}$ 只有 y 分量，并只与 x 坐标有关，在 yoz 平面上处处相等。在磁准静态场 MQS 近似下，电流扩散方程式（6-22）简化为

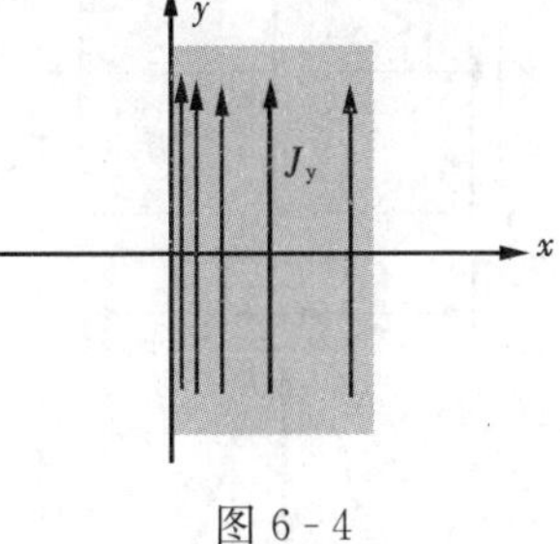

图 6-4

$$\frac{\mathrm{d}^2\dot{J}_y}{\mathrm{d}x^2} = k^2\dot{J}_y$$

通解为

$$\dot{J}_y = C_1\mathrm{e}^{-kx} + C_2\mathrm{e}^{+kx}$$

由于在 $x=+\infty$ 处电流密度 J 不能为无穷大，故待定常数 $C_2=0$；设导体表面 $x=0$ 处，电流密度为 J_0，得 $C_1=J_0$，则

$$\dot{J}_y = J_0\mathrm{e}^{-kx} = J_0\mathrm{e}^{-\alpha x}\mathrm{e}^{-\mathrm{j}\beta x} \tag{6-23}$$

由 $\dot{\boldsymbol{J}} = \gamma\dot{\boldsymbol{E}}$，可得

$$\dot{E}_y = \frac{\dot{J}_y}{\gamma} = \frac{J_0}{\gamma}\mathrm{e}^{-\alpha x}\mathrm{e}^{-\mathrm{j}\beta x} = E_0\mathrm{e}^{-\alpha x}\mathrm{e}^{-\mathrm{j}\beta x} \tag{6-24}$$

由 $\nabla \times \dot{\boldsymbol{E}} = -\mathrm{j}\omega\mu\dot{\boldsymbol{H}}$ 可得

$$\dot{H}_z = \frac{-1}{\mathrm{j}\omega\mu}\frac{\partial \dot{E}_y}{\partial x} = -\frac{\mathrm{j}k}{\omega\mu}E_0\mathrm{e}^{-\alpha x}\mathrm{e}^{-\mathrm{j}\beta x} \tag{6-25}$$

可见，$\boldsymbol{J}$、$\boldsymbol{E}$ 和 $\boldsymbol{H}$ 的振幅都沿导体的纵深 x 按指数规律 $\mathrm{e}^{-\alpha x}$ 衰减，而且相位 βx 也随之改变。

这说明，当交变电流通过导体时，靠近导体表面处的电流密度大，越深入导体内部，电流密度越小。当频率很高时，电流密度几乎只在导体表面附近一薄层中存在。场量主要集中在导体表面附近的这种现象，称为集肤效应。

工程上常用透入深度 d 表示场量的集肤程度。定义 d 等于场量振幅衰减到其表面值的 $1/\mathrm{e}$ 时所经过的距离，即 $\mathrm{e}^{-d\alpha}=\mathrm{e}^{-1}$。所以

$$d=1/\alpha=\sqrt{2/\omega\mu\gamma} \tag{6-26}$$

可见，频率越高，导电性能越好的导体，透入深度越小，集肤效应越显著。例如，铜在 $f=50\mathrm{Hz}$ 时，透入深度 $d=9.4\mathrm{mm}$；当频率 $f=5\times10^{10}\mathrm{Hz}$ 时，透入深度 $d=0.66\mu\mathrm{m}$。应当注意，在大于 d 的区域内，场量并非为零，而是继续衰减。经过 $13.8d$ 距离场强衰减到只有表面值的 10^{-9}。工业上利用高频电流集中在导体表面的特点，对金属构件进行表面淬火处理，以增加金属表面的硬度，减少内部的脆性。

6-3-2 邻近效应

相互靠近的导体通有电流时，每一导体不仅处于自身电流产生的电磁场中，同时还处于其他导体电流产生的电磁场中。因此，这时导体中的电流分布会受到邻近导体的影响，与它单独存在时不一样。这种现象称为邻近效应。

图 6-5 所示一对汇流排的厚度、宽度和长度分别为 a、b、l，且 $a\ll b\ll l$，板间距离为 d，电导率和磁导率分别为 γ 和 μ_0。在磁准静态场 MQS 近似下，磁场扩散方程式（6-20）简化为

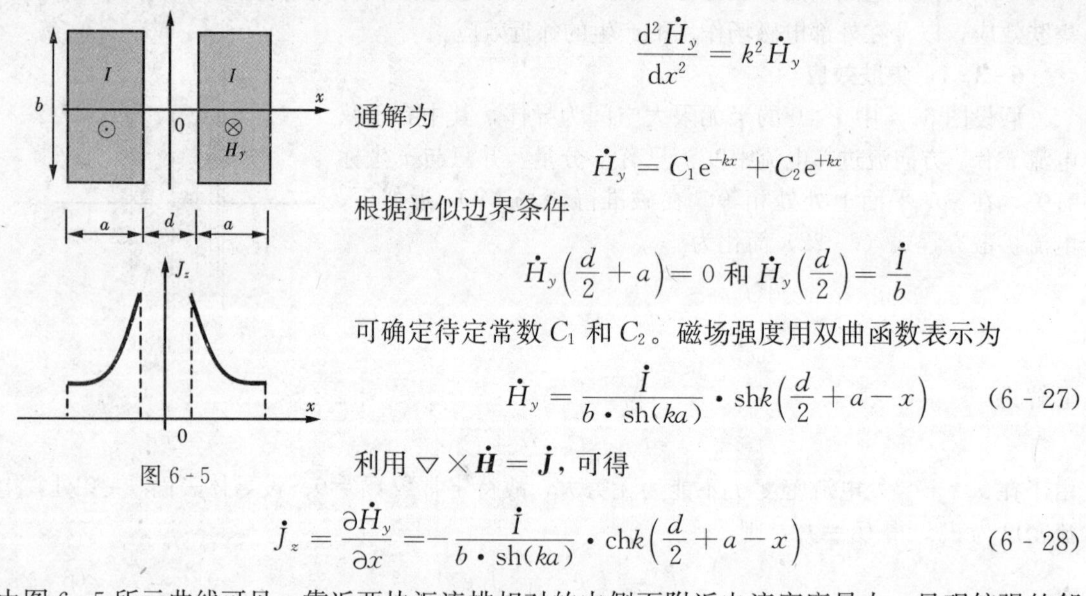

图 6-5

$$\frac{\mathrm{d}^2\dot{H}_y}{\mathrm{d}x^2}=k^2\dot{H}_y$$

通解为

$$\dot{H}_y=C_1\mathrm{e}^{-kx}+C_2\mathrm{e}^{+kx}$$

根据近似边界条件

$$\dot{H}_y\left(\frac{d}{2}+a\right)=0 \text{ 和 } \dot{H}_y\left(\frac{d}{2}\right)=\frac{\dot{I}}{b}$$

可确定待定常数 C_1 和 C_2。磁场强度用双曲函数表示为

$$\dot{H}_y=\frac{\dot{I}}{b\cdot\mathrm{sh}(ka)}\cdot\mathrm{sh}k\left(\frac{d}{2}+a-x\right) \tag{6-27}$$

利用 $\nabla\times\dot{\boldsymbol{H}}=\dot{\boldsymbol{J}}$，可得

$$\dot{J}_z=\frac{\partial\dot{H}_y}{\partial x}=-\frac{\dot{I}}{b\cdot\mathrm{sh}(ka)}\cdot\mathrm{ch}k\left(\frac{d}{2}+a-x\right) \tag{6-28}$$

由图 6-5 所示曲线可见，靠近两块汇流排相对的内侧面附近电流密度最大，呈现较强的邻近效应。原因在于导体内部的电流密度与空间电磁波分布密切相关，两线相对的内侧电磁能量密度大，传入导线的功率大，故电流密度也较大。

6-4 涡流损耗与电磁屏蔽

电气工程中的发电机、变压器的铁心和端盖都是由大块铁心构成的。在变化的磁场中，这些导体内部都会因电磁感应产生自行闭合、呈旋涡状流动的电流，因此称之为涡旋电流，

简称涡流。涡流问题中的 $\boldsymbol{E}$、$\boldsymbol{H}$ 和 $\boldsymbol{J}$ 同样遵守电磁场扩散方程。

6-4-1 涡流及其损耗

图 6-6 所示变压器铁心是由许多硅钢片叠成的，下面来分析在磁准静态场 MQS 近似下，钢片中的电磁场分布。

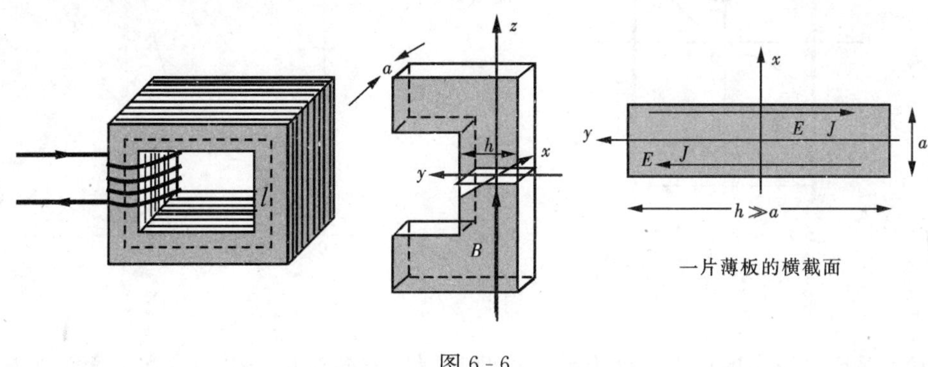

图 6-6

设外磁场 $\boldsymbol{B}$ 沿 z 方向，$\boldsymbol{H}$ 只有 z 分量 H_z。板中的电场 $\boldsymbol{E}$ 和涡流 $\boldsymbol{J}$ 在 xoy 平面内呈闭合路径，无 z 分量。又因钢片的宽度 $h \gg$ 厚度 a，所以可以忽略 y 方向两端的边缘效应，认为 $\boldsymbol{E}$ 和 $\boldsymbol{J}$ 仅有 y 分量 E_y 和 J_y。

由于磁路长度 l 和宽度 h 远远大于其厚度 a，所以 $\boldsymbol{E}$ 和 $\boldsymbol{H}$ 可近似为与 y 和 z 无关，仅是 x 的函数。根据以上分析，磁场扩散方程式（6-20）简化为

$$\frac{\mathrm{d}^2 \dot{H}_z}{\mathrm{d}x^2} = k^2 \dot{H}_z$$

通解为

$$\dot{H}_z = C_1 \mathrm{e}^{-kx} + C_2 \mathrm{e}^{+kx}$$

由于磁场沿 x 方向的分布对称，有

$$\dot{H}_z\left(\frac{a}{2}\right) = \dot{H}_z\left(-\frac{a}{2}\right)$$

故待定常数 $C_1 = C_2 = C/2$，因此

$$\dot{H}_z = C \cdot \mathrm{ch}kx$$

设钢片中心 $x=0$ 处，$\dot{B}_z(0) = \dot{B}_0$，则 $C = \dot{B}_0/\mu$。因此，钢片内的磁场强度为

$$\dot{H}_z = \frac{\dot{B}_0}{\mu} \mathrm{ch}kx \tag{6-29}$$

利用 $\nabla \times \dot{\boldsymbol{H}} = \dot{\boldsymbol{J}}$，可得

$$\dot{J}_y = -\frac{\partial \dot{H}_z}{\partial x} = -\frac{\dot{B}_0 k}{\mu} \mathrm{sh}kx \tag{6-30}$$

利用 $\dot{\boldsymbol{E}} = \dot{\boldsymbol{J}}/\gamma$，可得

$$\dot{E}_y = -\frac{\dot{B}_0 k}{\mu\gamma} \mathrm{sh}kx \tag{6-31}$$

由图 6-7 可见，钢片内部的电场和磁场的分布不均匀，越深入内部场量越小，在钢片中心

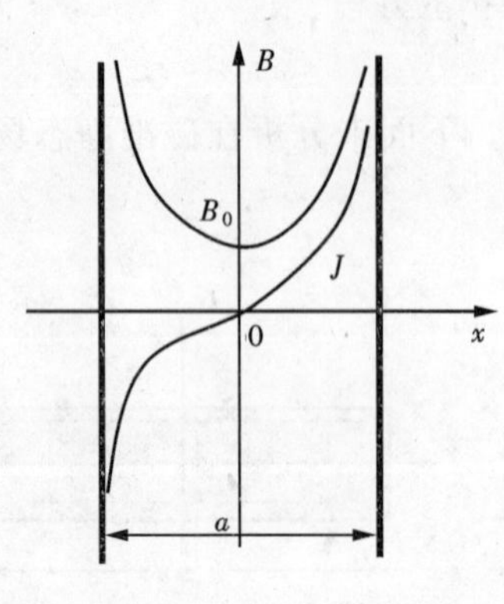

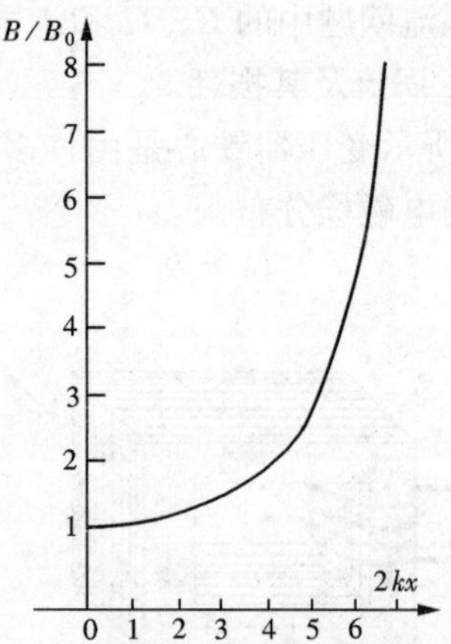

图 6-7

为最小值。涡流电流密度在中心处为零，在两侧则反方向对称于中心，在表面处为最大值。这是由于涡流产生的磁场减弱了外磁场的变化，即涡流具有去磁效应形成的。

涡流在导体内流动时，会产生损耗引起导体发热，因此它具有热效应。涡流电流在钢片中消耗的平均功率为

$$P=\int_V \frac{J_y^2}{\gamma}\mathrm{d}V \tag{6-32}$$

当频率较低时，即钢片厚度与透入深度之比 a/d 较小时，涡流损耗近似为

$$P=\frac{1}{12}\gamma\omega^2 a^2 B_{z\,\mathrm{av}}^2 V \tag{6-33}$$

式中，V 是铁心的体积；$B_{z\,\mathrm{av}}$ 是 B 在厚度上的平均值。

可见，为了减小涡流损耗，铁心应尽量薄，电导率应尽量小。因此，交流电器的铁心都是由彼此绝缘的硅钢片叠装而成的。

对于电工硅钢片来说，一般 $\mu\approx1000\mu_0$，$\gamma=10^7\mathrm{S/m}$，厚度 $a=0.5\mathrm{mm}$ 。当工作频率 $f=50\mathrm{Hz}$ 时，透入深度 $d=0.715\times10^{-3}\mathrm{m}$，$a/d=0.7$，集肤效应不明显可以认为 $\boldsymbol{B}$ 在横截面还是均匀分布的。但当工作频率 $f=2000\mathrm{Hz}$ 时，$a/d=4.4$，集肤效应十分明显，因此不再采用厚度为 0.5mm 的钢片，而要用更薄的钢片。如果工作频率更高，则要使用粉末磁性材料压制的磁心才能达到减少涡流损耗的要求。

6-4-2 电磁屏蔽

在电气工程中，用于减弱某一无源区域内电磁场影响的结构，称为电磁屏蔽。它是抑制电磁干扰的一种常用措施。电磁屏蔽类型的选择取决于干扰源的性质、频率、距离，以及被保护空间对抗干扰的要求等因素。

如果被保护空间要求减弱静电场或电准静态场，无需减弱磁场，则应采用非磁性金属壳或金属网，并可靠接地。其原理是利用金属表面的感应电荷和接地，消除两带电体之间的电容耦合，但保持电感耦合。

如果被保护空间要求减弱静磁场或磁准静态场，无需减弱电场，则应采用铁磁材料，并要求一定厚度，或采取多层铁磁材料组合。其原理是利用磁力线分布总是趋向于磁阻较小的路径。

如果被保护装置位于高频电磁场中，则利用电磁能量在良导体中急剧衰减的集肤效应，根据电磁波的频率选择透入深度小的材料（一般采用铜、铝、钢等良导体材料）制成有一定厚度的屏蔽罩。例如收音机内的中周线圈外面的空心铝壳罩，可使其免受外界高频电磁场的干扰；低磁导率的金属外壳可以使电子设备内部产生的高频电磁场不致透出去干扰其他设备。

为了达到有效的屏蔽作用，屏蔽罩的厚度必须接近于屏蔽材料透入深度的 3～6 倍，即

$$h \approx 2\pi d \tag{6 - 34}$$

例如，当 $f=1\text{MHz}$ 时，铝的透入深度 $d\approx 82\mu\text{m}$ 左右，故外界的射频电磁场不会影响罩内的电子装置。

电磁屏蔽的效能定义为

$$S = 20\lg\frac{E_0}{E_1} \text{ 或 } S = 20\lg\frac{H_0}{H_1} \tag{6 - 35}$$

式中，E_1 或 H_1 为有屏蔽体时的场强；E_0 或 H_0 为无屏蔽体时的场强。

设计电磁屏蔽结构时，应特别注意正确选用屏蔽材料、尺寸和结构。若结构不当，可能会造成需要屏蔽的电磁场频率接近或等于屏蔽体的某一固有频率，引起谐振现象，不仅不能使防护区的电磁场减弱，反而会加强，造成屏蔽效能急剧降低。

6 - 5 电路定律和交流阻抗

电路问题是电磁场问题的特殊情况，电路理论中的基尔霍夫电流定律、电压定律和电路参数都可由电磁场理论推导出来。

6 - 5 - 1 基尔霍夫电流定律

对麦克斯韦第 方程

$$\nabla \times \boldsymbol{H} = \boldsymbol{J}_C + \frac{\partial \boldsymbol{D}}{\partial t}$$

两边取散度，由矢量恒等式知，左边为零，得

$$\nabla \cdot \left(\boldsymbol{J}_C + \frac{\partial \boldsymbol{D}}{\partial t}\right) = 0$$

上式即时变情况下的全电流连续性方程微分形式。将上式进行体积分，并应用高斯散度定理可得全电流连续性方程的积分形式为

$$\oint_S \left(\boldsymbol{J}_C + \frac{\partial \boldsymbol{D}}{\partial t}\right) \cdot \mathrm{d}\boldsymbol{S} = 0$$

如果电路中围绕任一节点作一闭合面 S（如图 6 - 8 所示），其中 S_1、S_2 分别为电阻、电感导线穿过 S 时的截面；S_3 为电容器介质穿过 S 时的截面，则

$$\int_{S_1} \boldsymbol{J}_C \cdot \mathrm{d}\boldsymbol{S} + \int_{S_2} \boldsymbol{J}_C \cdot \mathrm{d}\boldsymbol{S} + \int_{S_3} \frac{\partial \boldsymbol{D}}{\partial t} \cdot \mathrm{d}\boldsymbol{S} = 0$$

面积分的结果分别为电流 i_1、i_2 和 i_3，因此得

$$i_1 + i_2 + i_3 = 0$$

即

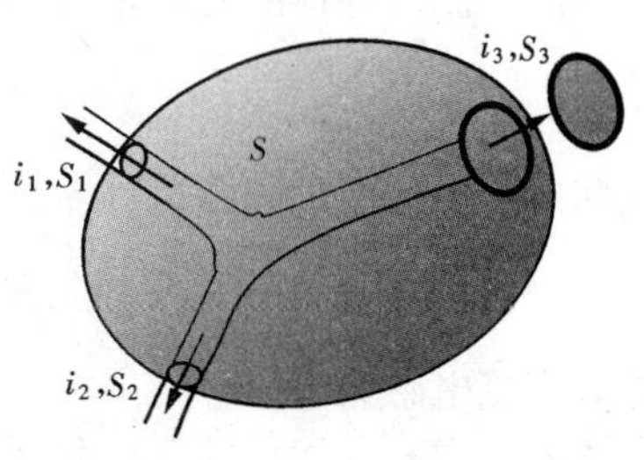

图 6 - 8

$$\Sigma i = 0 \tag{6-36}$$

这就是电路理论中的基尔霍夫电流定律，表明电路中任意节点流出的总电流等于零。当MQS近似下，位移电流忽略不计相当于电容开路，则仅有电阻和电感支路的电流，即 $i_1 + i_2 = 0$。

6-5-2 基尔霍夫电压定律

如果系统各个方向的尺寸都比电磁波的波长 λ 小得多，则该系统满足似稳条件，可以不计及各点的推迟作用，此时，导线上各处的电流都有相同的相位，它们的瞬时值也都是相同的。以图 6-9 所示的一个由 R、L、C 和电源组成的串联电路为例，推导基尔霍夫电压定律。

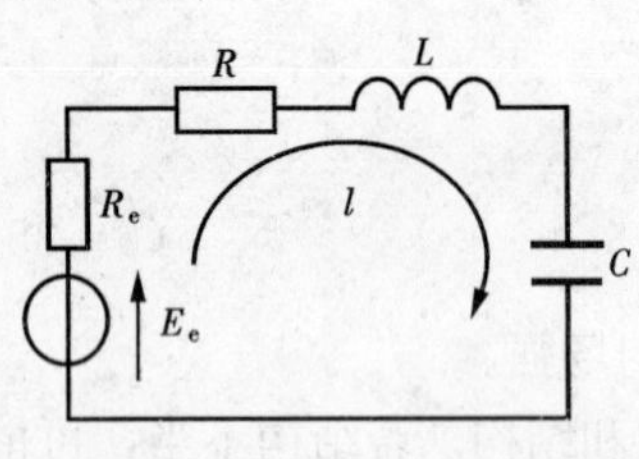

图 6-9

考虑到电源中的电流密度为

$$\boldsymbol{J}_C = \gamma(\boldsymbol{E} + \boldsymbol{E}_e)$$

式中，库仑场强 $\boldsymbol{E}$ 用动态位表示为

$$\boldsymbol{E} = -\nabla\varphi - \frac{\partial \boldsymbol{A}}{\partial t}$$

则电源内的局外场强为

$$E_e = \frac{\boldsymbol{J}_C}{\gamma} - \boldsymbol{E} = \frac{\boldsymbol{J}_C}{\gamma} + \nabla\varphi + \frac{\partial \boldsymbol{A}}{\partial t}$$

若沿着导线进行闭合环路积分，则有

$$\oint_l \boldsymbol{E}_e \cdot \mathrm{d}\boldsymbol{l} = \oint_l \frac{\boldsymbol{J}_C}{\gamma} \cdot \mathrm{d}\boldsymbol{l} + \oint_l \nabla\varphi \cdot \mathrm{d}\boldsymbol{l} + \oint_l \frac{\partial \boldsymbol{A}}{\partial t} \cdot \mathrm{d}\boldsymbol{l} \tag{6-37}$$

上式左边是电源的电动势 e；右边第一项是包含电源内阻 R_e 和回路电阻 R 在内的总电阻压降 $\boldsymbol{u}_R = i(R_e + R)$；右边第二项在电容器极板之间电场强度 E 的线积分，即电容器极板间的电压 $\boldsymbol{u}_C = \frac{1}{C}\int i\mathrm{d}t$；右边第三项为闭合回路的磁链 ψ 对时间 t 的导数，即感应电动势。由于外电路的磁通远小于电感线圈中的磁链，故该项应等于电感电压 $\boldsymbol{u}_L = L\frac{\mathrm{d}i}{\mathrm{d}t}$。综上所述，式（6-37）可写为

$$e(t) = i(R_e + R) + \frac{1}{C}\int i\mathrm{d}t + L\frac{\mathrm{d}i}{\mathrm{d}t}$$

或

$$e(t) = U_R + U_C + U_L \tag{6-38}$$

这就是电路理论中的基尔霍夫电压定律。

6-5-3 导体的交流内阻抗

由于流入导体的复功率可表示成

$$-\oint_S (\dot{\boldsymbol{E}} \times \dot{\boldsymbol{H}}^*) \cdot \mathrm{d}\boldsymbol{S} = I^2 Z = I^2(R + \mathrm{j}X_i)$$

因此，等效交流电阻为

$$R = \mathrm{Re}\left[\frac{-1}{I^2}\oint_S (\dot{\boldsymbol{E}} \times \dot{\boldsymbol{H}}^*) \cdot \mathrm{d}\boldsymbol{S}\right] \tag{6-39}$$

等效交流电感为

$$L_i = \mathrm{Im}\left[\frac{-1}{\omega I^2}\oint_S (\dot{\boldsymbol{E}} \times \dot{\boldsymbol{H}}^*) \cdot \mathrm{d}\boldsymbol{S}\right] \tag{6-40}$$

图 6-10 所示导体位于 $x>0$ 半无限大空间，设其电导率为 γ，磁导率为 μ。由于集肤效应，导体中 $\boldsymbol{J}$、$\boldsymbol{E}$ 和 $\boldsymbol{H}$ 沿 x 方向按指数规律衰减，即

$$\dot{J}_y = \gamma E_0 \mathrm{e}^{-kx}$$

$$\dot{E}_y = E_0 \mathrm{e}^{-kx}$$

$$\dot{H}_z = -\frac{\mathrm{j}k}{\omega\mu} E_0 \mathrm{e}^{-kx}$$

流过宽度为 a，x 方向无限厚的截面的电流为

$$\dot{I} = \int_S \dot{J}_y \mathrm{d}S = a\gamma E_0 \int_0^{\infty} \mathrm{e}^{-kx}\,\mathrm{d}x = \frac{a\gamma E_0}{k}$$

穿入 $x=0$ 处导体表面（$l\times a$）面积的电磁功率为

$$-\int_S (\dot{\boldsymbol{E}}\times\dot{\boldsymbol{H}}^*)\cdot\mathrm{d}\boldsymbol{S}\bigg|_{x=0} = -(E_0\cdot\boldsymbol{e}_y)\times\left(-\frac{\mathrm{j}k}{\omega\mu}E_0\cdot\boldsymbol{e}_z\right)\cdot(l\times a)\boldsymbol{e}_x = \frac{\mathrm{j}kE_0^2}{\omega\mu}(l\times a)$$

式中 $k=\sqrt{\mathrm{j}\omega\mu\gamma}=\sqrt{\omega\mu\gamma/2}\ (1+\mathrm{j})$。

因此，导体的复阻抗为

$$Z = \frac{1}{I^2}\left[-\oint_S(\dot{\boldsymbol{E}}\times\dot{\boldsymbol{H}}^*)\cdot\mathrm{d}\boldsymbol{S}\right] = \left(\frac{k}{a\gamma E_0}\right)^2\frac{\mathrm{j}kE_0^2}{\omega\mu}(l\times a)$$

$$= \frac{l}{a\gamma^2\omega\mu}\mathrm{j}k^3 = \frac{l}{a\gamma^2\omega\mu}\mathrm{j}(\sqrt{\mathrm{j}\omega\mu\gamma})^3 = \frac{l}{ad\gamma}(1+\mathrm{j})$$

式中，$d=\dfrac{1}{\alpha}=\sqrt{\dfrac{2}{\omega\mu\gamma}}$ 为透入深度。

等效交流电阻和交流内电感分别为

$$R = \frac{1}{ad\gamma},\qquad L_i = \frac{X}{\omega} = \frac{1}{ad\gamma\omega} \tag{6-41}$$

若图 6-11（a）所示圆截面导线的半径 a 远远大于透入深度 d，则可把导线看成是厚度无限大、宽度为 $2\pi a$ 的平面导体。由上式计算圆导线单位长度的交流电阻为

$$R_0 = \frac{1}{2\pi ad\gamma}$$

这相当于图 6-11（b）所示管形导体厚度 d 远远小于半径时的直流电阻。同一根导线的交流电阻比它的直流电阻大很多。为了减少交流电阻，通常采用相互绝缘的多股细导线。

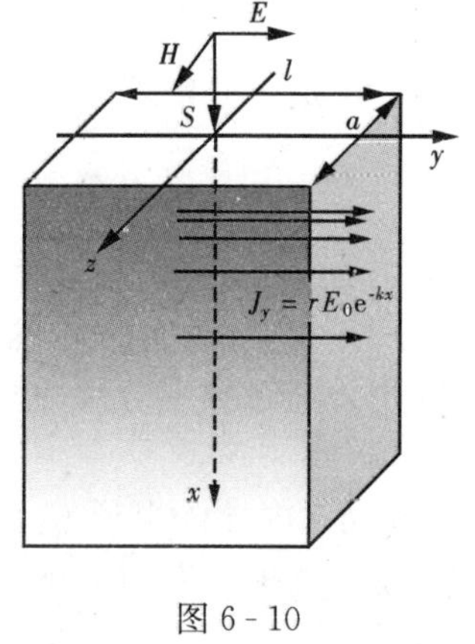

图 6-10

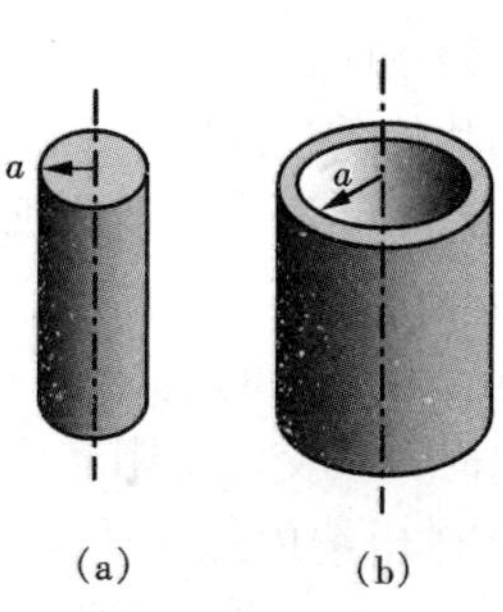

图 6-11

习 题 六

电准静态场：

6-1 已知图6-12所示平板电容器两极板是半径为a的圆盘，极板间距离为d，中间是介电常数为ε的理想介质。开关S闭合后，直流电源U经电阻R给电容器充电，设电压为

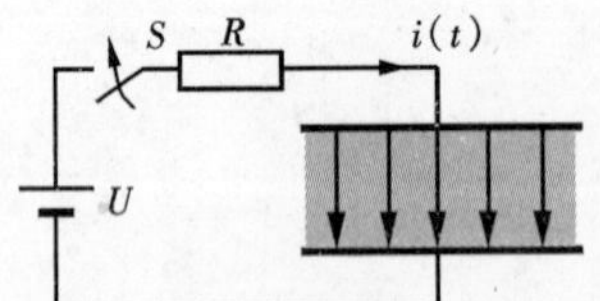

图6-12

$$u(t)=U(1-e^{-t/\tau})$$

其中，$\tau=RC$。忽略边沿效应，求：

(1) 电容器介质中的电场强度$\boldsymbol{E}(t)$和位移电流$i_D(t)$；

(2) 电容器介质中的磁场强度$\boldsymbol{H}(t)$和坡印亭矢量$\boldsymbol{S}(t)$。

6-2 无限大均匀导电媒质中有一个初始值为q_0的点电荷，试问点电荷的电量$q(t)$如何随时间变化？求：

(1) 媒质中任一点的电场强度和位移电流密度；

(2) 媒质中任一点的传导电流密度和磁场强度。

6-3 设球形电容器内外导体半径分别为R_1和R_2，中间为介电常数为ε的理想介质，两球间接缓变电压$u(t)=U_m\sin\omega t$。求介质中的电场强度和位移电流密度。

磁准静态场：

6-4 已知直角坐标系中，无源自由空间的磁感应强度$\boldsymbol{B}(t)=B_m\sin\omega t\cdot\boldsymbol{e}_y$。

(1) 试求感应电场强度$E_x(t)$；

(2) 证明$\boldsymbol{E}(t)$与$\boldsymbol{B}(t)$不满足$\nabla\times\boldsymbol{H}=\boldsymbol{J}+\partial\boldsymbol{D}/\partial t$；

(3) 若将其中的时间变量t换成$(t-z/v)$，则可以满足，解释为什么？

6-5 图6-13所示半径为a的长直圆柱型导线为理想导体($\gamma_1=\infty$)，设导线中通有缓变电流$i(t)=I_m\sin\omega t$。求导线外的磁场强度$\boldsymbol{H}(t)$和感应电场$\boldsymbol{E}(t)$。

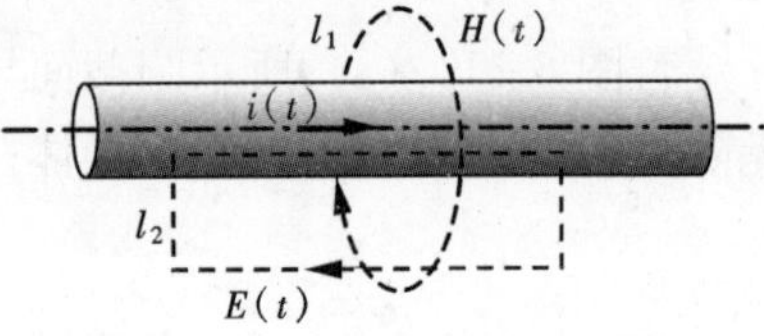

图6-13

6-6 已知大地的电导率$\gamma=5\times10^{-3}$S/m，相对介电常数$\varepsilon_r=10$。试问可把大地看为良导体的最高频率是多少？

集肤效应与涡流：

6-7 已知在13.56MHz电磁波照射下，脂肪的介电常数$\varepsilon=20\varepsilon_0$，电导率$\gamma=2.90\times10^{-2}$S/m。求其透入深度$d$。

6-8 设硅钢片厚度$a=0.5$mm，$\gamma=10^7$S/m，$\mu=1000\mu_0$。分别求钢片中通过50Hz和250Hz的正弦磁场时：

(1) 硅钢片的透入深度；

(2) 表面和中间层的磁通密度的比值。

交流电阻与电感：

6-9 半径为1cm的铜导线($\gamma=5.80\times10^7$S/m)中，通过频率分别为50Hz和1MHz的正弦交流电时，其交流电阻各为多少？

6-10 同轴电缆内外导体均为铜质$\gamma=5.80\times10^7$S/m，内导体半径$R_1=0.4$cm，外导体内半径$R_2=1.5$cm，外导体厚度远大于透入深度d，设电流频率为1MHz。求单位长度的内、外导体电阻和电感。

第七章　平面电磁波

本章在麦克斯韦方程组的基础上，首先导出电磁波的波动方程，然后分别讨论理想介质和导电媒质中均匀平面电磁波的传播特性，引入描述正弦波动特性的主要物理量——传播常数和波阻抗，分析平面电磁波的反射和折射，重点讨论对理想导体的正入射及其驻波。

7-1　电磁场波动方程

麦克斯韦方程组表明，变化的电场和变化的磁场之间相互耦合，以电磁波的形式在空间传播电磁能量。研究电磁波在空间的传播规律和特性，就是讨论由电磁场基本方程组导出的电磁场波动方程在给定条件下的解。

7-1-1　$\boldsymbol{E}$ 和 $\boldsymbol{H}$ 的波动方程

在无电荷（$\rho=0$）的、各向同性、线性媒质中，麦克斯韦方程组为

$$\begin{cases}\nabla\times\boldsymbol{H}=\gamma\boldsymbol{E}+\varepsilon\dfrac{\partial\boldsymbol{E}}{\partial t} & (7-1)\\ \nabla\times\boldsymbol{E}=-\mu\dfrac{\partial\boldsymbol{H}}{\partial t} & (7-2)\\ \nabla\cdot\boldsymbol{H}=0 & (7-3)\\ \nabla\cdot\boldsymbol{E}=0 & (7-4)\end{cases}$$

式（7-1）两边取旋度，得

$$\nabla\times\nabla\times\boldsymbol{H}=\gamma(\nabla\times\boldsymbol{E})+\varepsilon\frac{\partial\nabla\times\boldsymbol{E}}{\partial t}$$

左边用矢量恒等式展开，右边将式（7-2）代入，则为

$$\nabla(\nabla\cdot\boldsymbol{H})-\nabla^2\boldsymbol{H}=-\mu\varepsilon\frac{\partial^2\boldsymbol{H}}{\partial t^2}-\mu\gamma\frac{\partial\boldsymbol{H}}{\partial t}$$

再将式（7-3）代入，得到

$$\nabla^2\boldsymbol{H}-\mu\varepsilon\frac{\partial^2\boldsymbol{H}}{\partial t}-\mu\gamma\frac{\partial\boldsymbol{H}}{\partial t}=0 \qquad (7-5)$$

同理可得

$$\nabla^2\boldsymbol{E}-\mu\varepsilon\frac{\partial^2\boldsymbol{E}}{\partial t^2}-\mu\gamma\frac{\partial\boldsymbol{E}}{\partial t}=0 \qquad (7-6)$$

以上齐次二阶微分方程就是在无电荷空间的电磁场波动方程。它们是研究电磁波问题的基础。

7-1-2　等相面与等幅面

在电磁波的传播过程中，对应于每一时刻 t，$\boldsymbol{E}$ 或 $\boldsymbol{H}$ 的相位角相同的点构成等相位面，简称等相面（或波阵面）。如果辐射电磁波的等相位面是平面，则称为平面电磁波。

单元偶极子天线在远区产生的辐射场由式（5-46）和式（5-48）可知，为

$$\boldsymbol{E}(r,\theta,\alpha,t)=\sqrt{\frac{\mu}{\varepsilon}}\frac{\Delta l\beta\sin\theta}{4\pi r}\sqrt{2}I\sin(\omega t-\beta r+\psi)e_{\theta}$$

$$\boldsymbol{H}(r,\theta,\alpha,t)=\frac{\Delta l\beta\sin\theta}{4\pi r}\sqrt{2}I\sin(\omega t-\beta r+\psi)e_{\alpha}$$

宏观地看，由于其等相面为球面，故属于球面电磁波。但是，当观察点远离偶极子天线，而且讨论范围限于观察点附近区域时（如图 7-1 所示），半径为 r 的局部球面可近似为 $z=r$ 的局部平面，则可看为平面电磁波。

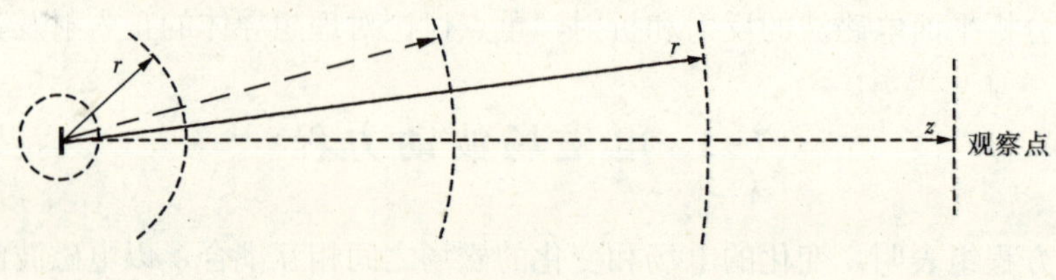

图 7-1

注意，平面波的等相面上各点的场强幅值并不一定相等。如果等相面上各点的电场幅值 $\boldsymbol{E}$ 和磁场幅值 $\boldsymbol{H}$ 均为常量，即幅值大小与坐标无关，则等相面也是等幅面，称为均匀平面电磁波，如图 7-2 所示。例如

$$\boldsymbol{E}(x,t)=\sqrt{2}E\cos(\omega t-\beta x)\boldsymbol{e}_y$$

$$\boldsymbol{H}(x,t)=\sqrt{2}H\mathrm{e}^{-\alpha x}\cos(\omega t-\beta x)\boldsymbol{e}_z$$

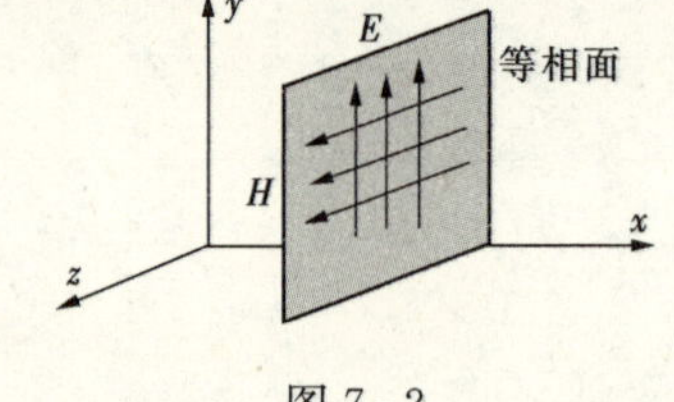

图 7-2

7-1-3 均匀平面电磁波的波动方程

一般来说，电磁波的 $\boldsymbol{E}$ 和 $\boldsymbol{H}$ 可能有三个坐标分量，其量值可能与三个坐标和时间 t 有关，即

$$\boldsymbol{E}(x,y,z,t)=E_x\boldsymbol{e}_x+E_y\boldsymbol{e}_y+E_z\boldsymbol{e}_z \tag{7-7}$$

$$\boldsymbol{H}(x,y,z,t)=H_x\boldsymbol{e}_x+H_y\boldsymbol{e}_y+H_z\boldsymbol{e}_z \tag{7-8}$$

（1）如果我们把坐标系设定为均匀平面波的等相面与 yoz 平面平行。根据均匀平面电磁波的定义，等相面上的 $\boldsymbol{E}$（或 $\boldsymbol{H}$）值处处相等，即 $\boldsymbol{E}$ 和 $\boldsymbol{H}$ 除了与时间 t 有关外，仅与空间坐标 x 有关，则

$$\frac{\partial\boldsymbol{E}}{\partial y}=0,\qquad \frac{\partial\boldsymbol{E}}{\partial z}=0,\qquad \frac{\partial\boldsymbol{H}}{\partial y}=0,\qquad \frac{\partial\boldsymbol{H}}{\partial z}=0$$

由麦克斯韦方程组可以证明，$E_x=0$、$H_x=0$。

关于 $E_x=0$ 和 $H_x=0$ 的推导：

由于 $\boldsymbol{E}$ 和 $\boldsymbol{H}$ 沿 x 方向传播时，均匀平面波的幅值都与 y 坐标和 z 坐标无关。因此，由 $\nabla\times\boldsymbol{H}=\gamma\boldsymbol{E}+\varepsilon\dfrac{\partial\boldsymbol{E}}{\partial t}$，可得三个标量方程为

$$\gamma E_x+\varepsilon\frac{\partial E_x}{\partial t}=0,\qquad \gamma E_y+\varepsilon\frac{\partial E_y}{\partial t}=-\frac{\partial H_z}{\partial x},\qquad \gamma E_z+\varepsilon\frac{\partial E_z}{\partial t}=\frac{\partial H_y}{\partial x} \tag{7-9}$$

其中，第一个方程的解为 $E_x=E_0\mathrm{e}^{-\frac{\gamma}{\varepsilon}t}$。一般情况下 $\gamma\gg\varepsilon$，E_x 衰减得很快，通常认为 $E_x=0$。

同理，由 $\nabla\times\boldsymbol{E}=-\mu\dfrac{\partial\boldsymbol{H}}{\partial t}$，可得三个标量方程为

$$-\mu \frac{\partial H_x}{\partial t} = 0, \quad -\mu \frac{\partial H_y}{\partial t} = -\frac{\partial E_z}{\partial x}, \quad -\mu \frac{\partial H_z}{\partial t} = \frac{\partial E_y}{\partial x} \tag{7-10}$$

其中，第一个方程的解 H_x 是与时间无关的恒定分量，在时变情况下常量没有意义，可取 $H_x=0$。

因此，当均匀平面电磁波为 x 轴传播方向时，$\boldsymbol{E}$ 和 $\boldsymbol{H}$ 都没有与传播方向平行的 x 轴分量。也就是说，$\boldsymbol{E}$ 和 $\boldsymbol{H}$ 都与传播方向垂直，故称为横向电磁波（TEM 波）。

由于 $\boldsymbol{E}$、$\boldsymbol{H}$ 和电磁波的传播方向三者之间相互垂直，且满足右手螺旋关系。因此，E_y 与 H_z 构成一组沿 x 方向传播的电磁波；而 E_z 与（$-H_y$）构成另一组沿 x 方向传播的电磁波。这两组分量彼此独立，如图 7-3 所示。

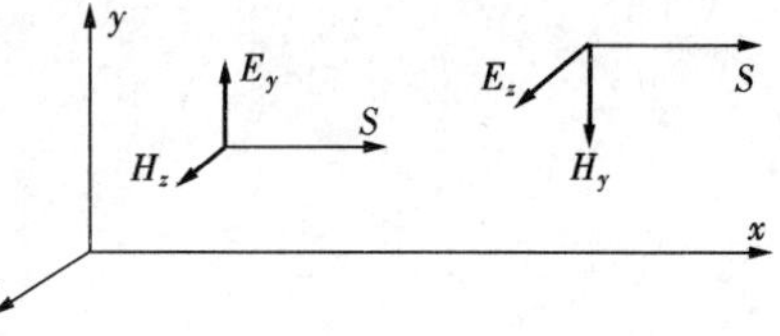

图 7-3

也就是说，均匀平面波 $\boldsymbol{E}$ 和 $\boldsymbol{H}$ 没有与传播方向平行的分量，只有与传播方向垂直的横向分量，因此称为横向电磁波（TEM 波）。此时有

$$\boldsymbol{E}(x,t) = E_y\boldsymbol{e}_y + E_z\boldsymbol{e}_z \tag{7-11}$$

$$\boldsymbol{H}(x,t) = H_y\boldsymbol{e}_y + H_z\boldsymbol{e}_z \tag{7-12}$$

均匀平面波的三维波动方程式（7-5）、式（7-6）简化为关于 x 的一维波动方程

$$\frac{\partial^2 \boldsymbol{E}}{\partial x^2} - \mu\varepsilon \frac{\partial^2 \boldsymbol{E}}{\partial t^2} - \mu\gamma \frac{\partial \boldsymbol{E}}{\partial t} = 0 \tag{7-13}$$

$$\frac{\partial^2 \boldsymbol{H}}{\partial x^2} - \mu\varepsilon \frac{\partial^2 \boldsymbol{H}}{\partial t^2} - \mu\gamma \frac{\partial \boldsymbol{H}}{\partial t} = 0 \tag{7-14}$$

（2）对于沿 x 方向传播的横向平面波，如果把坐标系设定为 y 轴与电场 E 平行，z 轴与磁场 $\boldsymbol{H}$ 平行，则电场只有 E_y 分量，磁场仅有 H_z 分量，即

$$\boldsymbol{E}(x,t) = E_y\boldsymbol{e}_y \tag{7-15}$$

$$\boldsymbol{H}(x,t) = H_z\boldsymbol{e}_z \tag{7-16}$$

将式（7-15）和式（7-16）分别代入一维波动方程式（7-13）和式（7-14），则均匀平面波的波动方程进一步简化为

$$\frac{\partial^2 E_y}{\partial x^2} - \mu\varepsilon \frac{\partial^2 E_y}{\partial t^2} - \mu\gamma \frac{\partial E_y}{\partial t} = 0 \tag{7-17}$$

$$\frac{\partial^2 H_z}{\partial x^2} - \mu\varepsilon \frac{\partial^2 H_z}{\partial t^2} - \mu\gamma \frac{\partial H_z}{\partial t} = 0 \tag{7-18}$$

7-2　理想介质中的均匀平面波

7-2-1　理想介质中的波动方程及其解

在无源、理想介质（$\rho=0$，$\gamma=0$）中，电磁场波动方程为

$$\nabla^2 \boldsymbol{E} - \mu\varepsilon \frac{\partial^2 \boldsymbol{E}}{\partial t} = 0 \tag{7-19}$$

$$\nabla^2 \boldsymbol{H} - \mu\varepsilon \frac{\partial^2 \boldsymbol{H}}{\partial t} = 0 \tag{7-20}$$

若均匀平面波的 $\boldsymbol{E}$ 和 $\boldsymbol{H}$ 都随时间 t 按正弦规律变化，则波动方程的复数形式为

$$\frac{\mathrm{d}^2\dot{E}_y}{\mathrm{d}x^2}-(\mathrm{j}\omega)^2\mu\varepsilon\dot{E}_y=0$$

$$\frac{\mathrm{d}^2\dot{H}_z}{\mathrm{d}x^2}-(\mathrm{j}\omega)^2\mu\varepsilon\dot{H}_z=0$$

令 $k^2=(\mathrm{j}\omega)^2\mu\varepsilon$，则波动方程又可写为

$$\frac{\mathrm{d}^2\dot{E}_y}{\mathrm{d}x^2}=k^2\dot{E}_y \tag{7-21}$$

$$\frac{\mathrm{d}^2\dot{H}_z}{\mathrm{d}x^2}=k^2\dot{H}_z \tag{7-22}$$

式中，k 为电磁波的传播常数，$k=\mathrm{j}\beta=\mathrm{j}\omega\sqrt{\mu\varepsilon}$；$\beta$ 为相位常数，$\beta=\omega\sqrt{\mu\varepsilon}$。

理想介质中均匀平面波波动方程的复数形式是二阶常微分方程，其通解为

$$\dot{E}_y(x)=\dot{E}_y^+\mathrm{e}^{-kx}+\dot{E}_y^-\mathrm{e}^{+kx}$$

$$\dot{H}_z(x)=\dot{H}_z^+\mathrm{e}^{-kx}+\dot{H}_z^-\mathrm{e}^{+kx}$$

式中，$\dot{E}_y^+$、$\dot{E}_y^-$ 和 $\dot{H}_z^+$、$\dot{H}_z^-$ 都是复常数，它们的大小和相位由场源和边界条件决定。其中含有 e^{-kx} 的第一项表示入射波；含有 e^{+kx} 的第二项表示反射波。

在无限大均匀媒质中，不存在反射波，故有

$$\dot{E}_y(x)=\dot{E}_y^+\mathrm{e}^{-kx}=\dot{E}_y^+\mathrm{e}^{-\mathrm{j}\beta x}$$

$$\dot{H}_z(x)=\dot{H}_z^+\mathrm{e}^{-kx}=\dot{H}_z^+\mathrm{e}^{-\mathrm{j}\beta x}$$

设 $\dot{E}_y^+=E_y^+\mathrm{e}^{\mathrm{j}\psi_E}$，$\dot{H}_z^+=H_z^+\mathrm{e}^{\mathrm{j}\psi_H}$，则相应的瞬时表达式分别为

$$E_y(x,t)=\sqrt{2}E_y^+\cos(\omega t-\beta x+\psi_E) \tag{7-23}$$

$$H_z(x,t)=\sqrt{2}H_z^+\cos(\omega t-\beta x+\psi_H) \tag{7-24}$$

这就是在无限大理想介质中，均匀平面电磁波的正弦稳态解。可见，**E** 和 **H** 既是空间坐标的周期函数，又是时间的周期函数。

7-2-2 理想介质中平面波的传输特性

把式（7-23）代入式（7-10）中的第三个方程，得

$$\frac{\partial H_z}{\partial t}=-\frac{1}{\mu}\frac{\partial E_y}{\partial x}=-\frac{1}{\mu}\frac{\partial}{\partial x}\left[\sqrt{2}E_y^+\cos(\omega t-\beta x+\psi_E)\right]$$

$$=-\frac{\beta}{\mu}\sqrt{2}E_y^+\sin(\omega t-\beta x+\psi_E)$$

将上式对时间积分，略去表示恒定分量的积分常数，并将 $\beta=\omega\sqrt{\mu\varepsilon}$代入，可得

$$H_z^+(x,t)=\sqrt{\frac{\varepsilon}{\mu}}\times\sqrt{2}E_y^+\cos(\omega t-\beta x+\psi_E) \tag{7-25}$$

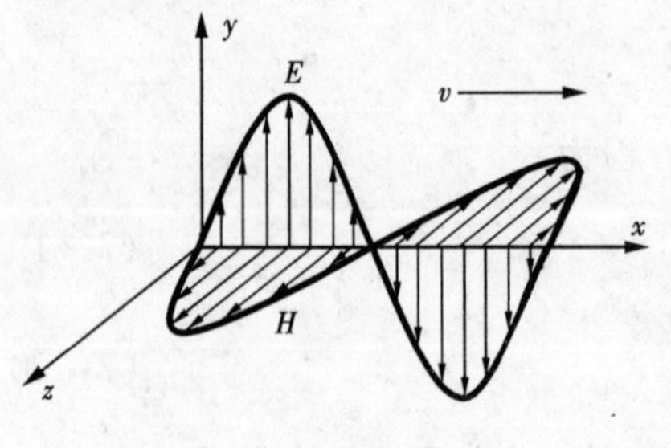

图 7-4

由式（7-23）和式（7-25）可见，理想介质中的均匀平面电磁波具有如下传播特性：

（1）**E** 和 **H** 的波幅都不衰减（见图 7-4）。**E** 和 **H** 的幅值之比为一实数，单位是 Ω，称为波阻抗，用 Z_0 表示。

对于入射波有

$$\frac{E_y^+}{H_z^+}=\sqrt{\frac{\mu}{\varepsilon}}=Z_0 \tag{7-26}$$

对于反射波有

$$\frac{E_y^-}{H_z^-}=-\sqrt{\frac{\mu}{\varepsilon}}=-Z_0 \tag{7-27}$$

(2) $\boldsymbol{E}$ 和 $\boldsymbol{H}$ 的相位相同。为了方便且不失一般性，可取 $\psi_E=\psi_H=0$。由 $\omega t-\beta x=$ 恒定值 α，即 $x=\dfrac{\omega t-\alpha}{\beta}$，得

$$v=\frac{\mathrm{d}x}{\mathrm{d}t}=\frac{\mathrm{d}}{\mathrm{d}t}\left(\frac{\omega t-\alpha}{\beta}\right)=\frac{\omega}{\beta}=\frac{1}{\sqrt{\mu\varepsilon}}=\frac{c}{\sqrt{\mu_r\varepsilon_r}} \tag{7-28}$$

这是电磁波等相面的传播速度，称为相速。可见，在理想介质中，电磁波的相速大小与频率无关，且小于光在真空中的传播速度 $c=3\times10^8\mathrm{m/s}$。

(3) 相位常数 $\beta=\omega\sqrt{\mu\varepsilon}$ 的单位是 1/m，表示电磁波传播单位长度时其相位改变的弧度数。由于正弦波在一个周期内前进的距离，即波长 $\lambda=vT=v/f$；波长 λ 又等于相位改变 2π 的两点间的距离，即 $\beta\lambda=2\pi$。因此，相位常数 β 又称为波数，其值为

$$\beta=\frac{2\pi}{\lambda} \tag{7-29}$$

(4) 空间任意点的电场能量密度与磁场能量密度相等

$$w_e'=\frac{\varepsilon}{2}[E_y^+]^2=\frac{\varepsilon}{2}[\sqrt{\mu/\varepsilon}\cdot H_z^+]^2=\frac{\mu}{2}[H_z^+]^2=w_m'$$

总电磁能量密度为

$$w'=w_e'+w_m'=\varepsilon[E_y^+]^2=\mu[H_z^+]^2$$

坡印亭矢量为

$$\begin{aligned}\boldsymbol{S}^+(x,t)&=E_y^+(x,t)\boldsymbol{e}_y\times H_z^+(x,t)\boldsymbol{e}_z=Z_0[H_z^+]^2\boldsymbol{e}_x\\&=\frac{\mu}{\sqrt{\mu\varepsilon}}[H_z^+]^2\boldsymbol{e}_x=w'v\boldsymbol{e}_x=w'\boldsymbol{v}\end{aligned} \tag{7-30}$$

可见，电磁能量的流动方向和速度与电磁波的传播方向和速度一致。

【例 7-1】 已知自由空间中电磁波的电场强度表达式为

$$\boldsymbol{E}(x,t)=50\cos(6\pi\times10^8t-\beta x)\cdot\boldsymbol{e}_y(\mathrm{V/m})$$

求：(1) 频率 f、波长 λ、相速度 v、相位常数 β 和传播方向；

(2) 写出磁场强度的表达式；

(3) 若在 $x=x_0$ 处水平放置一半径 $R=2.5\mathrm{m}$ 的圆环（见图 7-5），求垂直穿过圆环的平均功率。

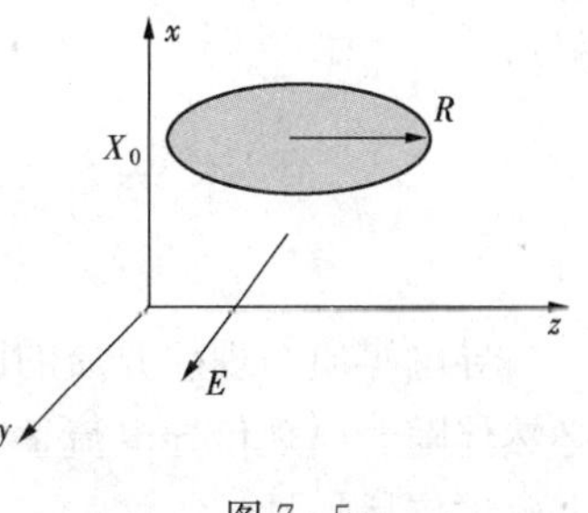

图 7-5

解 (1) 由给定的电场强度表达式可知，波的传播方向为 $+x$ 方向，等相面为平面，故为均匀平面波，则有

$$f=\frac{\omega}{2\pi}=\frac{6\pi\times10^8}{2\pi}=3\times10^8(\mathrm{Hz})$$

$$v=\frac{1}{\sqrt{\mu_0\varepsilon_0}}=\frac{1}{\sqrt{4\pi\times10^{-7}\times10^{-9}/36\pi}}=3\times10^8(\mathrm{m/s})$$

$$\lambda = \frac{v}{f} = \frac{3 \times 10^8}{3 \times 10^8} = 1(\mathrm{m})$$

$$\beta = \omega\sqrt{\mu_0 \varepsilon_0} = 6\pi \times 10^8 \sqrt{4\pi \times 10^{-7} \times 10^{-9}/36\pi} = 2\pi = 6.28(\mathrm{rad/m})$$

(2) 由于自由空间的波阻抗 $Z_0 = E_y/H_z = 377\Omega$，所以，磁场强度为

$$\boldsymbol{H}(x,t) = \frac{E_y}{Z_0}\boldsymbol{e}_z = \frac{50}{377}\cos(6\pi \times 10^8 - \beta x) \cdot \boldsymbol{e}_z(\mathrm{A/m})$$

(3) 坡印亭矢量（电磁功率流密度）的平均值为

$$\widetilde{\boldsymbol{S}}_{\mathrm{av}} = \mathrm{Re}[\dot{\boldsymbol{E}} \times \dot{\boldsymbol{H}}^*] = \frac{50}{\sqrt{2}} \times \frac{50/\sqrt{2}}{377} \cdot \boldsymbol{e}_x = \frac{1250}{377} \cdot \boldsymbol{e}_x(\mathrm{W/m^2})$$

则，穿过圆环的平均电磁功率为

$$P = \int_A \widetilde{S}_{\mathrm{av}} \cdot \mathrm{d}\boldsymbol{A} = \frac{1250}{377} \cdot \pi(2.5)^2 = 65.1(\mathrm{W})$$

注意：为避免与坡印亭矢量 $\boldsymbol{S}$ 混淆，本例中的面积用 A 表示。

【例 7-2】 已知某移动电话基站发射电磁波的磁场强度（有效值相量）为

$$\dot{\boldsymbol{H}} = 50\mathrm{e}^{-\mathrm{j}\left(17.3y - \frac{\pi}{3}\right)}\boldsymbol{e}_x \qquad (\mu\mathrm{A/m})$$

求：(1) 频率和波长；

(2) 电场强度（有效值相量）；

(3) 坡印亭矢量的平均值。

解 (1) 因为相位系数 $\beta = 17.3$，由空气中电磁波的相速 $v = 3 \times 10^8 \mathrm{m/s}$，得

$$f = \frac{\omega}{2\pi} = \frac{\beta v}{2\pi} = \frac{17.3 \times 3 \times 10^8}{2\pi} = 826 \times 10^6(\mathrm{Hz})$$

$$\lambda = \frac{2\pi}{\beta} = \frac{2\pi}{17.3} = 0.363(\mathrm{m})$$

(2) 由于给定的电磁波的传播方向为 y 轴正方向，磁场为 x 轴正方向，则电场为 z 轴正方向。根据波阻抗 Z_0 很容易求得电场强度（有效值相量）为

$$\begin{aligned}\dot{\boldsymbol{E}} &= Z_0 \dot{H}\boldsymbol{e}_z = (377 \times 50 \times 10^{-6})\mathrm{e}^{-\mathrm{j}\left(17.3y - \frac{\pi}{3}\right)}\boldsymbol{e}_z \\ &= (18.85 \times 10^{-3})\mathrm{e}^{-\mathrm{j}\left(17.3y - \frac{\pi}{3}\right)}\boldsymbol{e}_z \qquad (\mathrm{V/m})\end{aligned}$$

(3) 坡印亭矢量的平均值，即复功率密度为

$$\begin{aligned}\widetilde{\boldsymbol{S}}_{av} &= \mathrm{Re}[\dot{\boldsymbol{E}} \times \dot{\boldsymbol{H}}^*] = 18.85 \times 10^{-3} \times 50 \times 10^{-6}\boldsymbol{e}_y \\ &= 0.94 \times 10^{-6}\boldsymbol{e}_y \qquad (\mathrm{W/m^2})\end{aligned}$$

本例中移动电话发射的电磁波在单位面积上的电磁功率远远小于 $1\mathrm{mW/cm^2}$ 的安全标准限值。

7-3 导电媒质中的均匀平面波

导电媒质与理想介质的区别在于它的电导率 $\gamma \neq 0$。只要导电媒质中有电磁波存在，就必然伴随着出现传导电流 $\boldsymbol{J} = \gamma\boldsymbol{E}$。因此，导电媒质中的均匀平面波具有不同于理想介质中的电磁波传播特性。

7-3-1 导电媒质中的波动方程及其解

设导电媒质是各向同性、线性和均匀的，沿 x 轴正方向传播的电磁波 $\boldsymbol{E}$ 只有 y 轴分量，$\boldsymbol{H}$ 只有 z 轴分量，则正弦均匀平面电磁波的波动方程为

$$\frac{\partial^2 E_y}{\partial x^2}-\mu\varepsilon\frac{\partial^2 E_y}{\partial t^2}-\mu\gamma\frac{\partial E_y}{\partial t}=0$$

$$\frac{\partial^2 H_z}{\partial x^2}-\mu\varepsilon\frac{\partial^2 H_z}{\partial t^2}-\mu\gamma\frac{\partial H_z}{\partial t}=0$$

相应的复数形式为

$$\frac{\partial^2 \dot{E}_y}{\partial x^2}-(\mathrm{j}\omega)^2\mu\varepsilon\dot{E}_y-(\mathrm{j}\omega)\mu\gamma\dot{E}_y=0$$

$$\frac{\partial^2 \dot{H}_z}{\partial x^2}-(\mathrm{j}\omega)^2\mu\varepsilon\dot{H}_z-(\mathrm{j}\omega)\mu\gamma\dot{H}_z=0$$

令 $k^2=(\mathrm{j}\omega)^2\mu\varepsilon+\mathrm{j}\omega\mu\varepsilon$，则上两式可改写为

$$\frac{\partial^2 \dot{E}_y}{\partial x^2}=k^2\dot{E}_y \tag{7-31}$$

$$\frac{\partial^2 \dot{H}_z}{\partial x^2}=k^2\dot{H}_z \tag{7-32}$$

可见，导电媒质中的波动方程与理想介质具有相似的形式，区别在于导电媒质的传播常数 k 为一与频率有关的复数，即

$$k=\mathrm{j}\omega\sqrt{\mu\left(\varepsilon+\frac{\gamma}{\mathrm{j}\omega}\right)}=\mathrm{j}\omega\sqrt{\mu\varepsilon'}=\alpha+\mathrm{j}\beta \tag{7-33}$$

式中

$$\varepsilon'=\varepsilon+\frac{\gamma}{\mathrm{j}\omega} \tag{7-34}$$

称为导电媒质的等效介电常数。

在无限大导电媒质中，在没有反射波的情况下，其通解为

$$\dot{E}_y(x)=\dot{E}_y^{+}\mathrm{e}^{-kx}=\dot{E}_y^{+}\mathrm{e}^{-\alpha x}\mathrm{e}^{-\mathrm{j}\beta x} \tag{7-35}$$

$$\dot{H}_z(x)=\dot{H}_z^{+}\mathrm{e}^{-kx}=\dot{H}_z^{+}\mathrm{e}^{-\alpha x}\mathrm{e}^{-\mathrm{j}\beta x} \tag{7-36}$$

设 $\dot{E}_y^{+}=E_y\mathrm{e}^{\mathrm{j}\psi_E}$，$\dot{H}_z^{+}=H_z\mathrm{e}^{\mathrm{j}\psi_H}$，则相应的瞬时值表达式为

$$\boldsymbol{E}(x,t)=\sqrt{2}E_y\mathrm{e}^{-\alpha x}\cdot\cos(\omega t-\beta x+\psi_E)\boldsymbol{e}_y \tag{7-37}$$

$$\boldsymbol{H}(x,t)=\sqrt{2}H_z\mathrm{e}^{-\alpha x}\cdot\cos(\omega t-\beta x+\psi_H)\boldsymbol{e}_z \tag{7-38}$$

7-3-2 导电媒质中平面波的传播特性

由式（7-37）和式（7-38）可见，导电媒质中的正弦均匀平面电磁波具有以下传播特性：

（1）$\boldsymbol{E}$ 和 $\boldsymbol{H}$ 的波幅都沿传播方向 x 按指数规律衰减，如图 7-6 所示。因此，导电媒质中是一个随着波沿传播方向（$+x$）推进而不断衰减的平面电磁波。这是与理想介质根本不同的特性。原因在于导电媒质的传播常数 $k=\alpha+\mathrm{j}\beta$ 为一复数。

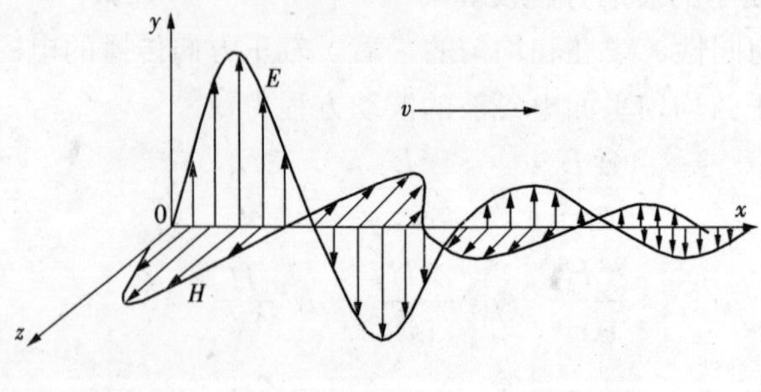

图 7-6

电磁波衰减的快慢取决于传播常数 k 的实部 α，称 α 为衰减常数，单位为1/m；电磁波相位改变的快慢取决于传播常数 k 的虚部 β，称 β 为相位常数，单位为 1/m。注意，在导电媒质中，α 和 β 的大小都与频率 f 有关，即

$$\alpha=\omega\sqrt{\frac{\mu\varepsilon}{2}\left[\sqrt{1+\left(\frac{\gamma}{\omega\varepsilon}\right)^{2}}-1\right]} \tag{7-39}$$

$$\beta=\omega\sqrt{\frac{\mu\varepsilon}{2}\left[\sqrt{1+\left(\frac{\gamma}{\omega\varepsilon}\right)^{2}}+1\right]} \tag{7-40}$$

（2）导电媒质中均匀平面波的 $\boldsymbol{E}$ 和 $\boldsymbol{H}$ 的幅值之比，即波阻抗 Z_0 为复数。其值为

$$Z_0=\frac{E_y^+}{H_z^+}=\sqrt{\frac{\mu}{\varepsilon'}}=\sqrt{\frac{\mu}{\varepsilon+\gamma/\mathrm{j}\omega}}=|\ Z_0\ |\ \mathrm{e}^{\mathrm{j}\varphi} \tag{7-41}$$

注意，导电媒质中的波阻抗与频率有关，而且同一位置的 $\boldsymbol{E}$ 与 $\boldsymbol{H}$ 之间存在相位差 $\varphi=\psi_E-\psi_H$。

（3）导电媒质中均匀平面波的相速为

$$v=\frac{\omega}{\beta}=\frac{1}{\sqrt{\frac{\mu\varepsilon}{2}\left[\sqrt{1+\left(\frac{\gamma}{\mu\varepsilon}\right)^{2}}+1\right]}} \tag{7-42}$$

可见，在导电媒质中的相速小于在理想介质中的相速，更小于自由空间中的光速；相速 v 不仅与媒质的参数 ε、μ 和 γ 有关，还与频率 f 有关。因此，非正弦电磁波在导电媒质中传播时必然会产生波形畸变。

（4）导电媒质中的坡印亭矢量平均值为

$$\begin{aligned}\widetilde{\boldsymbol{S}}_{av}&=\mathrm{Re}[\dot{\boldsymbol{E}}\times\dot{\boldsymbol{H}}^*]=E_y^+H_z^+\mathrm{e}^{-2\alpha x}\boldsymbol{e}_x\\&=\frac{1}{|\ Z_0\ |}(E_y^+)^2\mathrm{e}^{-2\alpha x}\cos\varphi\boldsymbol{e}_x\end{aligned} \tag{7-43}$$

可见，电磁波在导电媒质传播过程中由于存在传导电流不断消耗能量，使得电场和磁场的振幅不断衰减。

7-3-3 良导体中的波

在导电媒质中，传导电流密度 $\dot{\boldsymbol{J}}_\mathrm{C}=\gamma\dot{\boldsymbol{E}}$ 与位移电流密度 $\dot{\boldsymbol{J}}_\mathrm{D}=\mathrm{j}\omega\varepsilon\dot{\boldsymbol{E}}$ 的比值为

$$\frac{J_\mathrm{C}}{J_\mathrm{D}}=\frac{\gamma}{\omega\varepsilon}$$

若导电媒质满足条件

$$\frac{\gamma}{\omega\varepsilon} \gg 1 \tag{7-44}$$

说明其中的传导电流远远大于位移电流，因此称为良导体。

此时，衰减常数式（7-39）和相位常数式（7-40）中的$\sqrt{1+\left(\frac{\gamma}{\omega\varepsilon}\right)^2}\approx\frac{\gamma}{\omega\varepsilon}$，于是，良导体的传播常数简化为

$$k = \alpha + \mathrm{j}\beta \approx \sqrt{\frac{\omega\mu\gamma}{2}}(1+\mathrm{j}) \tag{7-45}$$

因此，在良导体中高频电磁波衰减常数α很大，电场和磁场的振幅都发生急剧衰减，以至电磁波无法进入良导体深处，例如$f=3\mathrm{MHz}$时，在铜中$\alpha\approx2.62\times10^4/\mathrm{m}$，透入深度只有$d=1/\alpha=0.038\mathrm{mm}$，仅存在与其表面附近，集肤效应非常显著。理想导体的电导率$\gamma\to\infty$，透入深度d为零。在求解实际工程的电磁波问题时，铜、铝、金、银等普通金属都可视为理想导体。

同理，良导体中的相速和波长分别简化为

$$v = \frac{\omega}{\beta} \approx \sqrt{\frac{2\omega}{\mu\gamma}} \tag{7-46}$$

$$\lambda = \frac{2\pi}{\beta} \approx 2\pi\sqrt{\frac{2}{\omega\mu\gamma}} \tag{7-47}$$

良导体的波阻抗简化为

$$Z_0 \approx \sqrt{\frac{\omega\mu}{2\gamma}}(1+\mathrm{j}) = \sqrt{\frac{\omega\mu}{\gamma}}\angle 45^\circ \tag{7-48}$$

可见：良导体中的电场与磁场不同相，$\boldsymbol{H}$比$\boldsymbol{E}$相位滞后45°；而且由于良导体的电导率γ很大，波阻抗Z_0的值很小，则有

$$\frac{w_e'}{w_m'} = \frac{\varepsilon E^2}{\mu H^2} = \frac{\varepsilon}{\mu}Z_0^2 = \frac{\varepsilon}{\mu}\left(\frac{\omega\mu}{\gamma}\right) = \frac{\omega\varepsilon}{\gamma} \ll 1$$

因此，良导体中的电场能量密度远小于磁场能量密度。

【例 7-3】 设图 7-7 所示频率为 5MHz 的均匀平面波从海水表面向海水中（$+x$方向）传播，已知$x=0$处电场幅值为100V/m，海水的$\varepsilon_r=80$，$\mu_r=1$，$\gamma=4\mathrm{S/m}$。求：

（1）衰减常数、相位常数、波阻抗、相速度、波长、透入深度；

（2）$\boldsymbol{E}$的振幅衰减至表面值的1%时，波传播的距离；

（3）$x=0.8\mathrm{m}$时，电场$\boldsymbol{E}(x,t)$和磁场$\boldsymbol{H}(x,t)$的表达式。

解　（1）由于

$$\frac{\gamma}{\omega\varepsilon} = \frac{4}{2\pi\times5\times10^6\times(10^{-9}/36\pi)\times80} = 180 \gg 1$$

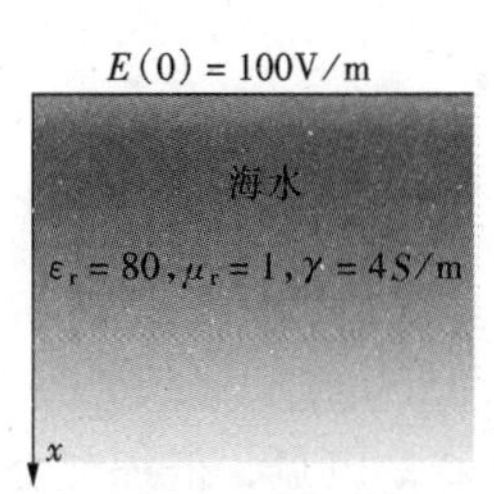

图 7-7

因此，海水可看作良导体，相应的传播参数近似值为

$$\alpha = \sqrt{\frac{\omega\mu\gamma}{2}} = \sqrt{\frac{2\pi\times5\times10^6\times4\pi\times10^{-7}\times4}{2}} = 8.89(1/\mathrm{m})$$

$$\beta = \sqrt{\frac{\omega\mu\gamma}{2}} = 8.89(\mathrm{rad/m})$$

$$Z_0=\sqrt{\frac{\omega\mu}{\gamma}}\angle 45^\circ=\sqrt{\frac{10^7\pi\times 4\pi\times 10^{-7}}{4}}\angle 45^\circ=3.14\angle 45^\circ(\Omega)$$

$$v=\frac{\omega}{\beta}=\frac{10^7\pi}{8.89}=3.53\times 10^6(\text{m/s})$$

$$\lambda=\frac{2\pi}{\beta}=\frac{2\pi}{8.89}=0.707(\text{m})$$

$$d=\frac{1}{\alpha}=\frac{1}{8.89}=0.112(\text{m})$$

(2) 设电磁波振幅衰减至1%时传播的距离为 x_1，则

$$e^{-\alpha x_1}=0.01$$

$$x_1=\frac{\ln 100}{\alpha}=\frac{4.605}{8.89}=0.518(\text{m})$$

(3) 海水中电场强度的瞬时表达式可写为

$$E(x,t)=100e^{-\alpha x}\cos(\omega t-\beta x)$$

当 $x_1=0.8$m 时，有

$$\boldsymbol{E}(0.8,t)=100e^{-0.8\alpha}\cos(\omega t-0.8\beta)\boldsymbol{e}_y=0.082\cos(10^7\pi t-7.11)\boldsymbol{e}_y$$

$$\boldsymbol{H}(0.8,t)=\frac{0.082}{|Z_0|}\cos\left(\omega t-0.8\beta-\frac{\pi}{4}\right)\boldsymbol{e}_z=0.026\cos(10^7\pi t-1.61)\boldsymbol{e}_z$$

可见，5MHz 的平面电磁波在海水中衰减很快，以至在离开波源很短距离处，波的强度就变得非常弱了。因此，海水中的无线电通信必须使用低频无线电波，即使 $f=50$Hz 时，透入深度 d 只有 35.6m，仍不能满足远距离通信需要。这就给潜水艇之间无线电通信带来很大困难，只好将它们的天线移至海水表面附近，利用沿海水表面传播的表面波作媒质。

7-3-4 低损耗介质中的波

实际工程中常用的电介质并非理想介质，或大或小都有一定电导率，当其中有电流时，或多或少都有一定能量损耗。对于有损耗介质，如果满足条件

$$\frac{\gamma}{\omega\varepsilon}\ll 1 \tag{7-49}$$

意味着，介质中的传导电流远远小于位移电流，称为低损耗介质。也就是说，低损耗介质是一种电导率不为零的良好绝缘材料。

此时，衰减常数式（7-39）和相位常数式（7-40）中的 $\sqrt{1+\left(\frac{\gamma}{\omega\varepsilon}\right)^2}\approx 1+\frac{1}{2}\left(\frac{\gamma}{\omega\varepsilon}\right)^2$，因此，对于低损耗介质有

$$\alpha\approx\frac{\gamma}{2}\sqrt{\frac{\mu}{\varepsilon}} \tag{7-50}$$

$$\beta\approx\omega\sqrt{\mu\varepsilon} \tag{7-51}$$

$$Z_0\approx\sqrt{\frac{\mu}{\varepsilon}} \tag{7-52}$$

可见，低损耗介质的相位常数 β 和波阻抗 Z_0 近似等于理想介质中的相应值，不同的只是电磁波有衰减，但衰减常数 α 是一个正常数。

【例 7-4】 设频率为 3GHz 的均匀平面波在 $\varepsilon=2.5\varepsilon_0$，$\mu_0$，$\gamma=1.67\times10^{-3}$S/m 的媒质中传播。求：衰减常数、相位常数、波阻抗、波长和相速。

解 由于

$$\frac{\gamma}{\omega\varepsilon}=\frac{1.67\times10^{-3}}{2\pi\times3\times10^{9}\times2.5\times10^{-9}/36\pi}=4.01\times10^{-3}\ll1$$

可知，这是一种低损耗媒质，可取近似计算式计算得

$$\alpha\approx\frac{\gamma}{2}\sqrt{\frac{\mu}{\varepsilon}}=\frac{1.67\times10^{-3}}{2}\sqrt{\frac{4\pi\times10^{-7}}{2.5\times8.85\times10^{-12}}}=0.2(1/\text{m})$$

$$\beta\approx\omega\sqrt{\mu\varepsilon}=2\pi\times3\times10^{9}\sqrt{4\pi\times10\times2.5\times10^{-9}/36\pi}=99.35(\text{rad/m})$$

$$Z_0\approx\sqrt{\frac{\mu}{\varepsilon}}=\sqrt{\frac{\mu_0}{2.5\varepsilon_0}}=\frac{377}{\sqrt{2.5}}=238.44(\Omega)$$

$$v\approx\frac{1}{\sqrt{\mu\varepsilon}}=\frac{1}{\sqrt{2.5\mu_0\varepsilon_0}}=\frac{3\times10^{8}}{\sqrt{2.5}}=1.9\times10^{8}(\text{m/s})$$

$$\lambda=\frac{2\pi}{\beta}=\frac{2\pi}{99.35}=0.063(\text{m})$$

7-4 均匀平面电磁波的正入射

均匀平面电磁波在无限大均匀媒质中是沿着直线方向传播的，但若在传播路径上出现两种媒质的分界面，由于电磁参数 μ、ε 和 γ 发生突变，入射波将被分解为两部分：一部分穿过分界面形成透射波；另一部分背离分界面形成反射波。

当平面电磁波的入射方向与两种媒质分界面不垂直时，称为斜入射，如图 7-8 所示。当平面电磁波的入射方向垂直于两种媒质分界面时，称为正入射，如图 7-9 所示。本节重点讨论正入射时反射波、透射波和入射波之间的关系以及驻波现象。

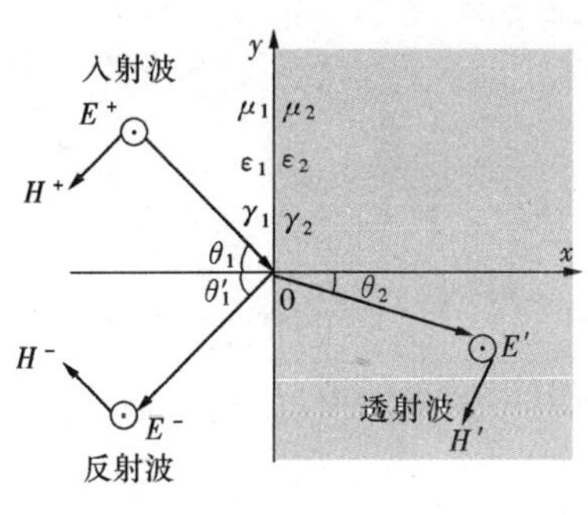

图 7-8

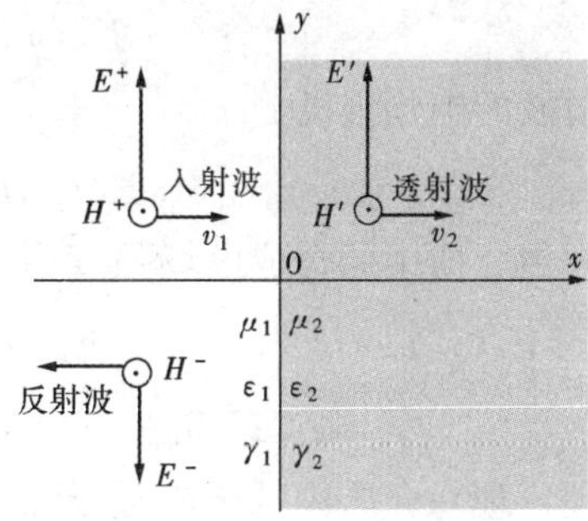

图 7-9

7-4-1 反射系数与透射系数

图 7-9 所示入射波（E^+、H^+）沿 $+x$ 方向正入射到媒质分界面 $x=0$ 处，被分解为反射波（E^-、H^-）和透射波（E'、H'）。由于入射波与媒质分界面垂直，$\boldsymbol{E}$ 和 $\boldsymbol{H}$ 都与媒质分界面平行，由分界面衔接条件可得

$$E^+ + E^- = E'$$

$$H^{+}-H^{-}=H'$$

由于两种媒质的波阻抗分别为

$$Z_{01}=\frac{E^{+}}{H^{+}}=-\frac{E^{-}}{H^{-}},\qquad Z_{02}=\frac{E'}{H'}$$

联立求解以上关系式，可得

$$E^{-}=\frac{Z_{02}-Z_{01}}{Z_{01}+Z_{02}}E^{+}=\Gamma E^{+},\qquad E'=\frac{2Z_{02}}{Z_{01}+Z_{02}}E^{+}=TE^{+}$$

$$\Gamma=\frac{E^{-}}{E^{+}}=\frac{Z_{02}-Z_{01}}{Z_{01}+Z_{02}} \tag{7-53}$$

$$T=\frac{E'}{E^{+}}=\frac{2Z_{02}}{Z_{01}+Z_{02}} \tag{7-54}$$

式中，Γ 和 T 分别是平面波正入射到媒质分界面时的反射系数和透射系数，一般情况下，Γ 和 T 都是复数，表明反射波与入射波之间、透射波与入射波之间存在相位差。若两种媒质都为理想介质，则 Γ 和 T 皆为实数。不难看出，反射系数与透射系数之间的关系为

$$1+\Gamma=T \tag{7-55}$$

7-4-2 全反射与驻波

当均匀平面波从理想介质（媒质 1）正入射到理想导体（媒质 2）表面时，因 $Z_{02}=0$，则 $\Gamma=-1$，$T=0$，故

$$E^{-}=-E^{+} \tag{7-56}$$

$$H^{-}=-\frac{E^{-}}{Z_0}=\frac{E^{+}}{Z_0}=H^{+} \tag{7-57}$$

$$E'=0,\qquad H'=0$$

此时，电磁波将被全部反射回媒质 1，没有透射到理想导体中，这种现象称为全反射。设理想介质中入射波的电场强度为

$$E_y^{+}(x,t)=\sqrt{2}E\cos(\omega t-\beta x)$$

则，反射波的电场强度为

$$E_y^{-}(x,t)=-\sqrt{2}E\cos(\omega t+\beta x)$$

因此，理想介质中的合成电场强度为

$$\begin{aligned}E_y(x,t)&=E_y^{+}(x,t)+E_y^{-}(x,t)=\sqrt{2}E\cos(\omega t-\beta x)-\sqrt{2}E\cos(\omega t+\beta x)\\&=2\sqrt{2}E\sin\beta x\cdot\cos(\omega t-90^{\circ})=2\sqrt{2}E\sin\beta x\cdot\sin\omega t\end{aligned} \tag{7-58}$$

同理，理想介质中的合成磁场强度为

$$\begin{aligned}H_z(x,t)&=H_z^{+}(x,t)+H_z^{-}(x,t)=\frac{\sqrt{2}E}{Z_0}\cos(\omega t-\beta x)+\frac{\sqrt{2}E}{Z_0}\cos(\omega t+\beta x)\\&=\frac{2\sqrt{2}E}{Z_0}\cos\beta x\cdot\cos\omega t\end{aligned} \tag{7-59}$$

由此可见，合成电磁波与入射波相比具有完全不同的性质，它不是（$t-x/v$）或（$t+x/v$）的函数，因此没有波动性。换句话说，虽然空间各点的合成场强量值都随时间 t 作正弦变化，并没有沿 x 方向移动的行波，因此称为驻波，如图 7-10 所示。

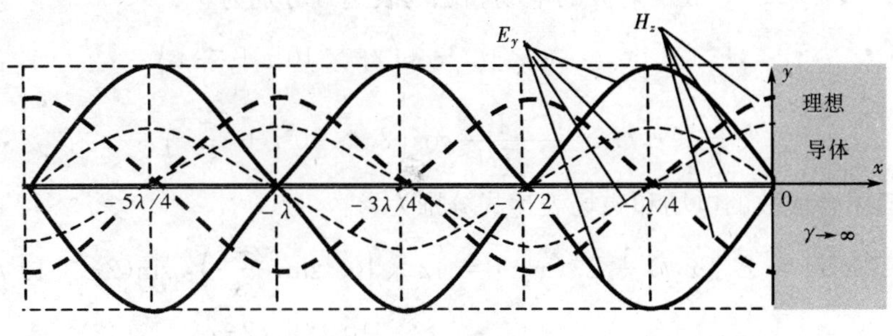

图 7 - 10

驻波在空间的分布特点是各点的振幅随位置 x 按正弦规律分布。电场 $E_y(x, t)$ 的零值和 $H_z(x, t)$ 的最大值出现在

$$\beta x = -n\pi \text{ 或 } x = -\frac{n\lambda}{2} \quad (n = 0,1,2,\cdots)$$

这些点称为电场的波节点或磁场的波腹点。电场 $E_y(x, t)$ 的最大值和磁场 $H_z(x, t)$ 的零值出现在

$$\beta x = -\frac{2n+1}{2}\pi \text{ 或 } x = -\frac{2n+1}{4}\lambda \quad (n = 0,1,2,\cdots)$$

这些点称为电场的波腹点或磁场的波节点。

由于电场的波节点恰是磁场的波腹点，磁场的波节点也恰是电场的波腹点，因此，电场和磁场在空间上错开了 $\lambda/4$，两者的相位差为 $\pi/2$。

由于处于波节点的平均功率流密度总为零。因此，电磁能量不能通过波节点传输，只限于在波节点和波腹点之间的 $\lambda/4$ 空间范围内相互交换。

在理想导体内部电场和磁场强度均为零，但在表面磁场强度有最大值，由衔接条件得知，理想导体表面存在面电流，其密度为

$$K = H(0,t) = 2\frac{\sqrt{2}E}{Z_{01}}\cos\omega t$$

【例 7 - 5】 已知均匀平面电磁波 $f=100\text{MHz}$，入射波电场沿 y 方向从空气正入射到 $x=0$ 的理想导体表面上，振幅 $E_m=6\times10^{-3}\text{V/m}$。求：

（1）入射波的电场和磁场；

（2）反射波的电场和磁场；

（3）合成波的电场和磁场；

（4）空气中距离理想导体表面的第一个电场波腹点的位置。

解 （1）由于空气中入射波的 $Z_{01}=377\Omega$，$\omega=2\pi f=2\pi\times10^8$（rad/s），$\beta=\omega\sqrt{\mu_0\varepsilon_0}=2\pi/3$（rad/m），所以，入射波的电场和磁场表达式分别为

$$E_y^+(x,t) = 6\times10^{-3}\cos\left(2\pi\times10^8 t - \frac{2\pi}{3}x\right)$$

$$H_z^+(x,t) = \frac{6\times10^{-3}}{377}\cos\left(2\pi\times10^8 t - \frac{2\pi}{3}x\right)$$

（2）由于在理想导体表面（在 $x=0$ 处）产生全反射 $\Gamma=-1$，$E^-=-E^+$，$H^-=$

$-E^-/Z_0 = E^+/Z_0 = H^+$，故反射波的电场和磁场表达式分别为

$$E_y^-(x,t) = -6\times 10^{-3}\cos\left(2\pi\times 10^8 t + \frac{2\pi}{3}x\right)$$

$$H_z^-(x,t) = \frac{6\times 10^{-3}}{377}\cos\left(2\pi\times 10^8 t + \frac{2\pi}{3}x\right)$$

（3）空气中合成波的电场和磁场表达式分别为

$$E_y(x,t) = E_y^+(x,t) + E_y^-(x,t) = 12\times 10^{-3}\sin\left(\frac{2\pi x}{3}\right)\cdot\sin(2\pi\times 10^8 t)$$

$$H_z(x,t) = H_z^+(x,t) + H_z^-(x,t) = \frac{12\times 10^{-3}}{377}\cos\left(\frac{2\pi x}{3}\right)\cdot\cos(2\pi\times 10^8 t)$$

（4）由于空气中电磁波的波长 $\lambda = \frac{2\pi}{\beta} = 3\text{m}$，故电场的第一个波腹点发生位置为

$$x = -\frac{\lambda}{4} = -\frac{3}{4}(\text{m})$$

7-4-3 行驻波与驻波比

若两种媒质都是理想介质，当入射波正入射到分界面时，不会发生全反射。也就是说，既有反射波又有透射波。

将两种媒质的波阻抗 Z_{01} 和 Z_{02} 代入式（7-53）和式（7-54），可求得反射系数 Γ 和透射系数 T。

设媒质 1 中入射波的复数表达式为

$$\dot{E}^+(x) = \dot{E}^+ e^{-j\beta_1 x}, \qquad \dot{H}^+(x) = \dot{E}^+ e^{-j\beta_1 x} \tag{7-60}$$

则反射波的复数表达式为

$$\dot{E}^-(x) = \Gamma\dot{E}^+ e^{j\beta_1 x}, \qquad \dot{H}^-(x) = -\frac{\Gamma\dot{E}^+}{Z_{01}}e^{j\beta_1 x} \tag{7-61}$$

媒质 2 中透射波的复数表达式为

$$\dot{E}'(x) = T\dot{E}^+ e^{-j\beta_2 x}, \qquad \dot{H}'(x) = \frac{T\dot{E}^+}{Z_{02}}e^{-j\beta_2 x} \tag{7-62}$$

媒质 1 中合成波的复数表达式为

$$\begin{aligned}\dot{E}_1(x) &= \dot{E}^+(x) + \dot{E}^-(x) = \dot{E}^+ e^{-j\beta_1 x} + \Gamma\dot{E}^+ e^{j\beta_1 x}\\ &= \dot{E}^+(1+\Gamma)e^{-j\beta_1 x} + 2j\Gamma\dot{E}^+\sin\beta_1 x\end{aligned} \tag{7-63}$$

$$\begin{aligned}\dot{H}_1(x) &= \dot{H}^+(x) + \dot{H}^-(x)\\ &= \frac{\dot{E}^+}{Z_{01}}(1-\Gamma)e^{-j\beta_1 x} - 2j\Gamma\frac{\dot{E}^+}{Z_{01}}\sin\beta_1 x\end{aligned} \tag{7-64}$$

以上两式中，含 $e^{-j\beta x}$ 的第一项表示行波分量；含 $\sin\beta x$ 的第二项表示驻波分量。这种驻波与行波共存的合成波，称为行驻波。

在入射波与反射波直接相加的场点，出现场强最大值 E_{max}；在入射波与反射波直接相减的场点，出现场强最小值 E_{min}，如图 7-11 所示。为了描述行驻波的特性，定义空间电场强度的 E_{max} 与 E_{min} 之比为驻波比 S，即

$$S = \frac{E_{1max}}{E_{1min}} = \frac{E_1^+ + E_1^-}{E_1^+ - E_1^-} = \frac{1+(E_1^-/E_1^+)}{1-(E_1^-/E_1^+)} = \frac{1+|\Gamma|}{1-|\Gamma|} \tag{7-65}$$

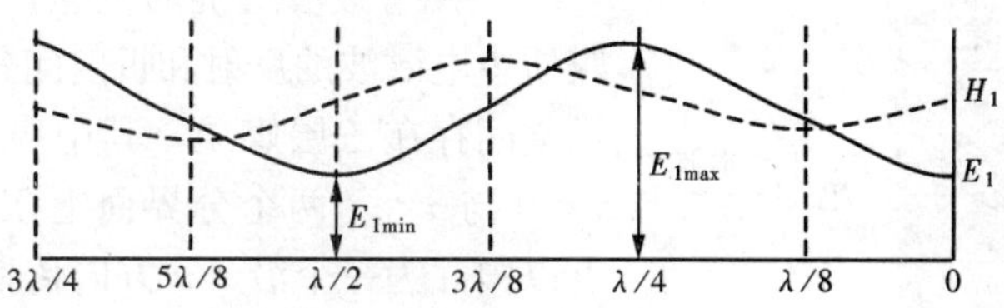

图 7-11

当 Γ 的值从 -1 变化到 $+1$ 时，S 的值从 1 变化至 ∞。当 $\Gamma=0$（无反射波）时，$S=1$（即 $E_{\max}=E_{\min}$）表示一行波；当 $|\Gamma|=1$（全反射）时，$S=\infty$（即 $E_{\min}=0$）表示一驻波。

【例 7-6】 设电磁波由自由空间正入射到理想介质（$\varepsilon_{r2}=8.5$，$\mu_{r2}=1$，$\gamma_2=0$），已知在分界面上入射波的振幅为 $E_m^+=2\times10^{-3}$ V/m。求反射波与透射波的电场和磁场的复振幅。

解　自由空间的波阻抗　　$Z_{01}=\sqrt{\mu_0/\varepsilon_0}=377$（Ω）

媒质 2 的波阻抗　　$Z_{02}=\sqrt{\mu_2/\varepsilon_2}=377/\sqrt{8.5}=129$（Ω）

分界面上的反射系数和透射系数分别为

$$\Gamma=\frac{Z_{02}-Z_{01}}{Z_{01}+Z_{02}}=\frac{129-377}{377+129}=-0.49$$

$$T=\frac{2Z_{02}}{Z_{01}+Z_{02}}=\frac{2\times29}{377+129}=0.51$$

因此，自由空间 1 中的反射波电场和磁场的复振幅分别为

$$\dot{E}_m^-=\Gamma\dot{E}_m^+=-0.49\times2\times10^{-3}=-0.98\times10^{-3}(\text{V/m})$$

$$\dot{H}_m^-=-\frac{\dot{E}_m^-}{Z_{01}}=\frac{\dot{E}_m^+}{Z_{01}}=\frac{2\times10^{-3}}{377}=5.3\times10^{-6}(\text{A/m})$$

理想介质 2 中的透射波电场和磁场的复振幅分别为

$$\dot{E}'_m=T\dot{E}_m^+=0.51\times2\times10^{-3}=1.02\times10^{-3}(\text{V/m})$$

$$\dot{H}'_m=\frac{\dot{E}'_m}{Z_{02}}=\frac{1.02\times10^{-3}}{129}=7.9\times10^{-6}(\text{A/m})$$

7-4-4　入端阻抗

由式（7-63）和式（7-64）可以推导出，媒质 1 中任意场点 x 处的合成波电场强度与磁场强度的比值，定义为 x 处的入端阻抗，即

$$Z(x)=\frac{\dot{E}_1(x)}{\dot{H}_1(x)}=Z_{01}\frac{1+\Gamma(x)}{1-\Gamma(x)}\tag{7-66}$$

式中，$\Gamma(x)=\Gamma e^{j2\beta_1x}$ 是该点的反射系数，用它可以决定沿 x 轴任意点的反射波。

入端阻抗 $Z(x)$ 可以等值代替从该点起沿 x 方向上所有不同媒质的共同作用，因此又称 $Z(x)$ 为等效波阻抗。也就是说，当用一种波阻抗 $Z_0=Z(x)$ 的均匀半无限大媒质来代替自该处沿 x 方向向右的所有媒质时，它对左方电磁波的作用与原来媒质是相同的，因此又称 $Z(x)$ 为等效波阻抗。它与电路理论中的入端阻抗概念非常相似。

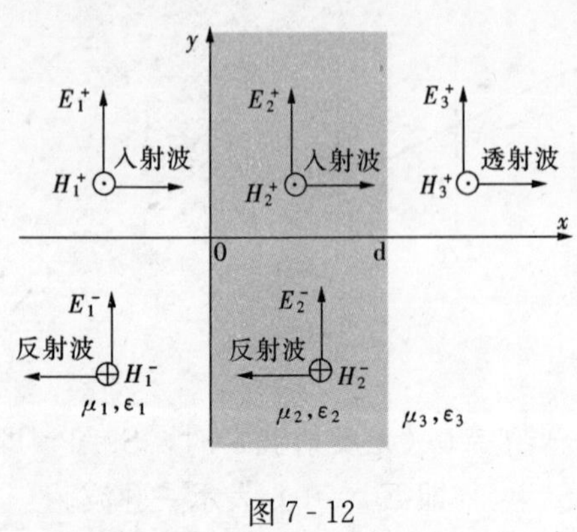

图 7-12

应用等效波阻抗的概念，可以方便地分析多层媒质中电磁波的反射和折射问题。例如，图 7-12 表示空间存在三层媒质，其中媒质 2 中的合成波是在 $x=0$ 与 $x=d$ 两个分界面上多次反射的结果，但它可以归并为一个沿 $+x$ 方向传播的行波和一个沿 $-x$ 方向传播的行波。媒质 2 内 $x=0$ 处的入端阻抗为

$$Z(0)=Z_{02}\frac{Z_{03}\cos\beta_2 d+\mathrm{j}Z_{02}\sin\beta_2 d}{Z_{02}\cos\beta_2 d+\mathrm{j}Z_{03}\sin\beta_2 d}$$

这样，就可以用波阻抗为 $Z(0)$ 的半无限大均匀媒质等效代替 $x=0$ 右边两种媒质的影响。

习 题 七

理想介质：

7-1 已知自由空间中电磁场的磁场表达式为

$$\boldsymbol{H}=37.7\cos(4\pi\times10^8 t-\beta z)\cdot\boldsymbol{e}_y \qquad (\mathrm{A/m})$$

求：

(1) 频率、波长、速度、相位常数、波阻抗和传播方向；

(2) 电场 $\boldsymbol{E}$ 的表达式。

7-2 已知无损耗介质（$\varepsilon=20\times10^{-12}\mathrm{F/m}$，$\mu=5\mu\mathrm{H/m}$）中，有一频率为 30MHz 的均匀平面电磁波沿 x 轴正方向传播，$\boldsymbol{E}$ 只有 z 轴分量，且初相为零。当 $t=6\times10^{-9}\mathrm{s}$，$x=0.4\mathrm{m}$ 时，电场强度值为800V/m。求：

(1) 波长、速度、相位常数、波阻抗；

(2) $\boldsymbol{E}$ 和 $\boldsymbol{H}$ 的瞬时表达式。

7-3 假设太阳光为单一频率的均匀平面电磁波，晴天时辐射到地球的入射电磁功率密度为 $1.34\mathrm{kW/m^2}$，求入射波的电场强度幅值 E_{max} 和磁场强度幅值 H_{max}。

导电媒质：

7-4 已知海水的参数 $\varepsilon_r=80$，$\mu_r=1$，$\gamma=4\mathrm{S/m}$。均匀平面电磁波 $f=0.5\mathrm{MHz}$ 在海水中垂直向下传播，在 $x=0$ 处 $\boldsymbol{H}(0,t)=20.5\times10^{-7}\cos(\omega t-35°)\cdot\boldsymbol{e}_y$，求：

(1) 海水中的波长及相速度；

(2) $x=1\mathrm{m}$ 处 $\boldsymbol{E}$ 和 $\boldsymbol{H}$ 的表达式；

(3) 由表面到 1m 深处每立方米海水中损耗的平均功率。

7-5 计算比较：铜（$\gamma_1=5.8\times10^7\mathrm{S/m}$）和银（$\gamma_2=6.15\times10^7\mathrm{S/m}$）在频率 $f_1=50\mathrm{Hz}$ 和 $f_2=1\mathrm{GHz}$ 下的波阻抗 Z_0、衰减常数 α 和透入深度 d。

7-6 已知电磁波的波长为 0.3m，在某非磁性良导体中的传播速度是自由空间光速的 0.1%，求波的频率和此材料的电导率。

反射与透射：

7-7 已知均匀平面电磁波由空气正入射到理想导体的表面，入射波的波长为 10cm，磁场强度为 1A/m，求：

（1）入射波的电场强度；

（2）合成驻波后磁场强度的波幅及其位置。

7-8　已知频率为100MHz，振幅为100V/m，初相为零的均匀平面电磁波，沿 z 方向正入射于无损耗介质面（$\varepsilon_r=2.1$，$\mu_r=1$）。求：

（1）各区域中的波阻抗及传播常数；

（2）反射波和透射波的振幅；

（3）各区域中 $\boldsymbol{E}$ 和 $\boldsymbol{H}$ 的复数形式和瞬时形式；

（4）坡印亭矢量的复数形式和瞬时形式。

7-9　设 $f=1\text{MHz}$ 的均匀平面波由空气垂直入射到以下三种导电媒质，分别求反射系数和透射系数：

（1）铜板 $\gamma=5.8\times10^7\text{S/m}$，$\varepsilon_r=1$，$\mu_r=1$；

（2）铁板 $\gamma=10^7\text{S/m}$，$\varepsilon_r=1$，$\mu_r=10^4$；

（3）海水 $\gamma=4\text{S/m}$，$\varepsilon_r=80$，$\mu_r=1$。

第八章 均匀传输线

本章首先分析无损耗传输线引导的TEM波的性质，导出用电压、电流表示的无损耗均匀传输线方程及其波动方程；讨论无损线和有损线的传输特性和参数，分析反射和透射现象，讨论接有不同负载时，电压行波、电流行波及其入端阻抗的沿线分布规律和驻波现象。

8-1 无损耗均匀传输线方程

辐射源发出的电磁波的传输方式是一种非定向的传输方式。若不经引导，其信号或能量的传输效率非常低。实际工程中，为了定向、高效地传输信号或能量，常采用传输线来引导电磁波。传输线的种类很多，常见的有同轴电缆、平行双线、平行板、带状线等，如图8-1所示。

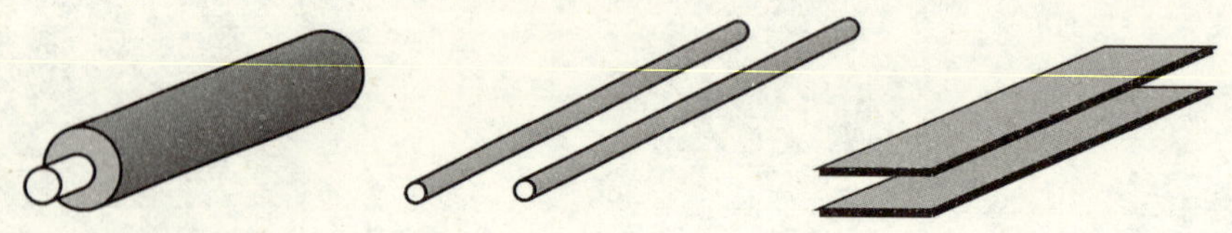

图8-1

如果传输线导体的材料、形状、尺寸、相对位置及周围介质沿线都无变化，称为均匀传输线。如果传输线的导体为理想导体，周围是理想介质，则称为无损耗均匀传输线。

本节首先分析无损耗均匀传输线导引的横向电磁波（TEM）传播特性，并把电磁场的 $\boldsymbol{E}$ 和 $\boldsymbol{H}$ 与传输线的电压 u 和电流 i 联系起来，导出无损耗传输线方程。

8-1-1 无损耗均匀传输线导引TEM波

设由两根平行理想导体构成的均匀传输线沿 z 轴放置，其轴间距离 $d \ll \lambda$，可以忽略横向上的推迟效应（即可以忽略辐射），认为该系统除了负载吸收能量之外，别无其他形式的能量损耗。

由于传输线的电流只有纵向分量，故周围的矢量位 $\boldsymbol{A}$ 也只有纵向分量。由 $\boldsymbol{B}=\nabla\times\boldsymbol{A}$ 可知 $B_z=0$，即传输线周围的磁场 $\boldsymbol{H}$ 只有横向分量。

由于传输线由理想导体构成，导体内部没有电场，根据导体分界面衔接条件可知传输线外部电场 $E_z=0$，即无损线周围的电场 $\boldsymbol{E}$ 也只有横向分量。

由此可见，无损耗传输线周围的电场和磁场都只有横向分量，也就是说它导引的是横向电磁波（TEM波）。

8-1-2 横截面内TEM分布与静态场相同

图8-2所示传输线周围的矢量位 $\boldsymbol{A}$ 和标量位 φ 满足齐次波动方程

$$\nabla^2 A_z - \mu\varepsilon \frac{\partial^2 A_z}{\partial t^2} = 0 \tag{8-1}$$

$$\nabla^2\varphi-\mu\varepsilon\frac{\partial^2\varphi}{\partial t^2}=0 \qquad (8-2)$$

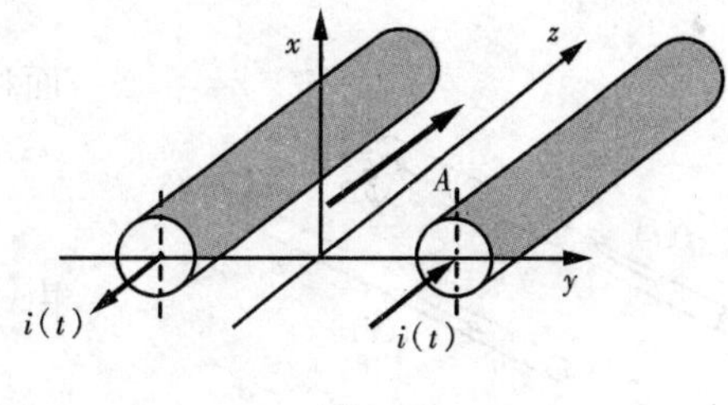

图 8-2

若把拉普拉斯算子∇^2分解为两部分，即

$$\nabla^2=\left(\frac{\partial^2}{\partial x^2}+\frac{\partial^2}{\partial y^2}\right)+\frac{\partial^2}{\partial z^2}=\nabla_t^2+\frac{\partial^2}{\partial z^2}$$

其中
$$\nabla_t^2=\frac{\partial^2}{\partial x^2}+\frac{\partial^2}{\partial y^2}$$

则波动方程可改写为

$$\nabla_t^2A_z+\frac{\partial^2A_z}{\partial z^2}-\mu\varepsilon\frac{\partial^2A_z}{\partial t^2}=0 \qquad (8-3)$$

$$\nabla_t^2\varphi+\frac{\partial^2\varphi}{\partial z^2}-\mu\varepsilon\frac{\partial^2\varphi}{\partial t^2}=0 \qquad (8-4)$$

由于电场没有纵向分量，即$E_z=-\frac{\partial\varphi}{\partial z}-\frac{\partial A_z}{\partial t}=0$，可得

$$\frac{\partial\varphi}{\partial z}=-\frac{\partial A_z}{\partial t} \qquad (8-5)$$

由洛仑兹规范$\nabla\cdot\boldsymbol{A}+\mu\varepsilon\frac{\partial\varphi}{\partial t}=0$，可得

$$\frac{\partial A_z}{\partial z}=-\mu\varepsilon\frac{\partial\varphi}{\partial t} \qquad (8-6)$$

将式（8-6）对z求偏导，并代入式（8-5）消去φ，得

$$\frac{\partial^2A_z}{\partial z^2}=-\mu\varepsilon\frac{\partial}{\partial z}\left(\frac{\partial\varphi}{\partial t}\right)=\mu\varepsilon\frac{\partial^2A_z}{\partial t^2} \qquad (8-7)$$

将式（8-5）对z求偏导，并代入式（8-6）消去A_z，得

$$\frac{\partial^2\varphi}{\partial z^2}=-\frac{\partial}{\partial z}\left(\frac{\partial A_z}{\partial t}\right)=\mu\varepsilon\frac{\partial^2\varphi}{\partial t^2} \qquad (8-8)$$

因此，波动方程式（8-3）和式（8-4）简化为

$$\nabla_t^2A_z=0 \qquad (8-9)$$

$$\nabla_t^2\varphi=0 \qquad (8-10)$$

可见，无损耗传输线周围A_z和φ的波动方程与静态场中A_z和φ的泊松方程完全相同。由于两种场在同一系统中又满足相同的边界条件，所以它们的解应当完全相同。也就是说，在无损耗均匀传输线的横截面内，TEM 波的电场和磁场与静态场的分布完全一样。

8-1-3　用电压和电流表示传输线方程

根据上述推导，无损线横截面内 TEM 波的电场强度与静电场的基本方程相同，因此在给定z值的任意横截面内，两导线之间的电压仍有意义，其值为

$$u(z,t)=\int_1^2\boldsymbol{E}\cdot\mathrm{d}\boldsymbol{l}=\varphi_1-\varphi_2 \qquad (8-11)$$

注意：由于$u(z,t)$不仅随时间t变化，还与z值有关，因此在同一时刻t，不同z值的横截面上的电场分布是不相同的，因此不能笼统地称传输线两导体间的电压，必须说某横截面内两导体间的电压，如图 8-3 所示。

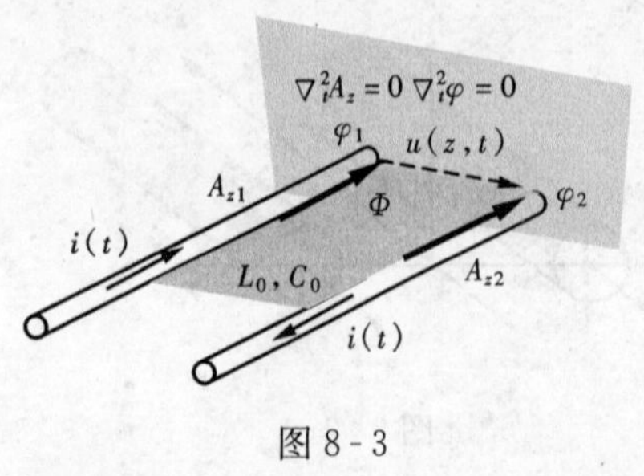

图 8-3

由于 $\boldsymbol{B}=\nabla\times\boldsymbol{A}$，穿过传输线单位长度导体之间的面积的磁通为

$$\Phi=\oint_l \boldsymbol{A}\cdot \mathrm{d}l=A_{z1}-A_{z2}=L_0 i(z,t) \qquad (8-12)$$

由于电场没有纵向分量，即 $E_z=-\dfrac{\partial\varphi}{\partial z}-\dfrac{\partial A_z}{\partial t}=0$，可得

$$\frac{\partial\varphi_1}{\partial z}+\frac{\partial A_{z1}}{\partial t}=0,\qquad \frac{\partial\varphi_2}{\partial z}+\frac{\partial A_{z2}}{\partial t}=0$$

两式相减，并将 $u(t)=\varphi_1-\varphi_2$ 和 $L_0 i(t)=A_{z1}-A_{z2}$ 代入，得

$$\frac{\partial u}{\partial z}+L_0\frac{\partial i}{\partial t}=0 \qquad (8-13)$$

由洛仑兹规范 $\nabla\cdot\boldsymbol{A}+\mu\varepsilon\dfrac{\partial\varphi}{\partial t}=0$，即 $\dfrac{\partial A_z}{\partial z}+\mu\varepsilon\dfrac{\partial\varphi}{\partial t}=0$，知

$$\frac{\partial A_{z1}}{\partial z}+\mu\varepsilon\frac{\partial\varphi_1}{\partial t}=0,\qquad \frac{\partial A_{z2}}{\partial z}+\mu\varepsilon\frac{\partial\varphi_2}{\partial t}=0$$

两式相减，并将 $L_0 i(t)=A_1-A_2$ 和 $u(t)=\varphi_1-\varphi_2$ 代入，并利用 $L_0C_0=\mu\varepsilon$，可得

$$\frac{\partial i}{\partial z}+C_0\frac{\partial u}{\partial t}=0 \qquad (8-14)$$

式（8-13）和式（8-14）称为无损耗均匀传输线方程，又称电报方程。两式表明，由于沿线有感应电动势存在，导致导线间的电压随距离 z 而变化；由于沿线有位移电流存在，导致导线中的电流随距离 z 而变化。

式中 C_0 和 L_0 分别为传输线的单位长度电容和单位长度电感，由于前面已经证明，在无损耗均匀传输线的横截面内，TEM 波的电场和磁场与静态场的分布完全一样，所以 C_0 和 L_0 可按照静态场的方法求得。

根据方程式（8-13）和式（8-14）可以得到图 8-4 所示的传输线分布参数电路模型。将电路理论中的基尔霍夫电压定律和电流定律应用于这个电路模型的回路和节点，同样可以得到传输线方程式（8-13）和式（8-14）。

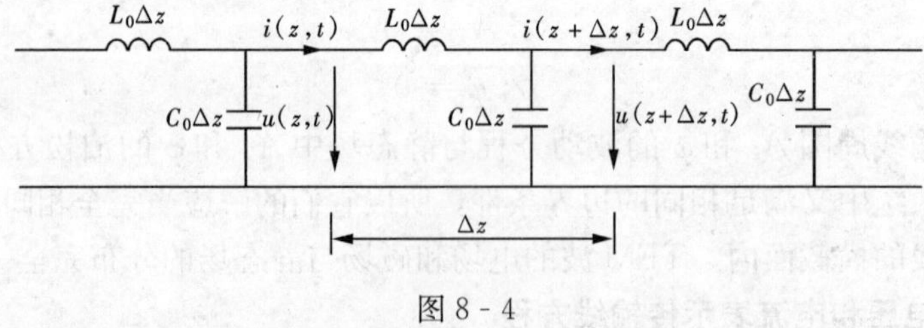

图 8-4

8-2 无损耗均匀传输线的传输特性

本节首先由传输线方程，推导传输线的波动方程及其正弦稳态解，由边界条件确定通解中的积分常数，讨论无损耗传输线的电压、电流传播特性。

8-2-1 波动方程及其正弦稳态通解

将式（8-13）对空间坐标 z 求偏导数，并代入式（8-14），得

$$\frac{\partial^2 u}{\partial z^2}=L_0C_0\frac{\partial^2 u}{\partial t^2} \tag{8-15}$$

同理，式（8-14）对空间坐标 z 求偏导数，并代入式（8-13），得

$$\frac{\partial^2 i}{\partial z^2}=L_0C_0\frac{\partial^2 i}{\partial t^2} \tag{8-16}$$

式（8-15）和式（8-16）称为无损耗均匀传输线的波动方程，其复数形式为

$$\frac{\partial^2 \dot{U}}{\partial z^2}=k^2\dot{U} \tag{8-17}$$

$$\frac{\partial^2 \dot{I}}{\partial z^2}=k^2\dot{I} \tag{8-18}$$

式中，k 为传播常数，$k=\mathrm{j}\omega\sqrt{L_0C_0}=\mathrm{j}\beta$；$\beta$ 为相位常数，$\beta=\omega\sqrt{L_0C_0}$。其通解为

$$\dot{U}(z)=\dot{U}^+\mathrm{e}^{-\mathrm{j}\beta z}+\dot{U}^-\mathrm{e}^{+\mathrm{j}\beta z} \tag{8-19}$$

$$\dot{I}(z)=\dot{I}^+\mathrm{e}^{-\mathrm{j}\beta z}+\dot{I}^-\mathrm{e}^{+\mathrm{j}\beta z} \tag{8-20}$$

式中，$\dot{U}^+$，$\dot{I}^+$和 $\dot{U}^-$，$\dot{I}^-$是待定复常数，分别代表入射电压波、电流波的复振幅和反射电压波、电流波的复振幅，它们的大小和相位由传输线的边界条件，即始端或终端条件决定。

将式（8-19）代入无损耗传输线方程的复数形式$\frac{\mathrm{d}\dot{U}}{\mathrm{d}z}+\mathrm{j}\omega L_0\dot{I}=0$，得

$$\begin{aligned}\dot{I}(z)&=-\frac{1}{\mathrm{j}\omega L_0}\frac{\mathrm{d}}{\mathrm{d}z}(\dot{U}^+\mathrm{e}^{-\mathrm{j}\beta z}+\dot{U}^-\mathrm{e}^{\mathrm{j}\beta z})\\&=\frac{\beta}{\omega L_0}(\dot{U}^+\mathrm{e}^{-\mathrm{j}\beta z}-\dot{U}^-\mathrm{e}^{\mathrm{j}\beta z})=\sqrt{\frac{C_0}{L_0}}(\dot{U}^+\mathrm{e}^{-\mathrm{j}\beta z}-\dot{U}^-\mathrm{e}^{\mathrm{j}\beta z})\end{aligned}$$

定义

$$Z_0=\frac{\dot{U}^+}{\dot{I}^+}=-\frac{\dot{U}^-}{\dot{I}^-}=\sqrt{\frac{L_0}{C_0}} \tag{8-21}$$

为无损耗均匀传输线的波阻抗，又称特性阻抗，单位为Ω。因此，式（8-20）又可表示为

$$\dot{I}(z)=\frac{1}{Z_0}(\dot{U}^+\mathrm{e}^{-\mathrm{j}\beta z}-\dot{U}^-\mathrm{e}^{\mathrm{j}\beta z}) \tag{8-22}$$

8-2-2 由边界条件确定积分常数

设 z 坐标的正方向自传输线的始端指向末端，选取传输线的末端为坐标原点，如图 8-5 所示。以下讨论不同边界条件下传输方程的解。

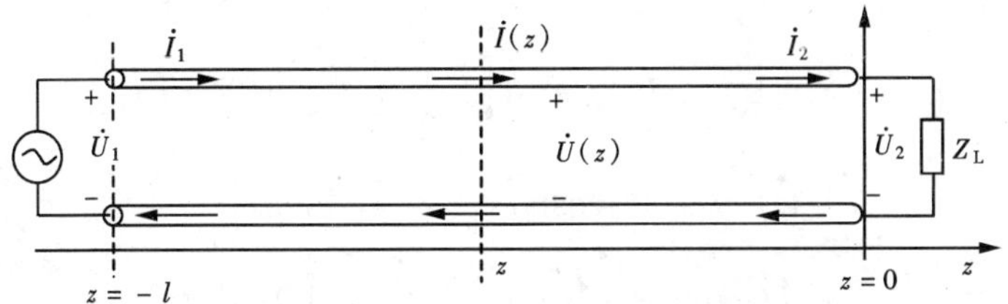

图 8-5

1. 已知始端电压 $\dot{U}_1$ 和电流 $\dot{I}_1$ 时

将 $z=-l$ 和 $\dot{U}(-l)=\dot{U}_1$，$\dot{I}(-l)=\dot{I}_1$ 代入式（8-19）和式（8-22），有

$$\dot{U}_1=\dot{U}^+\mathrm{e}^{-\mathrm{j}\beta(-l)}+\dot{U}^-\mathrm{e}^{\mathrm{j}\beta(-l)},\qquad \dot{I}_1=\frac{\dot{U}^+\mathrm{e}^{\mathrm{j}\beta(-l)}}{Z_0}-\frac{\dot{U}^-\mathrm{e}^{\mathrm{j}\beta(-l)}}{Z_0}$$

联立求解，得

$$\dot{U}^+=\frac{1}{2}(\dot{U}_1+Z_0\dot{I}_1)\mathrm{e}^{-\mathrm{j}\beta l}\tag{8-23}$$

$$\dot{U}^-=\frac{1}{2}(\dot{U}_1-Z_0\dot{I}_1)\mathrm{e}^{\mathrm{j}\beta l}\tag{8-24}$$

代入式（8-19）和式（8-22）得沿线电压和电流相量，用指数函数表示为

$$\begin{cases}\dot{U}(z)=\dfrac{1}{2}(\dot{U}_1+Z_0\dot{I}_1)\mathrm{e}^{-\beta(l+z)}+\dfrac{1}{2}(\dot{U}_1-Z_0\dot{I}_1)\mathrm{e}^{\beta(l+z)} & (8-25)\\ \dot{I}(z)=\dfrac{1}{2}\left(\dfrac{\dot{U}_1}{Z_0}+\dot{I}_1\right)\mathrm{e}^{-\beta(l+z)}+\dfrac{1}{2}\left(\dfrac{\dot{U}_1}{Z_0}-\dot{I}_1\right)\mathrm{e}^{\beta(l+z)} & (8-26)\end{cases}$$

由于 $\sinh\beta z=\dfrac{\mathrm{e}^{\beta z}-\mathrm{e}^{-\beta z}}{2}$，$\cosh\beta z=\dfrac{\mathrm{e}^{\beta z}+\mathrm{e}^{-\beta z}}{2}$，则沿线电压和电流相量用双曲函数表示为

$$\begin{cases}\dot{U}(z)=\dot{U}_1\cosh\beta(l+z)-Z_0\dot{I}_1\sinh\beta(l+z) & (8-27)\\ \dot{I}(z)=-\dfrac{\dot{U}_1}{Z_0}\sinh\beta(l+z)+\dot{I}_1\cosh\beta(l+z) & (8-28)\end{cases}$$

由于 $\sin\beta z=\dfrac{\mathrm{e}^{\mathrm{j}\beta z}-\mathrm{e}^{-\mathrm{j}\beta z}}{2\mathrm{j}}$，$\cos\beta z=\dfrac{\mathrm{e}^{\mathrm{j}\beta z}+\mathrm{e}^{-\mathrm{j}\beta z}}{2}$，则沿线电压和电流相量用三角函数表示为

$$\begin{cases}\dot{U}(z)=\dot{U}_1\cos\beta(l+z)-\mathrm{j}Z_0\dot{I}_1\sin\beta(l+z) & (8-29)\\ \dot{I}(z)=-\mathrm{j}\dfrac{\dot{U}_1}{Z_0}\sin\beta(l+z)+\dot{I}_1\cos\beta(l+z) & (8-30)\end{cases}$$

2. 已知末端电压 $\dot{U}_2$ 和电流 $\dot{I}_2$ 时

将 $z=0$ 和 $\dot{U}(0)=\dot{U}_2$，$\dot{I}(0)=\dot{I}_2$ 代入式（8-19）和式（8-22）联立求解，同理可得

$$\dot{U}^+=\frac{1}{2}(\dot{U}_2+Z_0\dot{I}_2)\tag{8-31}$$

$$\dot{U}^-=\frac{1}{2}(\dot{U}_2-Z_0\dot{I}_2)\tag{8-32}$$

因此，沿线电压和电流相量的三种函数表达式分别为

$$\begin{cases}\dot{U}(z)=\dfrac{1}{2}(\dot{U}_2+Z_0\dot{I}_2)\mathrm{e}^{-\beta(l+z)}+\dfrac{1}{2}(\dot{U}_2-Z_0\dot{I}_2)\mathrm{e}^{\beta(l+z)} & (8-33)\\ \dot{I}(z)=\dfrac{1}{2}\left(\dfrac{\dot{U}_2}{Z_0}+\dot{I}_2\right)\mathrm{e}^{-\beta(l+z)}+\dfrac{1}{2}\left(\dfrac{\dot{U}_2}{Z_0}-\dot{I}_2\right)\mathrm{e}^{\beta(l+z)} & (8-34)\end{cases}$$

$$\begin{cases}\dot{U}(z)=\dot{U}_2\cosh\beta z-Z_0\dot{I}_2\sinh\beta z & (8-35)\\ \dot{I}(z)=-\dfrac{\dot{U}_2}{Z_0}\sinh\beta z+\dot{I}_2\cosh\beta z & (8-36)\end{cases}$$

$$\begin{cases}\dot{U}(z)=\dot{U}_2\cos\beta z-\mathrm{j}Z_0\dot{I}_2\sin\beta z & (8-37)\\ \dot{I}(z)=-\mathrm{j}\dfrac{\dot{U}_2}{Z_0}\sin\beta z+\dot{I}_2\cos\beta z & (8-38)\end{cases}$$

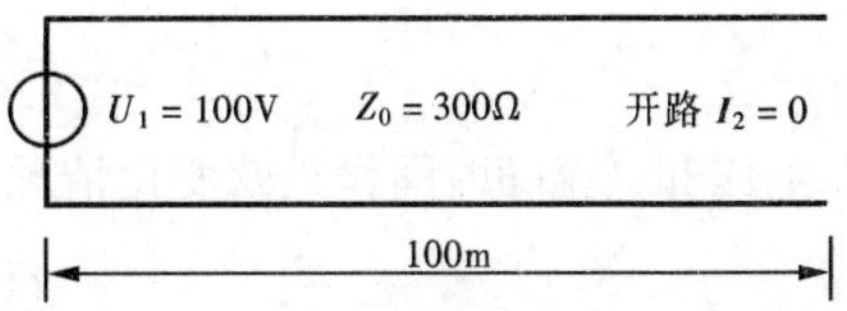

【例 8-1】 图 8-6 所示无损耗均匀传输线长 $l=100\text{m}$，特性阻抗 $Z_0=300\Omega$，波长 $\lambda=600\text{m}$，末端开路，始端电压有效值 $U_1=100\text{V}$。求线路中间点 50m 处的电压和电流有效值。

图 8-6

解　传输线的相位常数为

$$\beta=\frac{2\pi}{\lambda}=\frac{2\pi}{600}$$

取传输线末端为坐标原点，则始端坐标 $z=-100\text{m}$。将始端电压 $U_1(-100)=100\text{V}$，末端电流 $I_2=0$，代入三角函数表达式（8-37），即

$$\dot{U}(-100)=\dot{U}_2\cos\left[\frac{2\pi}{600}\times(-100)\right]=100\angle 0^{\circ}(\text{V})$$

可得末端电压为

$$\dot{U}_2=\frac{100\angle 0}{\cos(-\pi/3)}=200\angle 0^{\circ}(\text{V})$$

由式（8-37）和式（8-38）得，线路中点（$z=-50\text{m}$）的电压和电流分别为

$$\dot{U}(-50)=\dot{U}_2\cos\beta z-\text{j}Z_0\dot{I}_2\sin\beta z=200\cdot\cos\left(-50\times\frac{2\pi}{600}\right)=100\sqrt{3}(\text{V})$$

$$\dot{I}(-50)=\dot{I}_2\cos\beta z-\text{j}\frac{\dot{U}_2}{Z_0}\sin\beta z=-\text{j}\frac{200\angle 0^{\circ}}{300}\sin\left(-50\times\frac{2\pi}{600}\right)=\text{j}\frac{1}{3}(\text{A})$$

因此，传输线中点的电压有效值为 173.21V，电流有效值为 0.333A。

8-3　有损耗均匀传输线

由于传输线导体本身有电阻，导体之间的介质有漏电导，因此实际工程中都是有损耗传输线。严格地说，有损耗均匀传输线并非传输 TEM 波。但由于电场强度的纵向分量远小于横向分量，所以可以近似认为有损耗传输线上主要传播的仍是 TEM 波。

8-3-1　有损耗传输线方程和波动方程

有损耗均匀传输线的分布参数模型如图 8-7 所示。图中，G_0 为有损耗传输线每单位长度的导体之间介质的漏电导；R_0 为有损耗传输线每单位长度的导体电阻。

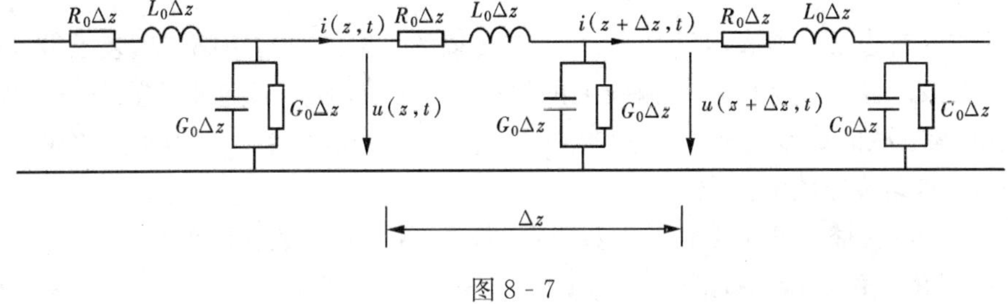

图 8-7

考虑到导体之间 $G_0\Delta z$ 中的漏电流和导线电阻 $R_0\Delta z$ 上的电压降，则无损耗均匀传输线方程为

$$\frac{\partial u}{\partial z}+L_0\frac{\partial i}{\partial t}+R_0 i=0 \tag{8-39}$$

$$\frac{\partial i}{\partial z}+C_0\frac{\partial u}{\partial t}+G_0u=0 \tag{8-40}$$

在电压和电流随时间作正弦变化情况下，以上两式的复数形式为

$$\frac{\mathrm{d}\dot{U}}{\mathrm{d}z}=-(\mathrm{j}\omega L_0+R_0)\dot{I} \tag{8-41}$$

$$\frac{\mathrm{d}\dot{I}}{\mathrm{d}z}=-(\mathrm{j}\omega C_0+G_0)\dot{U} \tag{8-42}$$

相应的波动方程为

$$\frac{\mathrm{d}^2\dot{U}}{\mathrm{d}z^2}=k^2\dot{U} \tag{8-43}$$

$$\frac{\mathrm{d}^2\dot{I}}{\mathrm{d}z^2}=k^2\dot{I} \tag{8-44}$$

$$k=\sqrt{(R_0+\mathrm{j}\omega L_0)(G_0+\mathrm{j}\omega C_0)}=\alpha+\mathrm{j}\beta \tag{8-45}$$

式中，k 为传播常数。

波动方程的通解为

$$\dot{U}(z)=\dot{U}^+\mathrm{e}^{-kz}+\dot{U}^-\mathrm{e}^{kz} \tag{8-46}$$

$$\dot{I}(z)=\frac{\dot{U}^+}{Z_0}\mathrm{e}^{-kz}-\frac{\dot{U}^+}{Z_0}\mathrm{e}^{kz} \tag{8-47}$$

$$Z_0=\frac{\dot{U}^+}{\dot{I}^+}=-\frac{\dot{U}^-}{\dot{I}^-}=\sqrt{\frac{R_0+\mathrm{j}\omega L_0}{G_0+\mathrm{j}\omega C_0}}=|Z_0|\mathrm{e}^{\mathrm{j}\varphi_0} \tag{8-48}$$

式中，Z_0 为传输线的特性阻抗；$\dot{U}^+$ 和 $\dot{U}^-$ 为积分常数，要根据边界条件确定。

设 $\dot{U}^+=U^+\mathrm{e}^{\mathrm{j}\varphi_+}$，$\dot{U}^-=U^-\mathrm{e}^{\mathrm{j}\varphi_-}$，则，传输线电压和电流的瞬时值表达式分别为

$$\begin{aligned}u(t)=&\sqrt{2}U^+\mathrm{e}^{-\mathrm{j}\alpha z}\cos(\omega t-\beta z+\varphi_+)\\&+\sqrt{2}U^-\mathrm{e}^{\mathrm{j}\alpha z}\cos(\omega t+\beta z+\varphi_-)\end{aligned} \tag{8-49}$$

$$\begin{aligned}i(t)=&\sqrt{2}\frac{U^+}{|Z_0|}\mathrm{e}^{-\mathrm{j}\alpha z}\cos(\omega t-\beta z+\varphi_+-\varphi_0)\\&-\sqrt{2}\frac{U^+}{|Z_0|}U^-\mathrm{e}^{\mathrm{j}\alpha z}\cos(\omega t+\beta z+\varphi_--\varphi_0)\end{aligned} \tag{8-50}$$

以上两式的右边第一项表示沿（$+z$）方向传播的入射波；右边第二项表示沿（$-z$）方向传播的反射波。显然，有损耗传输线上的电压和电流的振幅都随波的前进按指数规律衰减。α 描述波幅衰减的快慢，称为衰减常数；β 描述相位的改变率，称为相位常数。

8-3-2 均匀传输线的参数

均匀传输线的传播特性是由它的参数决定的，可分为原参数和副参数两类。

1. 原参数 R_0、L_0、C_0、G_0

传输线单位长度的导体电阻 R_0 和电感 L_0，单位长度的媒质电导 G_0 和电容 C_0 是组成传输线等效分布参数电路的基本量，它们由传输线的几何尺寸、相互位置及周围媒质的物理特性决定，可分别按照静电场、恒定电场和恒定磁场的参数计算方法求得，见表 8-1。无线电频率下，铜质导线制成的同轴电缆和双线传输线原参数见表 8-2。

表 8-1 常用的同轴电缆和双线传输线的原参数

原参数	同轴电缆线	双线传输线
L_0(H/m)	$\frac{\mu_0}{2\pi}\left(\frac{1}{4}+\ln\frac{b}{a}\right)$	$\frac{\mu_0}{\pi}\left(\frac{1}{4}+\ln\frac{d}{a}\right)$
C_0(F/m)	$\frac{2\pi\varepsilon}{\ln\frac{b}{a}}$	$\frac{\pi\varepsilon}{\ln\frac{d}{a}}$
G_0(S/m)	$\frac{2\pi\gamma}{\ln\frac{b}{a}}$	$\frac{\pi\gamma}{\ln\frac{d}{a}}$

表 8-2 高频率时，铜质导线制成的同轴电缆和双线传输线原参数

原参数	同轴电缆线	双线传输线
R_0(Ω/m)	$4.19\left(\frac{1}{a}+\frac{1}{b}\right)\sqrt{f}\times10^{-8}$	$\frac{8.38\sqrt{f}}{a}\times10^{-8}$
L_0(H/m)	$0.46\lg\frac{b}{a}\times10^{-6}$	$0.921\lg\frac{d}{a}\times10^{-12}$
C_0(F/m)	$\frac{0.24\varepsilon}{\lg\frac{b}{a}}\times10^{-10}$	$\frac{12.70}{\lg\frac{d}{a}}\times10^{-12}$
G_0(S/m)	$\frac{2\pi\gamma}{\ln\frac{b}{a}}\omega C_0\mathrm{tg}\delta$	无一般计算公式，可采用实验数据，或近似为零

注 表中 δ 为同轴电缆绝缘介质的损失角，一般 $\mathrm{tg}\delta$ 约等于 $10^{-3}\sim10^{-4}$。

2. 副参数 Z_0 和 k

传输线的特性阻抗定义为行波电压与行波电流之比，即

$$Z_0=\frac{U^+}{I^+}=-\frac{U^-}{I^-} \tag{8-51}$$

无损耗传输线的特性阻抗为

$$Z_0=\sqrt{\frac{L_0}{C_0}} \tag{8-52}$$

是实数，说明传输线上的电压波与电流波同相位。

有损耗传输线的特性阻抗为

$$Z_0=\sqrt{\frac{R_0+\mathrm{j}\omega L_0}{G_0+\mathrm{j}\omega C_0}}=\sqrt[4]{\frac{R_0^2+\omega^2L_0^2}{G_0^2+\omega^2C_0^2}}\cdot\mathrm{e}^{\mathrm{j}\varphi_0} \tag{8-53}$$

式中，φ_0 为电压与电流之间的相位差，一般来说 $-\pi/4\leqslant\varphi_0\leqslant\pi/4$；$Z_0$ 为复数，说明传输线上的电压波与电流波不同相位，而且特性阻抗与频率有关。

对于低损耗传输线（条件为 $R_0\ll\omega L_0$，$G_0\ll\omega C_0$），则

$$Z_0\approx\sqrt{\frac{L_0}{C_0}} \tag{8-54}$$

可见，低损耗线与无损耗线一样，其特性阻抗仅与 L_0、C_0 有关，与频率无关，是一个实数。也就是说，入射波电压与电流同相位，而反射波电压与电流相位相反。

有损耗传输线的传播常数

$$k=\sqrt{(R_0+\mathrm{j}\omega L_0)(G_0+\mathrm{j}\omega C_0)}=\alpha+\mathrm{j}\beta \tag{8-55}$$

其中

$$\alpha=\sqrt{\frac{1}{2}\left[\sqrt{(R_0^2+\omega^2L_0^2)(G_0^2+\omega^2C_0^2)}-(\omega^2L_0C_0-R_0G_0)\right]} \tag{8-56}$$

$$\beta=\sqrt{\frac{1}{2}\left[\sqrt{(R_0^2+\omega^2L_0^2)(G_0^2+\omega^2C_0^2)}+(\omega^2L_0C_0-R_0G_0)\right]} \tag{8-57}$$

可见，有损耗传输线的衰减常数和相位常数都是与频率有关。当非正弦信号沿传输线行进时，各次谐波分量振幅衰减不同，相位变化也不同，必然造成信号的畸变（失真）。一般将由于α随频率变化所引起的畸变称为振幅畸变；将由于β随频率变化所引起的畸变称为相位畸变。

对于低损耗传输线，由于$R_0\ll\omega L_0$，$G_0\ll\omega C_0$，则

$$\alpha\approx\frac{1}{2}\left[R_0\sqrt{\frac{C_0}{L_0}}+G_0\sqrt{\frac{L_0}{C_0}}\right]\quad\text{（近似为常数）} \tag{8-58}$$

$$\beta\approx\omega\sqrt{L_0C_0} \tag{8-59}$$

而相速

$$v=\frac{\omega}{\beta}\approx\frac{1}{\sqrt{L_0C_0}}\quad\text{（近似为常数）} \tag{8-60}$$

以上各式说明，非正线信号在低损耗传输线上传播时，畸变程度很小。

8-3-3 无畸变传输线

若要消除有损耗传输线上的非正线波形畸变，应使其衰减常数α不是频率ω的函数，而是一个常量；相位常数β应与频率ω成正比，即传播常数k应具有以下形式

$$k=\alpha+\mathrm{j}\beta=\alpha+\mathrm{j}\omega K \tag{8-61}$$

式中，α和K都是与ω无关的常量。

由式（8-55）可得

$$k=\sqrt{R_0G_0}\sqrt{\left(1+\frac{\mathrm{j}\omega L_0}{R_0}\right)\left(1+\frac{\mathrm{j}\omega C_0}{G_0}\right)}$$

如果满足

$$\frac{L_0}{R_0}=\frac{C_0}{G_0} \tag{8-62}$$

则有

$$k=\sqrt{R_0G_0}\left(1+\frac{\mathrm{j}\omega L_0}{R_0}\right) \tag{8-63}$$

上式将符合式（8-61）的要求，可以消除振幅畸变和相位畸变。因此称式（8-62）为无畸变条件。满足无畸变条件的有损耗传输线称为无畸变传输线。

无损耗传输线就是一种无畸变传输线，但无畸变传输线却不一定是无损耗传输线。在没有反射波的情况下，有损耗的无畸变传输线上的电压波和电流波的波形虽无失真，但振幅却随着波的前进按指数规律减少，减少的速率由$\alpha=\sqrt{R_0G_0}$决定。

在无畸变条件下，有损耗均匀传输线的特性阻抗为

$$Z_0=\sqrt{\frac{R_0}{G_0}}=\sqrt{\frac{L_0}{C_0}} \tag{8-64}$$

由此可见，在无畸变传输线中，特性阻抗为一实数。说明沿线各处的入射电压波或反射电压

波分别与电流波同相位。

一般架空线或电缆线的原参数之间的关系为

$$\frac{L_0}{R_0}<\frac{C_0}{G_0}$$

为了实现无畸变条件，同时又能降低振幅衰减的程度，应增大电感。

工程上通常采用集中加感，即在传输线中每隔一定距离加入一个电感线圈以增大 L_0。为了不致破坏传输线的均匀性，电感线圈间的距离应远远小于传输线所传播的电磁波的波长。

另一种方法是采用分布加感，即在电缆芯线表面均匀绕一层磁导率较大的金属带以增大 L_0。

8-4 无损耗传输线的反射与透射

传输线上的入射波沿线传输到不均匀处时，将发生反射和透射现象。传输线上的电压波和电流波则为相应的入射波和反射波的叠加。

8-4-1 反射系数和透射系数

(1) 设特性阻抗为 Z_0 的无损耗传输线末端接有负载 Z_L，如图 8 - 8 所示。根据式（8 - 19）和式（8 - 22）可知，传输线末端的电压和电流分别为

$$\dot{U}(0)=\dot{U}^{+}+U^{-}$$

$$\dot{I}(0)=\frac{\dot{U}^{+}}{Z_0}-\frac{\dot{U}^{-}}{Z_0}$$

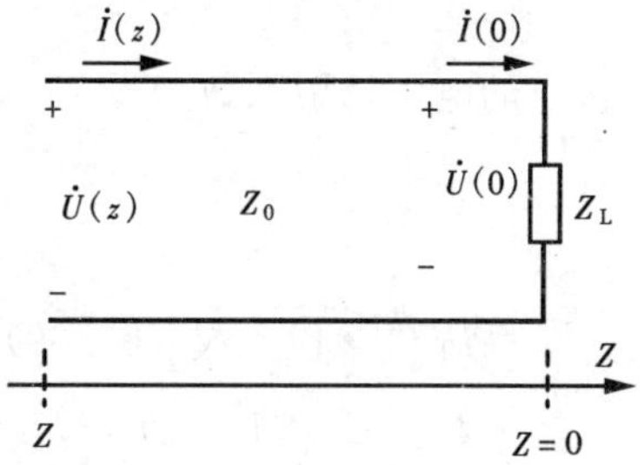

负载上的电压和电流满足

$$Z_L=\frac{\dot{U}(0)}{\dot{I}(0)}=Z_0\frac{\dot{U}^{+}+\dot{U}^{-}}{\dot{U}^{+}-\dot{U}^{-}}$$

定义负载端的电压反射系数为

$$\Gamma_L=\frac{\dot{U}^{-}}{\dot{U}^{+}}=\frac{Z_L-Z_0}{Z_L+Z_0} \tag{8-65}$$

图 8 - 8

则传输线任一点的电压和电流分别为

$$\begin{cases}\dot{U}(z)=\dot{U}^{+}\left(e^{-j\beta z}+\Gamma_L e^{j\beta z}\right)=\dot{U}^{+}e^{-j\beta z}\left(1+\Gamma_L e^{2j\beta z}\right) & (8-66)\\ \dot{I}(z)=\dfrac{\dot{U}^{+}}{Z_0}\left(e^{-j\beta z}-\Gamma_L e^{j\beta z}\right)=\dfrac{\dot{U}^{+}}{Z_0}e^{-j\beta z}\left(1-\Gamma_L e^{2j\beta z}\right) & (8-67)\end{cases}$$

(2) 定义沿传输线任一位置的电压反射系数，为传输线任一点的反射波电压与入射波电压的比值，用符号 Γ_z 表示，即

$$\Gamma_z(z)=\frac{\dot{U}^{-}(z)}{\dot{U}^{+}(z)}=\frac{\dot{U}^{-}e^{j\beta z}}{\dot{U}^{+}e^{-j\beta z}}=|Z_L|\cdot e^{j(2\beta z+\varphi_L)}=|Z_L|\cdot e^{j\varphi_z} \tag{8-68}$$

显然，沿线反射系数 Γ_z 与负载反射系数 Γ_L 相比，其模 $|\Gamma_z|$ 不变，但 Γ_z 落后于 Γ_L 相位角 $2\beta z$，即 $\varphi_z-\varphi_L=2\beta z$。

(3) 对于图 8 - 9 所示两对相连的传输线，设特性阻抗分别为 Z_{01} 和 Z_{02}，则第一对传输

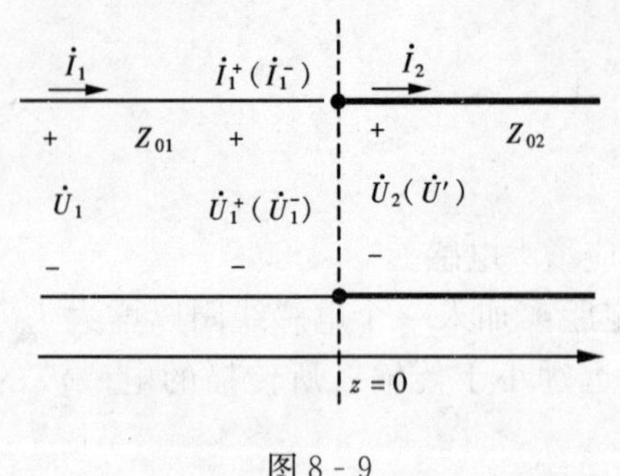

图 8-9

线沿线的电压和电流分布为

$$\dot{U}_1(z)=\dot{U}_1^+e^{-j\beta_1 z}+\dot{U}_1^-e^{j\beta_1 z} \tag{8-69}$$

$$\dot{I}_1(z)=\dot{I}_1^+e^{-j\beta_1 z}+\dot{I}_1^-e^{j\beta_1 z}$$

$$=\frac{\dot{U}_1^+}{Z_{01}}e^{-j\beta_1 z}-\frac{\dot{U}_1^-}{Z_{01}}e^{j\beta_1 z} \tag{8-70}$$

设第二对传输线无限长，没有反射波。沿第二对传输线的电压和电流分布为

$$\dot{U}_2(z)=\dot{U}'e^{-j\beta_2 z} \tag{8-71}$$

$$\dot{I}_2(z)=\dot{I}'e^{-j\beta_2 z}=\frac{\dot{U}'}{Z_{02}}e^{-j\beta_2 z} \tag{8-72}$$

式中，$\dot{U}'$ 和 $\dot{I}'$ 为连接点 $z=0$ 处的透射波电压和透射波电流。

根据两对传输线连接点的边界条件，应有

$$\dot{U}_1^++\dot{U}_1^-=\dot{U}'$$

$$\dot{I}_1^++\dot{I}_1^-=\dot{I}'$$

由于 $Z_{01}=\frac{\dot{U}_1^+}{\dot{I}_1^+}=-\frac{\dot{U}_1^-}{\dot{I}_1^-}$，$Z_{02}=\frac{U'}{I'}$，联立求解，得连接点的电压反射系数为

$$\Gamma_L=\frac{\dot{U}_1^-}{\dot{U}_1^+}=\frac{Z_{02}-Z_{01}}{Z_{01}+Z_{02}} \tag{8-73}$$

连接点的电压透射系数为

$$T=\frac{\dot{U}'}{\dot{U}_1^+}=\frac{2Z_{02}}{Z_{01}+Z_{02}} \tag{8-74}$$

将 $\dot{U}_1^-=\Gamma_L\dot{U}_1^+$ 代入式（8-69）和式（8-70），得第一对传输线上的电压和电流为

$$\dot{U}_1(z)=\dot{U}_1^+(e^{-j\beta_1 z}+\Gamma_L e^{j\beta_1 z})=\dot{U}^+e^{-j\beta_1 z}(1+\Gamma_L e^{2j\beta_1 z}) \tag{8-75}$$

$$\dot{I}_1(z)=\frac{\dot{U}_1^+}{Z_{01}}(e^{-j\beta_1 z}-\Gamma_L e^{j\beta_1 z})=\frac{\dot{U}^+}{Z_{01}}e^{-j\beta_1 z}(1-\Gamma_L e^{2j\beta_1 z}) \tag{8-76}$$

将 $\dot{U}'=T\dot{U}_1^+$ 代入式（8-71）和式（8-72），得第二对传输线上的电压和电流为

$$\dot{U}_2(z)=T\dot{U}_1^+e^{-j\beta_2 z} \tag{8-77}$$

$$\dot{I}_2(z)=\frac{T\dot{U}_1^+}{Z_{02}}e^{-j\beta_2 z} \tag{8-78}$$

8-4-2 传输线工作状态分析

由以上定义可知，反射系数 Γ_z 与传输线的特性阻抗 Z_0 和负载阻抗 Z_L 有关。当传输线末端接入不同负载阻抗时，由于反射系数不同，传输线可能会出现三种不同的工作状态。

1. 无反射——行波状态

当负载阻抗 $Z_L=Z_0$ 时，反射系数 $\Gamma_L=0$，即当负载阻抗与特性阻抗相等时（称为匹配），传输线上只有入射波没有反射波，处于行波状态。

由式（8-66）和式（8-67）得知，沿线电压和电流分布的复数形式为

$$\dot{U}(z)=\dot{U}^{+}\,\mathrm{e}^{-\mathrm{j}\beta z},\qquad \dot{I}(z)=\frac{\dot{U}^{+}}{Z_0}\mathrm{e}^{-\mathrm{j}\beta z}$$

相应的瞬时值表达式为

$$u(z,t)=\sqrt{2}U^{+}\cos(\omega t-\beta z) \tag{8-79}$$

$$i(z,t)=\frac{\sqrt{2}}{Z_0}U^{+}\cos(\omega t-\beta z) \tag{8-80}$$

可见，行波状态下的无损耗均匀传输线有以下特点：①沿线电压、电流振幅不变；②沿线任意点的电压与电流同相位；③从能量观点来看，从电源送往负载的能量全部被负载吸收，传输线的效率最高。因此，行波状态是传输能量最理想的工作状态。

对于两对传输线来说，当 $Z_{01}=Z_{02}$ 时，反射系数 $\Gamma_{\mathrm{L}}=0$，也称为匹配。此时传输线的传输效率最高，也是最理想的工作状态。

2. 全反射——驻波状态

当负载阻抗 $Z_{\mathrm{L}}=0$、$Z_{\mathrm{L}}=\infty$，或 $Z_{\mathrm{L}}=\pm\mathrm{j}X$ 时，反射系数 $|\Gamma|=1$，即当传输线末端短路、开路或接入纯电抗性负载时，将产生全反射，处于驻波状态。

例如，图 8 - 10 所示传输线末端短路时，$Z_{\mathrm{L}}=0$，$\Gamma_{\mathrm{L}}=-1$。由式（8 - 66）和式（8 - 67）得知，沿线电压和电流分布的复数形式为

$$\dot{U}(z)=\dot{U}^{+}(\mathrm{e}^{-\mathrm{j}\beta z}-\mathrm{e}^{\mathrm{j}\beta z})=-\mathrm{j}2\dot{U}^{+}\sin\beta z$$

$$\dot{I}(z)=\frac{\dot{U}^{+}}{Z_0}(\mathrm{e}^{-\mathrm{j}\beta z}+\mathrm{e}^{\mathrm{j}\beta z})=\frac{2\dot{U}^{+}}{Z_0}\cos\beta z$$

式中的常数 $\dot{U}^{+}$ 可由始端或末端电压确定，设其幅角为零，则电压、电流的瞬时值表达式为

$$u(z,t)=2\sqrt{2}U^{+}\sin\beta z\cdot\cos(\omega t-90^\circ) \tag{8-81}$$

$$i(z,t)=\frac{2\sqrt{2}}{Z_0}U^{+}\cos\beta z\cdot\cos\omega t \tag{8-82}$$

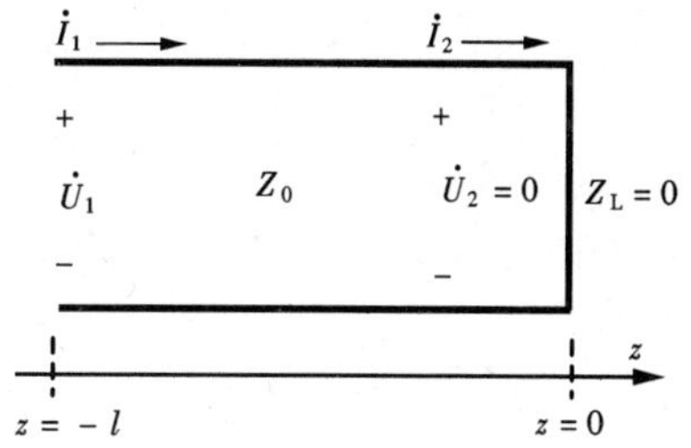

图 8 - 10

图 8 - 11 画出了末端短路时沿线的瞬时电压和电流驻波。图中曲线表明沿传输线的电压和电流反射波和入射波合成为驻波。

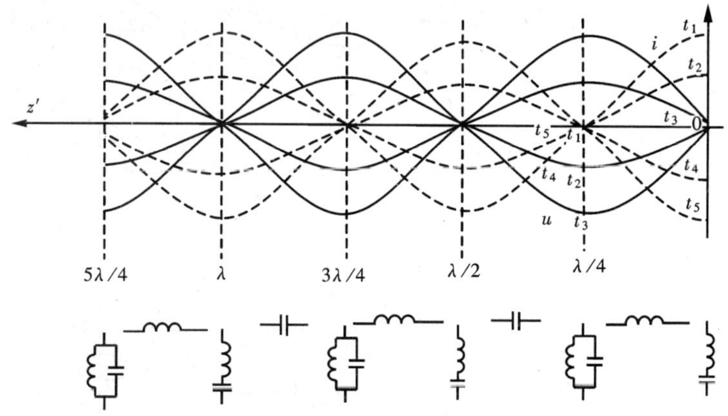

图 8 - 11

驻波状态下的无损耗均匀传输线具有以下特点：

(1) 传输线上电压和电流的振幅沿 z 轴分别呈 $\sin\beta z$ 或 $\cos\beta z$ 规律分布。当 $\beta z=n\pi$ 时，即在 $z=-n\lambda/2$ 位置电压振幅总为零值（称为波节）；当 $\beta z=-(2n+1)\pi/2$ 时，即在 $z=-(2n+1)\lambda/4$ 位置电压振幅总为最大值（称为波腹）；电压波与电流波的波腹点分布在空间上相差 $\lambda/4$。

(2) 传输线上电压和电流的量值随时间 t 分别按 $\sin\omega t$ 或 $\cos\omega t$ 规律变化。由于同一点的电压与电流在同一时刻有 90°相位差，因此传输线能量不能穿过波节点，只能在 $\lambda/4$ 范围内随时间进行电能和磁能之间的转换。

当传输线末端开路或接纯电抗时，传输线同样具有上述驻波特性，区别仅在于波腹点和波节点的位置不同。

3. 行驻波状态

当反射系数 $0<|\Gamma_L|<1$ 时，在负载端会发生反射，但非全反射。传输线上一部分入射波与反射波合成驻波，另一部分仍为行波。此时传输线的工作状态称为行驻波状态，沿线的电压和电流分布的复数形式由式 (8 - 66) 和式 (8 - 67) 改写为

$$\begin{aligned}\dot{U}(z)&=\dot{U}^+\mathrm{e}^{-\mathrm{j}\beta z}+\dot{U}^-\mathrm{e}^{\mathrm{j}\beta z}+\dot{U}^-\mathrm{e}^{-\mathrm{j}\beta z}-\dot{U}^-\mathrm{e}^{-\mathrm{j}\beta z}\\&=(\dot{U}^+-\dot{U}^-)\mathrm{e}^{-\mathrm{j}\beta z}+\dot{U}^-(\mathrm{e}^{\mathrm{j}\beta z}+\mathrm{e}^{-\mathrm{j}\beta z})\\&=(1-\Gamma_L)\dot{U}^+\mathrm{e}^{-\mathrm{j}\beta z}+2\dot{U}^-\cos\beta z\end{aligned}\tag{8-83}$$

$$\dot{I}(z)=(1-\Gamma_L)\frac{\dot{U}^+}{Z_0}\mathrm{e}^{-\mathrm{j}\beta z}-\mathrm{j}\frac{2\dot{U}^-}{Z_0}\sin\beta z\tag{8-84}$$

由以上两式可见，第一项振幅与位置 z 无关，为行波部分；第二项振幅与位置 z 有关，为驻波部分；合成为行驻波状态，电压 $u(z, t)$ 和电流 $i(z, t)$ 的沿线分布仍表现为波动形式。图 8 - 12 表示了电压波和电流波在三个不同时刻的分布情况，最下面的曲线表示了电压波和电流波的有效值沿线分布，它们在最大值和最小值之间波动。

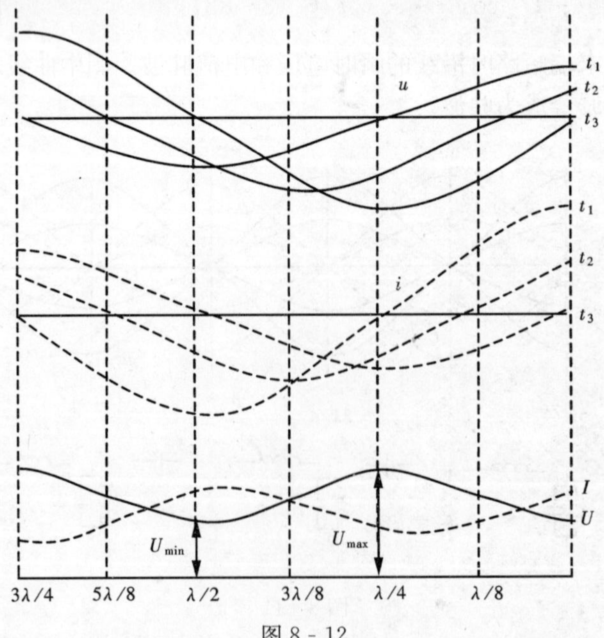

图 8 - 12

8-4-3 驻波比

为了定量描述传输线上的行波分量和驻波分量，除了用反射系数 Γ_L 表示反射波的大小之外，还可以用驻波比 S 表示。驻波比 S 的定义为

$$S=\frac{U_{max}}{U_{min}}=\frac{U^{+}+U^{-}}{U^{+}-U^{-}}=\frac{1+|\Gamma_L|}{1-|\Gamma_L|} \tag{8-85}$$

当 $\Gamma_L=0$ 时，$S=1$ 表示传输线处于匹配状态，无反射波。这时沿线各处的电压有效值都相等。当 $|\Gamma_L|=1$ 时，$S=\infty$ 表示全反射，传输线处于驻波状态。这时沿线出现的电压波节值为 $U_{min}=0$，同时沿线出现的电压波腹值为 $U_{max}=2U^{+}$。

当 $0<|\Gamma_L|<1$ 时，$0<S<1$ 表示有反射波但小于入射波。在入射波电压与反射波电压相位相同的位置，它们直接相加出现电压最大值；而在相位相反的位置，出现电压最小值。沿线相邻出现的两个最大值点的距离等于半个波长 $\lambda/2$，最大值和相邻最小值点之间的距离为 $\lambda/4$。

设负载端的反射系数 $\Gamma_L=|\Gamma_L|e^{j\varphi_L}$，由传输线上的电压分布可得

$$\begin{aligned}\dot{U}(z)&=\dot{U}^{+}e^{-j\beta_1 z}+\dot{U}^{-}e^{j\beta_1 z}=\dot{U}^{+}e^{-j\beta z}+\Gamma_L\dot{U}^{+}e^{j\beta z}\\&=\dot{U}^{+}e^{-j\beta z}(1+|\Gamma|_L e^{j\varphi_L}e^{j2\beta z})\end{aligned}$$

式中，φ_L 为负载端反射系数的幅角。

可见，当 $2\beta z+\varphi_L=0$ 时，该处出现电压最大值。考虑到沿线 z 坐标为负值，则传输线上第一个电压最大值点到负载端的距离为

$$|z|_{max}=\frac{\varphi_L}{2\beta}=\frac{\lambda}{4\pi}\varphi_L \tag{8-86}$$

第一个电压最小值点到负载端的距离为

$$|z|_{min}=\frac{\lambda}{4\pi}\varphi_L+\frac{\lambda}{4} \tag{8-87}$$

根据以上分析，可从实验数据中计算出传输线的电磁波的波长、信号源的频率及负载阻抗等。例如，由相邻两个最小值读数之间的距离 $|\Delta z|$，可得出波长 $\lambda=2|\Delta z|$；又可从 $\lambda f=v$ 中算出频率 $f=v/\lambda$；根据电压表的最大读数和最小读数，计算出驻波比 $S=U_{max}/U_{min}$；再算出反射系数的绝对值

$$|\Gamma_L|=\frac{S-1}{S+1} \tag{8-88}$$

根据测量值 $|z|_{min}$，算出反射系数的幅角；最后，得出负载阻抗

$$Z_L=Z_0\frac{1+\Gamma_L}{1-\Gamma_L} \tag{8-89}$$

式中，Z_0 为传输线特性阻抗，既可事先计算也可进行测量得到。

【例 8-2】 已知传输线的特性阻抗 $Z_0=400\Omega$，沿线的电压有效值分布曲线如图 8-13 所示。求：

(1) 传输线的电磁波的波长；

(2) 信号源频率；

(3) 负载电阻 R。

解 (1) 由图 8-13 得知，两相邻最小值之间的距离 $\Delta z=0.05\text{m}$。因此

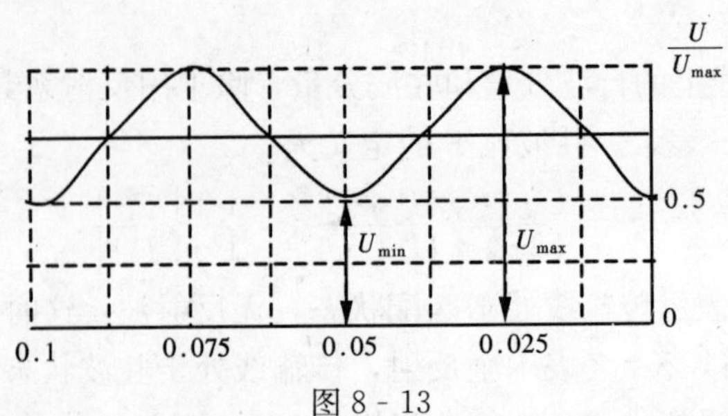

图 8-13

电磁波的波长 $\lambda=2|\Delta z|=0.1\text{m}$

(2) 信号源频率为

$$f=\frac{v}{\lambda}=\frac{3\times10^8}{0.1}=3000(\text{MHz})$$

由图 8-13 得知，驻波比 $S=U_{max}/U_{min}=2$。因此，反射系数的绝对值为

$$|\Gamma_L|=\frac{S-1}{S+1}=\frac{2-1}{2+1}=\frac{1}{3}$$

由图 8-13 得知，电压最小值到传输线末端的距离 $|z|_{min}=0$，代入式（8-87）得

$$|z|_{min}=\frac{\lambda}{4\pi}\psi_L+\frac{\lambda}{4}=\frac{0.1}{4\pi}\psi_L+\frac{0.1}{4}=0$$

得 $\psi_L=-\pi$。因此，反射系数为

$$\Gamma_L=\frac{1}{3}e^{-j\pi}$$

(3) 由式（8-89）得负载电阻为

$$R_L=Z_0\frac{1+\Gamma_L}{1-\Gamma_L}=400\times\frac{1-\frac{1}{3}}{1+\frac{1}{3}}=200(\Omega)$$

8-4-4 传输功率

由无损耗均匀传输线沿线的电压和电流表达式

$$\dot{U}(z)=\dot{U}^+ e^{-j\beta z}+\dot{U}^- e^{j\beta z}$$

$$\dot{I}(z)=\frac{\dot{U}^+}{Z_0}e^{-j\beta z}-\frac{\dot{U}^-}{Z_0}\dot{I}^- e^{j\beta z}$$

可计算出传输线的传输功率

$$P=\text{Re}[\dot{U}(z)\cdot\dot{I}^*(z)]=\frac{(U^+)^2}{Z_0}-\frac{(U^-)^2}{Z_0} \tag{8-90}$$

式中第一项为入射波输送的功率，第二项为反射回电源的功率。

当 $Z_L=Z_0$ 负载匹配时，$\Gamma_L=0$，传输功率为

$$P=\frac{(U^+)^2}{Z_0}=\frac{U_2^2}{Z_0} \tag{8-91}$$

式中，U_2 是负载上的电压。

上式即负载吸收的功率，在电力工程中也称传输线的自然功率。这种状态称为输送自然功率状态。

8-5 无损耗传输线的入端阻抗

由于传输线的电压波和电流波分布，不仅是时间 t 和位置 z 的函数，而且与末端负载 Z_L 有关，因而引进入端阻抗的概念可使问题得到简化。

8-5-1 入端阻抗的定义

传输线入端阻抗的定义为

$$Z_{in}=\frac{\dot{U}_1}{\dot{I}_1} \tag{8-92}$$

式中的输入端电压相量 $\dot{U}_1$ 和电流相量 $\dot{I}_1$ 是包含入射波和反射波在内的总电压和总电流。

设无损耗传输线的特性阻抗为 Z_0、相位常数为 β、长度为 l，将输入端坐标 $z=-l$ 代入式（8-37）和式（8-38），并将负载阻抗 Z_L 代入，得传输线的入端阻抗为

$$\begin{aligned}Z_{in}=\frac{\dot{U}_1}{\dot{I}_1}&=Z_0\frac{Z_L\cos\beta l+jZ_0\sin\beta l}{Z_0\cos\beta l+jZ_L\sin\beta l}\\&=Z_0\frac{Z_L+jZ_0\tan\frac{2\pi}{\lambda}l}{Z_0+jZ_L\tan\frac{2\pi}{\lambda}l}\end{aligned} \tag{8-93}$$

可见，入端阻抗不但与传输线的特性阻抗、负载阻抗和工作频率有关，还随传输线长度 l 作周期变化。每增长半个波长 $\lambda/2$，Z_{in}重复出现一次，即

$$Z_{in}\left(l+\frac{n\lambda}{2}\right)=Z_{in}(l)$$

8-5-2 不同负载下的传输线特性

1. 末端接匹配负载

这时 $Z_L=Z_0$，传输线为行波状态。由式（8-93）得入端阻抗为

$$Z_{in}=Z_0 \tag{8-94}$$

表明传输线的负载阻抗与特性阻抗相等时，其入端阻抗与特性阻抗相等，且与线长 l 无关。也就是说，沿线各处的入端阻抗都与特性阻抗相等。

2. 末端短路

这时 $Z_L=0$，传输线为驻波状态。由式（8-93）得入端阻抗为

$$Z_{in}=jZ_0\tan\frac{2\pi l}{\lambda}=jX_i \tag{8-95}$$

可见，一段末端短路的传输线相当于一个纯电抗元件，其性质究竟为感性还是容性及其数值大小由传输线长度 l 和波长 λ 的比值决定，见图 8-14。实际工程中，常用 $l<\lambda/4$ 的短路线作为超高频的电感元件，用 $l=\lambda/4$ 的短路线实现理想的并联谐振电路。

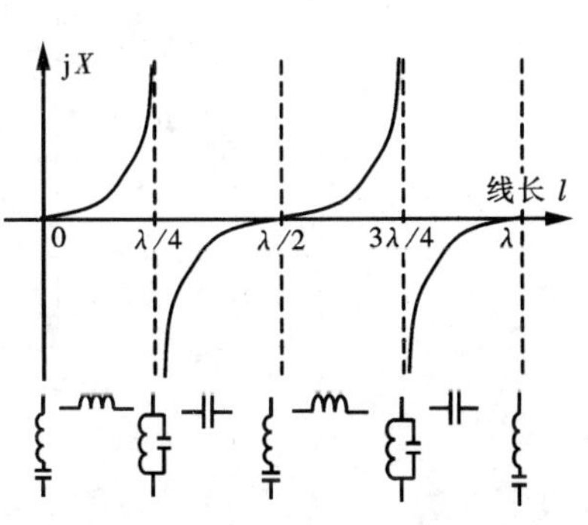

图 8-14

3. 末端开路

这时 $Z_L=\infty$，传输线也为驻波状态。由式（8-93）得入端阻抗为

$$Z_{in} = -jZ_0 \cdot \cot \frac{2\pi}{\lambda} l = jX_i \tag{8-96}$$

可见，一段末端开路的传输线也相当于一个纯电抗元件，其性质究竟为感性还是容性及其数值大小由传输线长度 l 和波长 λ 的比值决定（见图 8 - 15），与末端短路时恰巧相反。在实际工程中，常用 $l<\lambda/4$ 的开路线作为超高频的电容元件，用 $l=\lambda/4$ 的开路线实现理想的串联谐振电路。

4. 末端接电抗负载

当 $Z_L=jX$ 时，传输线为驻波状态。在图 8 - 14 或图 8 - 15 的曲线上总可以查到与该电抗 jX 数值相等的短路或开路传输线长度 Δl。由此向前延长 l，即在（$l+\Delta l$）之处，就可得到长度为 l 的传输线末端接纯电抗 jX 时的入端阻抗，如图 8 - 16 所示。注意，对应于同一电抗负载 jX，开路传输线与短路传输线长度 Δl 相差 $\lambda/4$。

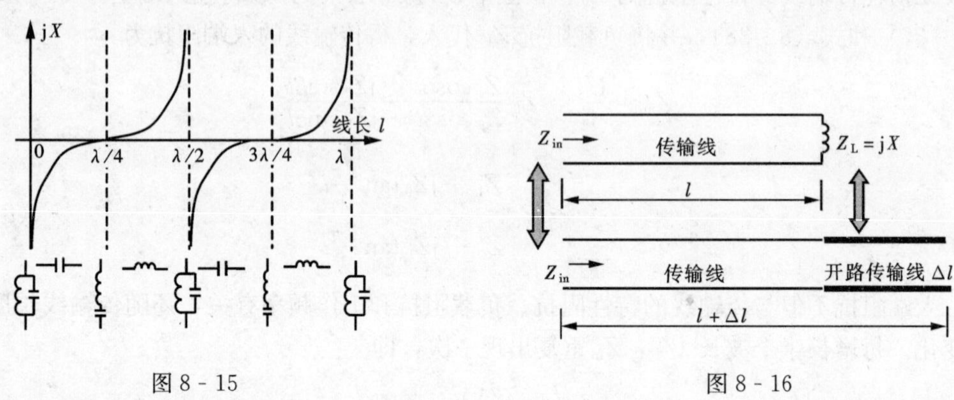

图 8 - 15　　图 8 - 16

5. 末端接电阻负载

当末端接电阻负载 $Z_L=R_L\neq Z_0$ 时，传输线为行驻波状态。如果 $R_L<Z_0$，则传输线末端电压为最小值；如果 $R_L>Z_0$，则末端电压为最大值。图 8 - 17 表示了不同电阻负载下传输线上电压有效值的分布曲线。负载电阻与驻波比的关系是：当 $R_L<Z_0$ 时，$R_L=Z_0/S$；当 $R_L>Z_0$ 时，$R_L=SZ_0$。

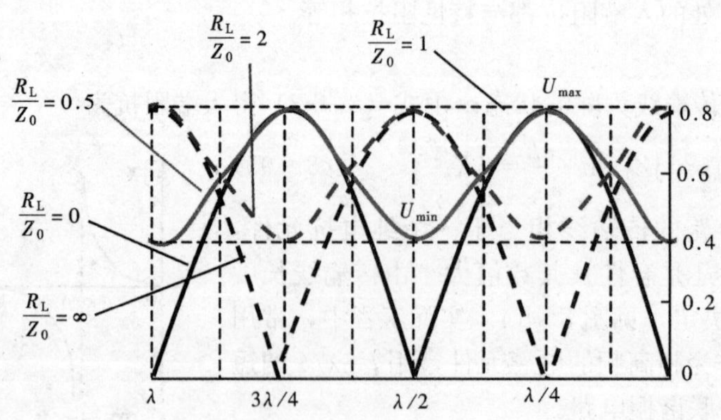

图 8 - 17

习　题　八

无损耗线：

8 - 1　已知双线传输线的导线直径为 1cm，线间距离为 8cm，周围介质为空气。求：

(1) 单位长度的电感和单位长度的电容；

(2) 当 $f=600\text{MHz}$ 时的特性阻抗和相位常数。

8 - 2　已知同轴电缆内外导体半径分别为 10cm 和 23cm，介质的相对介电常数为 2.25。求 $f=600\text{MHz}$ 时的特性阻抗和相位常数。

特性阻抗：

8 - 3　利用 $\varepsilon_r=2.25$ 的介质，半径为 0.6mm 的导线，来制造特性阻抗为 300Ω 的双线传输线，则两线间距离应为多少？

8 - 4　利用 $\varepsilon_r=2.25$ 的介质，半径为 0.6mm 的内导体，来制造特性阻抗为 75Ω 的同轴电缆，则外导体半径应为多少？

8 - 5　已知无损耗的同轴电缆长为 10m，内外导体间的电容为 600pF。设电缆的一段短路，另一端接脉冲发生器及示波器，发现一个脉冲信号来回一次需时 0.1μs。求该电缆的特性阻抗 Z_0。

有损耗线：

8 - 6　已知长度为 4m 的有损耗传输线，末端短路时入端阻抗为 $360\angle 20°$，末端开路时入端阻抗为 $250\angle -50°$。求：

(1) 此线的特性阻抗 Z_0 及 α、β；

(2) R_0、ωL_0、G_0、ωC_0。

8 - 7　试证明对于长度 l 很短（$\alpha l\leqslant 1$ 及 $\beta l\leqslant 1$）的有损耗传输线，短路时的入端阻抗约为 $Z_{in}=l(R_0+j\omega L_0)$；开路时的入端阻抗约为 $Z_{in}=l(G_0-j\omega C_0)/[G_0^2+(\omega C_0)^2]$。

反射系数：

8 - 8　已知特性阻抗 $Z_{01}=300\Omega$ 的无损耗双线传输线末端接特性阻抗 $Z_{02}=75\Omega$ 的同轴电缆。求两线连接处的反射系数 Γ_z。

8 - 9　已知特性阻抗 $Z_0=75\Omega$ 的无损耗均匀传输线末端接负载阻抗 $Z_L=100-j50\Omega$。求：

(1) 传输线上的反射系数 Γ_z；

(2) 传输线上的电压与电流表示式；

(3) 距离负载第一个电压波节点的距离 $|Z|_{min1}$ 和电压波腹点的距离 $|Z|_{max1}$。

驻波比：

8 - 10　特性阻抗 $Z_0=300\Omega$ 的无损耗均匀传输线末端接一未知负载，测得驻波比为 2，离负载 0.3λ 处为第一个电压最小点。求：

(1) 负载端的反射系数 Γ_L；

(2) 负载阻抗 Z_L。

8 - 11　无损耗传输线的负载阻抗 $Z_L=40-j30\Omega$。求：

(1) 此线特性阻抗为多少时沿线有最小驻波比；

（2）最小驻波比对应的电压反射系数；

（3）离负载最近的电压最小值发生位置。

入端阻抗：

8-12 已知长度为2m的无损耗均匀传输线特性阻抗为50Ω，末端接负载阻抗为40+j30Ω。求频率f=200MHz时的入端阻抗。

8-13 已知长度为$\lambda/8$的无损耗均匀传输线特性阻抗为100Ω，始端接有内阻为100Ω、电压为500∠0°的信号源，末端接负载200+j300Ω。求：

（1）传输线的始端电压；

（2）负载吸收的平均功率；

（3）传输线的负载电压。

附录A 电磁量及其国际制单位

量的符号	量的名称	国际制单位	备注
$\boldsymbol{A}$	矢量磁位/动态矢量位	Wb/m	
$\boldsymbol{B}$	磁感应强度/磁通密度	T(Wb/m^2)	
C	电容	F	
$\boldsymbol{D}$	电位移/电通量密度	C/m^2	
d	电磁波透入深度	m	
$\boldsymbol{E}$	电场强度	V/m(N/C)	
$\boldsymbol{E}_e$	局外场强	V/m	
$\boldsymbol{E}_i$	感应场强	V/m	
e	电子的荷电量 1.60217733×10^{-19}C 电动势	— V	
e_m	磁动势	A	安匝
$\boldsymbol{F}$	力	N	
f	频率	Hz	
G	电导	S(1/Ω)	
$\boldsymbol{H}$	磁场强度	A/m	
I，i	电流	A	
$\boldsymbol{J}$	［体］电流密度/电流面密度	A/m^2	
$\boldsymbol{J}_C$	传导电流密度	A/m^2	
$\boldsymbol{J}_D$	位移电流密度	A/m^2	
$\boldsymbol{J}_v$	运流电流密度	A/m^2	
$\boldsymbol{J}_m$	磁化电流密度	A/m^2	
$\boldsymbol{K}$	面电流密度/电流线密度	A/m	
$\boldsymbol{K}_m$	磁化面电流密度	A/m	
k	传播常数	1/m	
L	自感	H	
l	长度/距离	m	
M	互感	H	
$\boldsymbol{M}$	磁化强度	A/m	
$\boldsymbol{m}$	磁偶极矩	A·m^2	
m	质量	kg	
N	线匝数	—	
$\boldsymbol{P}$	电极化强度	C/m^2	
$\boldsymbol{p}$	电偶极矩	C·m	
Q，q	电荷	C	
R	电阻	Ω	

续表

量的符号	量的名称	国际制单位	备注
R_m	磁阻	1/H	
$\widetilde{\boldsymbol{S}}$	坡印亭矢量复数形式	W/m^2	
$\boldsymbol{S}$	坡印亭矢量	W/m^2	
S	面积	m^2	
$\boldsymbol{T}$	力矩	N·m	
T	透射系数	—	
t	时间	s	
U	电压	V	
V	体积	m^3	
v	速度	m/s	
W	功，能	J	
W_e	电场能量	J	
W_m	磁场能量	J	
w_e	电场能量密度	J/m^3	
w_m	磁场能量密度	J/m^3	
X	电抗	Ω	
Y	导纳	Ω	
Z	阻抗	Ω	
Z_0	波阻抗，特性阻抗	Ω	
Z_{in}	入端阻抗	Ω	
α	衰减常数	1/m	
β	相位常数	1/m	
χ_e	电极化率	—	
χ_m	磁化率	—	
ε	介电常数/电容率	F/m	
ε_0	真空的介电常数（$10^{-9}/36\pi$）	F/m	
ε_r	相对介电常数	—	
Φ，ϕ	磁通量	Wb	
Γ	电磁波反射系数	—	
γ	电导率	S/m（1/Ω·m）	
φ	电位/动态标量位	V	
φ_m	标量磁位	A	
κ	波数	1/m	
λ	波长	m	
μ	磁导率	H/m	
μ_0	真空的磁导率（$\mu_0=4\pi\times10^{-7}N/m$）	H/m	
μ_r	相对磁导率	—	
ρ	［体］电荷密度 电阻率	C/m^3 Ω·m	
σ	面电荷密度	C/m^2	
τ	线电荷密度	C/m	
υ	相速度	m/s	
ω	角频率	rad/s	
Ψ，ψ	磁链	Wb	
Ψ_D	电通量	C	

附录B 微分算子与矢量运算

B.1 微分算子

1. 在直角坐标系中

哈密顿算子 $$\nabla=\frac{\partial}{\partial x}\boldsymbol{e}_x+\frac{\partial}{\partial y}\boldsymbol{e}_y+\frac{\partial}{\partial z}\boldsymbol{e}_z$$

标量 φ 的梯度 $$\mathrm{grad}\varphi=\nabla\varphi=\frac{\partial\varphi}{\partial x}\boldsymbol{e}_x+\frac{\partial\varphi}{\partial y}\boldsymbol{e}_y+\frac{\partial\varphi}{\partial z}\boldsymbol{e}_z$$

矢量 $\boldsymbol{A}$ 的散度 $$\mathrm{div}\boldsymbol{A}=\nabla\cdot\boldsymbol{A}=\frac{\partial A_x}{\partial x}+\frac{\partial A_y}{\partial y}+\frac{\partial A_z}{\partial z}$$

矢量 $\boldsymbol{A}$ 的旋度 $$\mathrm{rot}\boldsymbol{A}=\nabla\times\boldsymbol{A}=\begin{vmatrix}\boldsymbol{e}_x & \boldsymbol{e}_y & \boldsymbol{e}_z\\ \frac{\partial}{\partial x} & \frac{\partial}{\partial y} & \frac{\partial}{\partial z}\\ A_x & A_y & A_z\end{vmatrix}$$

拉普拉斯算子 $$\nabla^2=\frac{\partial^2}{\partial x^2}+\frac{\partial^2}{\partial y^2}+\frac{\partial^2}{\partial z^2}$$

对于标量 φ $$\nabla^2\varphi=\frac{\partial^2\varphi}{\partial x^2}+\frac{\partial^2\varphi}{\partial y^2}+\frac{\partial^2\varphi}{\partial z^2}$$

对于矢量 $\boldsymbol{A}$ $$\nabla^2\boldsymbol{A}=\frac{\partial^2\boldsymbol{A}}{\partial x^2}+\frac{\partial^2\boldsymbol{A}}{\partial y^2}+\frac{\partial^2\boldsymbol{A}}{\partial z^2}$$

2. 在圆柱坐标系中

$$\nabla\varphi=\frac{\partial\varphi}{\partial r}\boldsymbol{e}_r+\frac{1}{r}\frac{\partial\varphi}{\partial\alpha}\boldsymbol{e}_\alpha+\frac{\partial\varphi}{\partial z}\boldsymbol{e}_z$$

$$\nabla\cdot\boldsymbol{A}=\frac{1}{r}\frac{\partial}{\partial r}(rA_r)+\frac{1}{r}\frac{\partial A_\alpha}{\partial\alpha}+\frac{\partial A_z}{\partial z}$$

$$\nabla\times\boldsymbol{A}=\frac{1}{r}\begin{vmatrix}\boldsymbol{e}_r & r\boldsymbol{e}_\alpha & \boldsymbol{e}_z\\ \frac{\partial}{\partial r} & \frac{\partial}{\partial\alpha} & \frac{\partial}{\partial z}\\ A_r & rA_\alpha & A_z\end{vmatrix}$$

$$\nabla^2\varphi=\frac{1}{r}\frac{\partial}{\partial r}\left(r\frac{\partial\varphi}{\partial r}\right)+\frac{1}{r^2}\frac{\partial^2\varphi}{\partial\alpha^2}+\frac{\partial^2\varphi}{\partial z^2}$$

$$\nabla^2\boldsymbol{A}=\left[\nabla^2A_r-\frac{2}{r^2}\frac{\partial A_\alpha}{\partial\alpha}-\frac{A_r}{r^2}\right]\boldsymbol{e}_r+\left[\nabla^2A_\alpha+\frac{2}{r^2}\frac{\partial A_r}{\partial\alpha}-\frac{A_\alpha}{r^2}\right]\boldsymbol{e}_\alpha+\nabla^2A_z\boldsymbol{e}_z$$

3. 在球坐标系中

$$\nabla\varphi=\frac{\partial\varphi}{\partial r}\boldsymbol{e}_r+\frac{1}{r}\frac{\partial\varphi}{\partial\theta}\boldsymbol{e}_\theta+\frac{1}{r\sin\theta}\frac{\partial\varphi}{\partial\alpha}\boldsymbol{e}_\alpha$$

$$\nabla\cdot\boldsymbol{A}=\frac{1}{r^2}\frac{\partial}{\partial r}(r^2A_r)+\frac{1}{r\sin\theta}(A_\theta\sin\theta)+\frac{1}{r\sin\theta}\frac{\partial A_\alpha}{\partial\alpha}$$

$$\nabla\times\boldsymbol{A}=\frac{1}{r^2\sin\theta}\begin{vmatrix}\boldsymbol{e}_r & r\boldsymbol{e}_\theta & r\sin\theta\boldsymbol{e}_\alpha\\ \frac{\partial}{\partial r} & \frac{\partial}{\partial\theta} & \frac{\partial}{\partial\alpha}\\ A_r & rA_\theta & r\sin\theta A_\alpha\end{vmatrix}$$

$$\nabla^2\varphi=\frac{1}{r^2}\frac{\partial}{\partial r}\left(r^2\frac{\partial\varphi}{\partial r}\right)+\frac{1}{r^2\sin\theta}\frac{\partial}{\partial\theta}\left(\sin\theta\frac{\partial\varphi}{\partial\theta}\right)+\frac{1}{r^2\sin^2\theta}\frac{\partial^2\varphi}{\partial\alpha^2}$$

$$\begin{aligned}\nabla^2\boldsymbol{A}=&\left[\nabla^2A_r-\frac{2}{r^2}\left(A_r+\cot\theta A_\theta+\csc\theta\frac{\partial A_\alpha}{\partial\alpha}+\frac{\partial A_\theta}{\partial\theta}\right)\right]\boldsymbol{e}_r\\&+\left[\nabla^2A_\theta-\frac{1}{r^2}\left(\csc^2\theta A_\theta-2\frac{\partial A_r}{\partial\theta}+2\cot\theta\cos\theta\frac{\partial A_\alpha}{\partial\alpha}\right)\right]\boldsymbol{e}_\theta\\&+\left[\nabla^2A_\alpha-\frac{1}{r^2}\left(\csc^2\theta A_\alpha-2\csc\theta\frac{\partial A_r}{\partial\alpha}-2\cot\theta\csc\theta\frac{\partial A_\theta}{\partial\alpha}\right)\right]\boldsymbol{e}_\alpha\end{aligned}$$

B.2　矢量运算

$\boldsymbol{A}^2=\boldsymbol{A}\cdot\boldsymbol{A}$

$\boldsymbol{A}+\boldsymbol{B}=\boldsymbol{B}+\boldsymbol{A}$

$\boldsymbol{A}\cdot\boldsymbol{B}=\boldsymbol{B}\cdot\boldsymbol{A}$

$\boldsymbol{A}\times\boldsymbol{B}=-\boldsymbol{B}\times\boldsymbol{A}$

$(\boldsymbol{A}\times\boldsymbol{B})\cdot\boldsymbol{C}=\boldsymbol{A}\cdot\boldsymbol{C}+\boldsymbol{B}\cdot\boldsymbol{C}$

$(\boldsymbol{A}+\boldsymbol{B})\times\boldsymbol{C}=\boldsymbol{A}\times\boldsymbol{C}+\boldsymbol{B}\times\boldsymbol{C}$

$\boldsymbol{A}\times(\boldsymbol{B}\times\boldsymbol{C})=(\boldsymbol{A}\cdot\boldsymbol{C})\boldsymbol{B}-(\boldsymbol{A}\cdot\boldsymbol{B})\boldsymbol{C}$

$\boldsymbol{A}\cdot(\boldsymbol{B}\times\boldsymbol{C})=\boldsymbol{B}\cdot(\boldsymbol{C}\times\boldsymbol{A})=\boldsymbol{C}\cdot(\boldsymbol{A}\times\boldsymbol{B})$

$\nabla(\varphi+u)=\nabla\varphi+\nabla u$

$\nabla\cdot(\boldsymbol{A}+\boldsymbol{B})=\nabla\cdot\boldsymbol{A}+\nabla\cdot\boldsymbol{B}$

$\nabla\times(\boldsymbol{A}+\boldsymbol{B})=\nabla\times\boldsymbol{A}+\nabla\times\boldsymbol{B}$

$\nabla(\varphi u)=\varphi\nabla u+u\nabla\varphi$

$\nabla\cdot(\varphi\boldsymbol{A})=\varphi\nabla\cdot\boldsymbol{A}+\boldsymbol{A}\cdot\nabla\varphi$

$\nabla\times(\varphi\boldsymbol{A})=\varphi(\nabla\times\boldsymbol{A})-\boldsymbol{A}\times\nabla\varphi$

$\nabla\cdot(\boldsymbol{A}\times\boldsymbol{B})=\boldsymbol{B}\cdot(\nabla\times\boldsymbol{A})-\boldsymbol{A}\cdot(\nabla\times\boldsymbol{B})$

$\nabla^2\boldsymbol{A}=\nabla(\nabla\cdot\boldsymbol{A})-\nabla\times(\nabla\times\boldsymbol{A})$

$\nabla\times(\varphi\nabla u)=\nabla\varphi\times\nabla u$

$\nabla\times\nabla\varphi=0$

$\nabla\cdot(\nabla\times\boldsymbol{A})=0$

参 考 文 献

[1] 冯慈璋．电磁场（电工原理Ⅱ）．北京：人民教育出版社，1979．

[2] 冯慈璋．电磁场．2 版．北京：高等教育出版社，1983．

[3] 冯慈璋，马西奎．工程电磁场导论．北京：高等教育出版社，2000．

[4] 谢处方，饶克谨．电磁场与电磁波．3 版．北京：高等教育出版社，1999．

[5] 倪光正．工程电磁场原理．北京：高等教育出版社，2002．

[6] 王泽忠．电磁场．北京：中国电力出版社，1999．

[7] 葛真，王如筠，唐模弟．简明电磁场．重庆：重庆大学出版社，1995．

[8] [美] H. A. 豪斯，J. R. 梅尔彻．电磁场与电磁能．江家麟，等译．北京：高等教育出版社，1992．

[9] [美] B. S. 戈鲁，H. R. 赫兹若格鲁．电磁场与电磁波．周克定，等译．北京：机械工业出版社，2000．

[10] [美] J. A. 埃德米尼斯特尔．工程电磁场基础．雷银照，等译．北京：科学出版社，2002．

[11] 马西奎．电磁场重点难点及典型题精解．西安：西安交通大学出版社，2000．

[12] 王仲奕，等．工程电磁场导论习题详解．西安：西安交通大学出版社，2001．

[13] 刘鹏程．工程电磁场简明手册．北京：高等教育出版社，1991．